尾砂固结排放技术

侯运炳　魏书祥　王炳文　著

北　京

冶金工业出版社

2016

内 容 简 介

本书系统地阐述了金属矿山尾砂固结排放的理论与技术，内容涉及新型全尾砂固结胶凝材料的研制、全尾砂固结机理与配比优化、全尾砂高效脱水固结一体化技术、全尾砂固结排放系统建设与保障、全尾砂固结体稳定性与安全评价等方面的内容。

本书可作为采矿工程和矿物资源工程专业研究生教材，亦可供采矿工程、岩土工程等领域的设计、生产、研究、管理人员阅读参考。

图书在版编目 (CIP) 数据

尾砂固结排放技术/侯运炳，魏书祥，王炳文著 . —北京：冶金工业出版社，2016. 4
ISBN 978-7-5024-7210-8

Ⅰ . ①尾… Ⅱ . ①侯… ②魏… ③王… Ⅲ . ①尾矿—固结理论 ②尾矿处理—研究 Ⅳ . ①TD926. 4

中国版本图书馆 CIP 数据核字 (2016) 第 071137 号

出 版 人 谭学余
地 址 北京市东城区嵩祝院北巷 39 号 邮编 100009 电话 (010)64027926
网 址 www. cnmip. com. cn 电子信箱 yjcbs@ cnmip. com. cn
责任编辑 赵亚敏 张耀辉 美术编辑 彭子赫 版式设计 杨 帆
责任校对 李 娜 责任印制 李玉山
ISBN 978-7-5024-7210-8
冶金工业出版社出版发行；各地新华书店经销；固安华明印业有限公司印刷
2016 年 4 月第 1 版，2016 年 4 月第 1 次印刷
169mm×239mm；16. 25 印张；314 千字；246 页
59. 00 元

冶金工业出版社 投稿电话 (010)64027932 投稿信箱 tougao@cnmip. com. cn
冶金工业出版社营销中心 电话 (010)64044283 传真 (010)64027893
冶金书店 地址 北京市东四西大街 46 号(100010) 电话 (010)65289081(兼传真)
冶金工业出版社天猫旗舰店 yjgycbs. tmall. com

(本书如有印装质量问题，本社营销中心负责退换)

前　言

尾砂固结排放技术是指在尾砂干式排放的基础上，通过加入少量的胶凝材料（如硅酸盐水泥）对尾砂进行胶结，尾砂经固结后形成具有一定强度的固结体，从根本上改变了尾砂堆体的结构特点与力学性质，确保了尾砂堆体的稳定与安全。

五矿邯邢矿业有限公司和中国矿业大学（北京）合作，于2007～2013年开展了铁矿全尾砂固结排放技术研究，先后进行了实验室试验和小型工业试验，研究并解决了全尾砂固结排放的相关技术问题，提出了全尾砂固结排放的工艺流程及其工艺参数。以该项目研究成果为依据，五矿邯邢矿业有限公司委托设计单位进行了西石门铁矿北区塌陷坑60万吨/年尾砂固结排放工艺系统的设计，设计内容包括设备选型、厂址选择、基本操作和控制等。2012年4月，完成西石门铁矿全尾砂固结排放系统的建设与安装工作，并投产试运行。项目研究取得以下主要成果：

（1）发明了一种全新的矿山尾砂处理技术方法——全尾砂固结排放。该技术是将选矿厂排放的全尾砂经浓缩脱水和固结处理后，可利用矿山开采形成的地表塌陷坑进行排尾，或堆存至地表其他适宜地点。与传统的建设尾矿库进行排尾相比，该技术利用地表采矿塌陷坑进行排尾而无需再建尾矿库，不仅能有效解决矿山建库占地、存在溃库隐患等问题，还能缓解矿山开采造成的环境污染与生态破坏；与尾砂干式堆存相比，该技术采用胶凝材料将全尾砂进行固结处理，避免了干堆尾砂遇水极易产生泥化和崩溃，以及扬尘等环境污染问题。

（2）提出了全尾砂高效浓缩脱水固结一体化技术，给出了全尾砂固结排放的工艺模式与技术参数。全尾砂固结排放技术的工艺模式是泵砂→加料→搅拌→脱水→固结排放，即将矿山选厂排放的全尾砂浆首先采用浓密设备浓缩至质量浓度为40%～50%的尾砂浓浆，再将尾砂浓浆经供砂管注入搅拌池并添加适量全尾砂固化剂并搅拌均匀，搅拌后的混合料浆由过滤脱水设备浓缩脱水至含水率为20%～25%的干料，再经输送设备转排至矿山地表塌陷坑或其他适宜地点堆存，并进行尾砂固结堆场的土地复垦与生态重建。

（3）研发了一种适宜全尾砂固结排放的低成本、环境友好型的胶凝材料——全尾砂固化剂。作为一种新型尾砂处理方式，全尾砂固结排放技术要求固结胶凝材料在固结强度、水化性能等方面具有独特之处。铁矿全尾砂具有颗粒细小、含泥量高、固结脱水困难等特点，采用传统的通用水泥作固结胶凝材料又存在着固结成本高、性能不适用等不足。全尾砂固化剂是基于土壤固结原理，以水泥熟料、石灰和高炉水淬矿渣等为主料，添加少量的激发剂、早强剂等磨制而成，可与铁矿全尾砂中的黏土矿物质发生溶解、结晶、吸收、扩散、再结晶的链式化学反应，使全尾砂颗粒之间具有良好的链接状态，紧固程度和抗压强度大幅度提高，从而将全尾砂固结成整体坚实、稳定、持久的板块结构。研究表明，全尾砂固化剂对铁矿尾砂的固结性能提高50%～60%。

（4）确定了全尾砂固结排放适宜胶凝材料掺量与安全配比设计规律。全尾砂固结胶凝材料掺量为2%～3%（质量百分比）时，全尾砂固结体28d单轴抗压强度达到0.50～1.0MPa。理论研究与数值计算表明，全尾砂固结体28d单轴抗压强度超过0.50MPa，能实现地表采矿塌陷坑全尾砂干式安全堆存，并对全尾砂固结堆体在低温、渗水、降水、采动影响条件下的安全稳定性能进行分析与评价。

（5）首次建成了全尾砂固结排放生产系统，并在实际应用中取得了良好技术效果和经济及环境效益。

（6）建立了有关全尾砂固结排放工艺和尾砂固结体性能的检测、检验标准，以便更好地指导生产作业，确保生产作业安全、稳定、可靠。

　　经过七年的科技攻关，实现了西石门铁矿全尾砂固结排放工艺。利用尾砂固结排放系统对矿山全尾砂进行脱水固结后排放到地表采矿塌陷坑内，既缓解了当前尾矿库排放的压力，无需再进行尾矿库扩容或新建尾矿库，又解决了地表塌陷坑的回填以及后续的土地复垦问题，还探索并完善了全尾砂固结排放技术，改变了传统的尾矿库排放方式，消除了尾矿库安全隐患。

　　本书对金属矿山尾砂固结排放的理论与技术进行了系统阐述。在本书撰写过程中，引用了诸多专家学者和相关研究人员的成果和论著，作者深表谢意。本书的撰写还得到了五矿邯邢矿业有限公司岳润芳总工程师、陈超教授级高工，西石门铁矿祁建东矿长、窦梅林总工程师、朱利军科长以及科研团队杨宝贵教授、吴迪博士、蔡先锋博士、张磊硕士等的大力帮助，在此一并表示感谢。

　　本书出版得到了中国矿业大学（北京）学科建设经费资助，在此表示衷心感谢。

　　因水平所限，书中难免有错误疏漏之处，敬请读者批评指正。

著　者

2015 年 12 月

目　录

1 绪　论

矿产资源是人类生存和发展的重要物质基础之一。随着生产力发展和科技水平的提高，人类利用矿产资源的种类、数量越来越多，利用范围也越来越广。到目前为止，全世界已发现矿物 3300 余种，其中具有工业意义的 1000 多种，每年开采各类矿产 150 亿吨以上，若包括废石在内则超过 1000 亿吨，以矿产品为原料的基础工业和相关加工工业产值占全部工业总产值的 70% 左右。

在工业上用量最大、对国民经济发展具有重要意义的金属矿产主要包括铁、锰、铜、铅、锌、铝、镍、钨、铬、锑、金、银等。以上矿石储量及其开采量大，但因矿石品位普遍较低，需经选矿加工后才能作为冶炼原料，故将产生大量的尾砂。例如，铁尾砂产出量约占原矿总量的 60% 以上。随着国民经济发展对矿产品需求量的大幅增加，矿产资源开采规模随之加大，尾砂的排放量将不断增加。矿产资源开发过程中丢弃的大量废石和尾砂在地表堆存而引发的环境污染、生态破坏、安全事故和占用土地等诸多问题，已成为不可忽视的重大社会问题，是当今世界可持续发展面临的最重要问题之一。

1.1　尾矿的产生与分类

1.1.1　尾矿产生

矿山采出的矿石，经选矿破碎、磨细，从中选出有用矿物后，余下的矿渣称为尾矿。

尾矿是矿物提纯的副产物，矿物加工过程在很大程度上决定了尾矿的性质。矿物加工的一般过程和工艺如图 1-1 所示。

（1）采矿。通过一定的技术手段、方法和设备，将地壳内可利用矿物开采出来的过程。根据采矿作业场所的不同，固态矿产资源开采可分为露天开采和地下开采。

（2）破碎、磨矿和分选。一般的选矿工艺主要包括破碎、磨矿和分选三个基本工序。矿山开采的块状原矿首先经破碎后进入磨矿设备进行粉磨至一定粒度，再通过重选、浮选等选矿工艺流程获得精矿。精矿被运送至冶炼厂或使用用户，尾矿则就近排至尾矿库或用于空区充填。由于选矿厂的磨矿与选别工序通常是在矿浆状态下进行的，故刚从选矿厂排出的尾矿一般呈流体状态，需经浓缩设备初步脱水后，才将其用管道输送到尾矿库。

（3）溶浸。将磨碎的矿石与溶剂接触，从中提取有用矿物。进入溶浸阶段的材料可能是低品位矿石、精矿或难选的多金属矿石。

（4）固液分离。固液分离可通过旋流器和浓缩机实现，也可通过真空过滤机、压力过滤机和圆盘过滤机完成。

（5）溶液提纯与金属回收。根据所要回收的金属类型和杂质、预期的品位和金属量，选用黏结、沉淀、结晶、离子交换、溶剂萃取、碳吸附、反渗透、液膜和电解等提纯方法，将溶液中的金属回收并满足产品高纯度的要求。

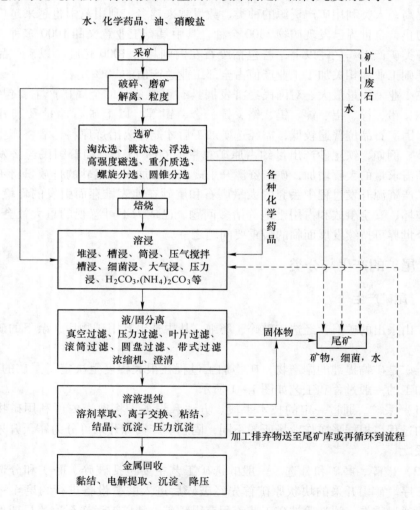

图 1-1 矿物加工过程

尾矿是固体工业废料的主要组成部分，但因受选矿技术水平、生产设备等的制约，其中仍含有一定数量的有用金属和矿物，可视为二次资源，具有粒度细、数量大、可利用的特点。尾砂则是指不具备二次资源再利用价值或二次资源再利用价值极低的尾矿。本书所论述的固结排放技术主要是尾砂的固结与排放。

1.1.2　尾砂分类

1.1.2.1　按选矿工艺类型分类

不同种类和结构构造的矿石，需要不同的选矿工艺流程，其尾砂构成、颗粒形态和级配等亦不相同。按照选矿工艺流程不同，尾砂可分为如下类型：

（1）手选尾砂。手选主要适于结构致密、品位高、与脉石界限明显的金属或非金属矿石，通常尾砂呈块状或碎石状。

（2）重选尾砂。重选是利用有用矿物与脉石矿物的密度和粒度差异选别碎石，通常采用多段磨砂工艺，故其尾砂的粒度组成范围较宽。按照作用原理与选矿设备不同，重选尾砂还可进一步分为跳汰选矿尾砂、重介质选矿尾砂、摇床选矿尾砂、溜槽选矿尾砂等，其中前两种尾砂粒级较粗（大于 2mm），后两种尾砂粒级较细（小于 2mm）。

（3）磁选尾砂。磁选主要用于选别磁性较强的铁锰矿石，其尾砂含有一定量的铁质造岩矿物，粒度范围较宽，一般为 0.05 ~ 0.5mm 不等。

（4）浮选尾砂。浮选是有色金属矿产最常用的选矿方法，其尾砂典型特点是粒级较细（通常为 0.5 ~ 0.05mm），且小于 0.074mm 的细粒级占绝大部分。

（5）化学选矿尾砂。由于化学药剂在浸出有用元素的同时，也对尾砂颗粒产生一定程度的腐蚀或改变其表面状态，一般能提高该尾砂的反应活性。

（6）电选及光电选尾砂。通常用于分选砂矿床或尾砂中的贵重矿物，尾砂粒度一般小于 1mm。

1.1.2.2　按主要矿物组成分类

根据尾砂中主要组成矿物的不同，可将尾砂分为八类：

（1）镁铁硅酸盐型尾砂。该类尾砂主要组成矿物为 $Mg_2[SiO_4] \cdot Fe[SiO_4]$ 系列橄榄石和 $Mg_2[Si_2O_6] \cdot Fe[Si_2O_6]$ 系列辉石，以及它们的含水蚀变矿物如蛇纹石、硅镁石、滑石、镁铁闪石、绿泥石等，一般产于超基性和一些偏基性岩浆岩、火山岩、镁铁质变质岩、镁矽卡岩中。在外生矿床中，富镁矿物集中时，可形成蒙脱石、凹凸棒石、海泡石型尾砂。其化学组成特点为富镁、富铁、贫钙、贫铝，且一般镁的含量大于铁，无石英。

（2）钙铝硅酸盐型尾砂。其主要组成矿物为 $CaMg[Si_2O_6] \cdot CaFe[Si_2O_6]$ 系列辉石、$Ca_2Mg_5[Si_4O_{11}](OH)_2 \cdot Ca_2Fe_5[Si_4O_{11}](OH)_2$ 系列闪石、中基性斜长石，以及它们的蚀变、变质矿物如石榴子石、绿帘石、阳起石、绿泥石、绢云母等，一般产于中基性岩浆岩、火山岩、区域变质岩、钙矽卡岩中。与镁铁硅酸盐型尾砂相比，其化学组成特点是钙、铝进入硅酸盐晶格，含量提高；铁、镁含量降低，石英含量较小。

（3）长英岩型尾砂。该类尾砂主要由钾长石、酸性斜长石、石英及其蚀变矿物如白云母、绢云母、绿泥石、高岭石、方解石等构成，产于花岗岩自变型矿床、花岗伟晶岩矿床、与酸性侵入岩和次火山岩有关的热液矿床、酸性火山岩和火山凝灰岩自蚀变型矿床、酸性岩和长石砂岩变质岩型矿床、风化残积型矿床、石英砂及硅质页岩型沉积矿床。其在化学组成上具有高硅、中铝、贫钙、富碱的特点。

（4）碱性硅酸盐型尾砂。这类尾砂在矿物成分上以碱性硅酸盐矿物（如碱性长石、似长石、碱性辉石、碱性角闪石、云母）及其蚀变、变质矿物（如绢云母、方钠石、方沸石等）为主。产于碱性岩中的稀有、稀土元素矿床，可产生这类尾砂。根据尾砂中的 SiO_2 含量，可分为碱性超基性岩型、碱性基性岩型、碱性酸性岩型三个亚类，其中第三亚类分布较广，在化学组成上，这类尾砂以富碱、贫硅、无石英为特征。

（5）高铝硅酸盐型尾砂。这类尾砂的主要组成成分为云母类、叶蜡石类等层状硅酸盐矿物，并常含有石英。常见于某些蚀变火山凝灰岩型、沉积页岩型以及其风化、变质型矿床的矿石中。化学成分上，表现为富铝、富硅、贫钙、贫镁，有时钾、钠含量较高。

（6）高钙硅酸型尾砂。这类尾砂主要矿物成分为透辉石、透闪石、硅灰石、钙铝榴石、绿帘石、绿泥石、阳起石等无水或含水的硅酸钙岩。多分布于各种钙砂卡岩型矿床和一些区域变质矿床。化学成分上表现为高钙、低碱、SiO_2 一般不饱和、铝含量一般较低的特点。

（7）硅质岩型尾砂。这类尾砂的主要矿物成分为石英及二氧化硅变体，包括石英岩、脉石岩、石英砂岩、硅质页岩、石英砂、硅藻土以及二氧化碳含量较高的其他矿物和岩石。自然界中，这类矿物广泛分布于伟晶岩型，火山沉积变质型，各种高、中、低温热液型，层控砂（页）岩型以及砂矿床型的矿石中。SiO_2 含量一般在 90% 以上，其他元素含量不足 10%。

（8）碳酸盐型尾砂。这类尾砂中，碳酸盐矿物占绝对多数，主要为方解石或白云石。常见于化学或生物 - 化学沉积岩型矿石中。在一些充填于碳酸盐岩层位中的脉状矿体，也常将碳酸盐质围岩与矿石一同采出，构成此类尾砂。根据碳酸盐矿物是以方解石，还是以白云石为主，又可进一步分为钙质碳酸盐型尾砂和镁质碳酸盐型尾砂两个亚类。

1.1.2.3　按尾砂粒级组成分类

尾砂粒级组成对矿山充填影响显著，其既与脱水工艺有关，更重要的是与胶结充填体的胶结性能和胶凝材料消耗量有关。尾砂粒径、尾砂的粒级组成，都会影响胶结充填体的孔隙率、孔径分布及其渗透能力。不仅胶结充填体总的孔隙率影响胶结充填体的强度，而且其孔径分布在胶结充填体强度的发展中也发挥重要作用，充填料的需水量会随尾砂粒度的增大而增加。建筑材料科学的理论认为，在砂浆和混凝土中若含有细泥，则会使水泥耗量增加，所形成的胶结体强度也会降低。然而，按照物理化学的理论，当物料以固态形式存在时，物理化学作用的速度与物料颗粒的表面积成正比，即随着物料磨细程度而急剧增长。因此，采用尾砂作为充填骨料时，对尾砂的粒度分析是不可缺少的。

矿山尾砂一般按粒度分为粗、中、细三类，也可按岩石生成方法分为脉矿尾砂和砂矿尾砂两类（见表1－1）。

表1－1 矿山常用的尾砂分类方法

分类方法	粗　砂		中　砂		细　砂	
按粒级所占含量/%	>0.074mm	<0.019mm	>0.074mm	<0.019mm	>0.074mm	<0.019mm
	>40	<20	20～40	20～55	<20	>50
按平均粒径/mm	极粗	粗	中粗	中细	细	极细
	>0.25	0.25～0.074	0.074～0.037	0.037～0.03	0.03～0.019	<0.019
按岩石生成方法	脉矿（原生矿）			砂矿（次生矿）		
	含泥量小，粒径小于0.005mm的细泥小于10%			含泥量大，粒径小于0.005mm的细泥一般大于50%		

根据实验室试验和国内筑坝实践，一般认为，粒径大于37μm的尾砂在分散放矿时可形成沉积滩；19～37μm的颗粒沉积较好；粒径小于19μm的颗粒则不易沉积，当悬液浓度为5%～10%，潜流速度超过10cm/s时，可能发生异重流。因此，可根据尾砂堆坝过程中的沉积情况，依据尾砂粒径组成进行分类（见表1－2），将其中满足一定颗粒粒径条件的细尾砂称为细粒尾砂。基于上述分类，按尾砂粒径分类比较科学实用。从尾砂中划分出细粒尾砂，对于工程应用更具有实际意义。

表1－2 尾砂按粒径组成分类

类　别		尾矿砂				尾矿土				
尾砂名称		尾砾砂	尾粗砂	尾中砂	尾细砂	尾矿泥	尾重亚黏土	尾轻亚黏土	尾亚砂	尾粉砂
判定标准	粒径/mm	>2.0	>0.50	>0.25	>0.10	<0.005	<0.005	<0.005	<0.005	<0.005
	比例/%	10～50	>50	>50	>75	>30	>15～30	>10～15	>5～10	<5

1.1.3 尾砂特点

（1）尾矿是丰富的二次资源。我国大多数矿山矿石品位低，呈多组分共（伴）生，矿物嵌布粒度细，再加上选矿设备落后、技术和管理水平不高等原因，造成选矿回收率偏低，大量有用成分损失于尾矿中，造成资源的严重浪费。特别是老尾矿，因受到当时条件限制，损失于尾矿中的有用组分会更大一些。例如，云锡库存尾矿达 1 亿吨以上，平均含锡 0.15%，损失金属锡超过 20 万吨；吉林夹皮沟金矿老矿区金矿尾矿存量约 30 万吨，新尾矿库含金品位约 0.4 ~ 0.6g/t，老尾砂库含金品位则高达 1.0 ~ 1.5g/t，损失的金属金约 1.6t、钼 280t、银 2t、铅 500t；1997 年我国铁矿排出的尾矿量约 1.5 亿吨，平均含铁 11%，最高达 29%，相当于有 1600 万吨的金属铁损失于尾矿中。若能回收尾矿中所含铁的 10%，则从全国年产出的铁尾矿中，可回收品位 60% 左右的铁精矿约 300 万吨，相当于一座年产铁矿石 1000 万吨左右的大型铁矿。因此，随着采选业的蓬勃发展，尾矿资源将源源不断地增加，这是一个尚未被挖掘且潜力巨大的"二次资源"。若能充分加以开发和利用，则可创造出不可估量的财富。

（2）尾砂粒度细、泥化严重。尾砂的粒度大小与矿石性质以及选矿工艺流程有关，多为细砂至粉砂，具有孔隙度低、水分含量高的特点。据有关资料统计，各类矿山尾砂 $-74\mu m$ 含量在 50% 以下的为 28.57%，在 50% ~ 70% 的为 42.86%，在 70% 以上的为 28.57%。多数矿山尾砂平均粒径 0.04 ~ 0.15mm。例如，龙都尾矿库内尾砂平均粒径 $25\mu m$，其中粒径小于 $19\mu m$ 的含量为 54%，大于 $74\mu m$ 的含量为 3.5%，大于 $37\mu m$ 的含量为 20%，属细粒尾砂的范畴。

由于尾砂是矿石磨选后的最终剩余物，故含有大量以细粒、微细粒形式存在的矿泥，具有比表面积大、渗透性低、固结脱水困难、工程性质差等特点。例如，传统的充填理论要求充填料浆必须具有良好的渗透性能，故充填料浆中 $-43\mu m$ 的细粒级物料含量不允许超过 30%；细粒尾砂堆积坝的浸润线普遍偏高，对坝体稳定性极为不利。

（3）尾砂资源量庞大、种类繁多。因矿床成因和成矿条件不同，故矿石类型及主要伴生元素存在差异，相应的选厂尾砂性质有所不同。据不完全统计，国内金属矿山堆存的尾砂中铁矿占 1.3 亿吨，各种有色金属尾砂 1.4 亿吨，其余为黄金、化工、建材、核工业等矿山所生产的尾砂。我国黄金系统每年排放的尾砂已超过 2450 万吨。我国湖北蛇屋山金矿，在近十年的开采历史中，矿山累积达 700 万吨以上的金矿尾砂，并以每年 150 万吨的速度增加。石棉尾砂是一种以蛇纹石为主要成分的危险固体废弃物，在石棉矿的选矿提纯中，生产 1t 石棉产品会产生 27t 左右的石棉尾砂。

尾砂种类繁多，性质复杂。以铁矿山为例，鞍山式铁尾砂中 90% 是石英（玉髓）和绿泥石、角闪石、云母、长石、白云石和方解石等矿物；宁芜式铁尾砂中以透辉石、阳起石、磷灰石、碱性长石、黄铁矿及硬石膏等为主；马钢型铁尾砂以透辉石、阳起石、磷灰石、长石、石膏、高岭土、黄铁矿为主，含铝量较高；邯郸型铁尾砂以透辉石、角闪石、阳起石、硅灰石、蛇纹石、黄铁矿为主，钙、镁含量较高；酒钢型铁尾砂以石英、重晶石、碧玉为主，钙、镁、铝含量均较低；大冶、攀枝花、白云鄂博等矿山尾砂中含有铜、钴、钒、钛，有的含有价值很高的贵金属和稀有元素等。

1.2 尾砂处置途径与方法

原矿进入选矿厂经破碎、磨矿和选别作业后，矿石中的有用矿物分选为一种或多种精矿产品，大量的尾砂则以矿浆状态排出。这些尾砂数量巨大，而且有些尾砂还含有暂时不能回收利用的有用成分，若随意排放，既造成资源流失，又严重污染环境。因此，必须采取有效措施，妥善处置这些大宗矿山废弃资源，变废为宝，化害为利。除一部分可用作建筑材料、采空区充填以及塌陷坑回填外，绝大部分尾砂都需要妥善储存于尾矿库内。

1.2.1 尾矿库湿式排放

通常，在山谷口部或洼地的周围构筑堤坝形成尾砂储存库，将矿山湿式选矿的尾砂矿浆采用水力输送至库内沉淀堆存。这种专用尾砂储存库称为尾矿库。尾矿库是矿山选厂生产必不可少的组成部分，一般由尾砂堆存系统、尾矿库排洪系统、尾矿库回水系统等几部分组成，其基建投资及运行费用巨大。据统计，我国冶金矿山每吨尾砂需尾矿库基建投资 1～3 元，生产经营管理费用 3～5 元。此外，矿山利用尾矿库实施尾砂地表排放与堆存，极易造成严重的负面影响。

首先，尾矿库地表堆存需要占用大量的土地资源。我国现有尾矿库 12718 座，其中在建尾矿库 1526 座，已经闭库的尾矿库 1024 座，破坏土地和堆存占地达 1.87～2.47 万平方千米，并且每年还以 300～400 km² 的速度新增（2000 年数据）。截至 2007 年，全国尾砂堆积总量为 80.46 亿吨，仅 2007 年全国尾砂排量近 10 亿吨。由于土地资源的日益紧张，在我国的一些矿区，将无法找到适宜的区域建设地表尾矿库，尾砂的安全妥善处理更是迫切需要解决的重大技术难题。

其次，尾砂地表堆存污染、破坏生态环境。由于尾砂携带大量超标的重金属、硫、砷等污染物质以及残存的选矿药剂，地表堆存尾砂极易造成环境污染；极细粒径的尾砂颗粒经干燥后易随风飘扬而产生大气污染；尾砂氧化、水解和风化可形成溶于水的化合物或重金属离子，经地表水或地下水作用而严重污染周围水系及土壤，危害人类健康，影响农作物、森林、禽畜和鱼类的生长和繁殖。

更为严重的是，由于尾矿库堆存的是极细粒径且无固结强度的尾砂，极易产生流动、塌陷和溃垮，因此尾矿库已成为一个具有高势能的人造泥石流的危险源。尾矿库垮坝、溃坝等重大事故时有发生，给人民的生命和财产安全造成了极大威胁和损害。例如，1994 年 7 月 13 日，湖北大冶有色金属公司龙角山尾矿库发生溃坝，造成了 30 人死亡；2000 年 10 月 18 日，广西壮族自治区南丹宏图选厂发生尾矿库垮塌事故，造成 28 人死亡、56 人受伤的后果；2007 年 11 月 25 日，辽宁省海城市鼎洋矿业有限公司尾矿库发生溃坝事故，造成 15 人死亡、2 人失踪、38 人受伤；2008 年 9 月 8 日，山西省临汾市襄汾县新塔矿业有限公司发生重大尾矿库溃坝事故，造成 276 人死亡。矿山停产闭坑后，虽然尾矿库停止使用，但其安全危险性仍将长期存在。美国克拉克大学公害评定小组的研究表明，在全世界 93 种重大事故、公害的隐患中，矿山尾矿库事故的危害名列第 18 位。

1.2.2　尾砂干式堆存技术

尾砂干式堆存是近年来发展起来的一种新的尾砂处置方法。选厂尾砂经过脱水处理后形成的高浓度或膏体尾砂，可采用干法输送和堆存设备，干式堆存于地表或输送到尾矿场堆存，然后用推土机推平压实，形成不饱和致密稳固的尾砂堆，无需再建设尾矿库。

实现尾砂干式堆存的技术关键在于，尾砂经脱水后达到相当高的浓度，在堆积过程中不发生离析且渗析水量少，具有一定的支撑强度，能够自然堆积成一定高度的山脊形。该技术方法可在峡谷、低洼、平地、缓坡等地形条件下堆存，具有基建投资少、系统维护简单、综合运营成本低等特点。

根据现有的技术条件，尾砂干式堆存的适用条件是：（1）相当于或大于降雨程度的干燥气候；（2）尾砂细度足以形成可堆积的膏体而不需要使用太多的絮凝剂；（3）用自动浓缩机或浓密机生产具有膏体浓度的尾砂；（4）堆积场大且较平，可借助阳光快速干燥。

澳大利亚、加拿大等国家的尾砂干式堆存研究和实践表明，将尾砂脱水浓缩后干法堆存，不仅可以节省常规尾矿库建设和维护的费用，使回水得到充分利用，而且还可以大大节省占地面积、消除尾矿库的安全隐患，并且能够在矿山生产过程中对尾矿堆场及时进行复垦，有利于环境保护。

由于在特定地区进行尾砂干式堆存较传统的尾矿库排放尾砂存在诸多优点，国内外的一些矿山已开始运用干堆方法进行尾矿排放。目前，应用尾砂干法堆存技术已具有较大规模的矿山包括美国格林克里克地区的多座矿山、加拿大的 Ekati Diamond 矿和 Kidd Creek 矿、坦桑尼亚的 Bulyanhulu 矿、俄罗斯的 Kubaka 金矿和印度的 Hindustan 铜矿。国内采用尾砂干式堆存技术较成熟的矿山有河北的寿王坟铜矿、内蒙古的撰山子金矿和柴胡栏子金矿、山东的归来庄金矿和金岭铁矿等。

虽然尾砂干式堆存可以在不建设常规尾矿库的情况下实现尾砂露天堆存，但是尾砂干堆的安全隐患和环境危害依然存在，甚至更为严重。干堆的尾砂遇水极易产生泥化、流化甚至崩溃，故对干堆区域和地点的选择有严格限制。此外，干堆的尾砂经风力携带，会造成大面积扬尘、沙暴等空气污染问题。

1.2.3 充填矿山采空区

传统粗放型资源开发模式，使大量选矿尾砂地表排放，而地下采空区却不断增加，为人类的生存环境和生命财产安全造成极大危害和潜在威胁。目前，因矿山尾砂的地表大量排放而引发的环境污染、生态破坏和安全问题已成为不可忽视的重大社会问题。因此，大力加强对矿山尾砂的合理利用、实现矿山企业的清洁生产，已成为我国矿产资源开发可持续发展和构建和谐社会的战略要求。将尾砂作为充填骨料，胶结充填地下采空区，不仅解决了尾砂地表排放问题，而且解决了地下采矿可能造成的地表塌陷、环境破坏等问题，并能提高矿产资源回收率，实现复杂地质条件下的安全开采。尤其对于无处设置尾矿库的矿山企业，利用尾砂回填采空区就具有更大的环境和经济意义。

国内外广泛应用的充填方式是分级尾砂充填，即将选厂全尾砂进行分级，粗颗粒用于井下充填，而细颗粒则排放至尾矿库。该种充填方式虽可使充填料渗透系数满足生产技术要求，但细颗粒尾砂未能得到利用，且细颗粒尾砂堆存困难，尾矿库建设要求高，在尾砂产率较低或磨矿细度小的条件下，尾砂充填利用率低，还需要用河砂、山砂、棒磨砂、戈壁集料等其他材料进行补充。

全尾砂充填则不对尾砂进行分级而全部充入井下，从而避免尾砂分级所带来的上述问题。在尾砂产率较高的高品位铁矿山、多金属共存的铅锌矿山等，选矿尾砂可全部充入井下，从而可不设尾矿库而实现尾废"零排放"。高质量的全尾砂充填能给采矿作业提供良好的工作条件，能有效地保护矿区地表及周边环境，矿山整体技术经济效益高，社会环境效益好，故越来越受到矿山企业重视和应用。

某铁矿矿区附近地表无处建尾矿库，采用全尾砂胶结充填采空区，避免在地表建设尾矿库。该矿采用全尾砂胶结充填自流输送工艺（见图1-2），以全尾砂作为充填骨料，充填体强度达1~2MPa、重量浓度大于60%、灰砂比1:4~1:6（其中矿房下部为1:4，上部为1:6）。利用细磨高炉水渣代替部分水泥，采用强力活化搅拌制备充填料浆，以管道自流将充填浆料送入采空区，测算的充填成本为77.63元/m³。通过全尾砂胶结充填，解决了矿山选厂尾砂的排放问题，实现了矿柱回采，矿石回采率由60%提高到80%以上，并实现了矿山采矿、选矿、充填三者互为依托、综合平衡的良性闭路循环。

1.2.4 生产建筑材料

尾砂建材，主要是利用尾砂的化学成分和矿物组成，以及由化学成分和矿物组成而体现出来的物理化学性质。研究表明，尾砂在资源特征上与传统的建材、

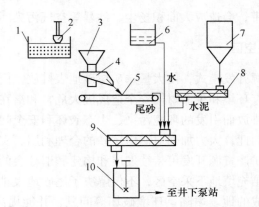

图 1 - 2   全尾砂胶结充填料浆制备工艺流程
1—尾砂池；2—抓斗；3—储料仓；4—振动给料机；5—胶带输送机；
6—高位水箱；7—水泥仓；8—螺旋输送机；9—双轴搅拌机；10—高速搅拌机

陶瓷、玻璃原料基本相近，实际上是一种已加工成细粒状但不完备的混合料，若加以调配即可用于生产。由于这些原料不需再作粉碎和其他处理，故制造出来的产品通常节省能耗，成本较低，而一些新型尾砂建材产品则往往价值较高、经济效益显著。例如，高硅尾砂（$w(SiO_2) > 60\%$）可用作建筑材料、公路用砂、陶瓷、玻璃、微晶玻璃花岗岩及硅酸盐新材料的原料；高铁尾砂（$w(Fe_2O_3) > 15\%$）或含有多种金属的尾砂可作色瓷、色釉、水泥配料及其他新型材料的原料等。

首云铁矿、齐大山铁矿等矿山，因选矿生产工艺采用阶段磨矿，粒度较粗，且成分比较简单，主要是二氧化硅和铁矿物。通过工艺流程改造，成功地将铁尾砂分离的粗砂用作建筑用砂。

鞍钢矿渣砖厂利用大孤山铁矿选厂尾砂配入水泥、石灰等原料，制成加气混凝土，其产品重量轻、保湿性能好。该厂年产 10 万立方米的加气混凝土生产线，尾砂用量约 3 万吨/年。

马鞍山矿山研究院采用齐大山铁矿、歪头山铁矿的细尾砂（$w(SiO_2) > 70\%$）为主要原料，配入少量骨料、钙质胶凝材料及外加剂，成功地制成了尾砂免烧砖。该尾砂砖各项指标均达到国家建材局颁布的《非烧结黏土砖技术条件》规定的 100 号标准砖的要求。

尾砂用于生产水泥，就是利用尾砂中的某些有益元素影响水泥熟料的形成和矿物的组成。通常，碳酸盐型和高铝硅酸盐型尾砂，可直接用作石灰石和黏土的替代原料；某些碱含量较低的钙铝硅酸盐型尾砂、高钙硅酸盐型尾砂，只要成分与水泥生料成分相近，亦可直接煅烧水泥熟料；当尾砂成分与水泥成分相差较远时，可作为配料或矿化剂使用。

目前，我国建筑行业仍处于不断发展之中，对建材的需求量有增无减，这无疑为利用尾砂生产建材提供了一个良好契机。

1.3　尾砂固结排放技术

1.3.1　研究背景

目前，我国各类工业固体废料累计存量约 100 亿吨，其中金属矿山堆存的尾砂量就超过 40 亿吨，并且每年还新增尾砂排放占地 300 ~ 400km^2。矿山尾砂的地表堆弃，不仅破坏生态与环境，而且尾矿库还是潜在的重大的安全隐患。

对于采用崩落法开采的矿山，当地下矿体被大量采出后，往往会造成地表塌陷，形成数量众多的大面积塌陷坑。如果能够在不对地下采矿活动构成威胁的前提下，将选矿尾砂固结排放到塌陷坑内，不仅无需再建尾矿库，减少土地占用，而且还能治理地表塌陷，改善矿山生态环境。因此，开展全尾砂固结排放理论、技术与工艺研究，对矿业可持续发展具有重要的理论意义和实用价值。

西石门铁矿位于河北省武安市境内，是五矿邯邢矿业有限公司下属的主力生产矿井之一，目前年产铁矿石超过 200 万吨、铁精粉 60 万 ~ 70 万吨。矿石中金属矿物主要为磁铁矿，其次含有少量的赤铁矿，伴生的硫化物主要是黄铁矿、黄铜矿。主采矿体属缓倾斜中厚分布，按矿体赋存状态划分为南、中、北三个采区。总体上，西石门铁矿主要以崩落采矿法为主，其中 30m 以上的厚大矿体采用无底柱分段崩落法开采，8 ~ 30m 厚的矿段采用有底柱分段崩落法开采，8m 以下的矿段则采用房柱法开采。经过多年的采矿活动，在地表出现了大面积的移动盆地，并已形成了南区、中区、北区三个相应的地表塌陷坑（见图 1 - 3）。目前，西石门铁矿各采区已逐步转入深部开采，浅部资源所剩不多且多处于残采阶段。

(a)　　　　　　　　　　　　　　　　　(b)

图 1 - 3　西石门铁矿地表塌陷坑
（a）北区塌陷坑；（b）中区塌陷坑

截至 2013 年底, 西石门铁矿剩余地质储量 1531 万吨, 若再考虑 500 万吨的残采矿量, 则需排放尾矿约 1000 万立方米。矿山现役的后井尾矿库剩余库容仅为 263 万立方米, 若按 2013 年的尾矿排放能力推算, 剩余尾矿库库容只能满足矿山正常生产 2 ~ 3 年。因此, 解决西石门铁矿今后尾砂排放问题是矿山生产接续的当务之急。然而, 后井尾矿库 (南库) 经扩容改造后, 库容已接近极限, 若再建北库则存在投资高、占地面积大、开工审批手续繁琐、建设周期长等不利因素, 故再建北库方案暂不可行。目前, 西石门铁矿北区塌陷坑有效容积约 100 万立方米、中区塌陷坑有效容积约 600 万立方米, 加上后井尾矿库的剩余库容, 共计约 1000 万立方米。因此, 若采取一定的技术措施, 在不影响井下采矿安全的前提下, 利用矿山现有的地表塌陷坑进行尾砂固结排放, 扩大塌陷坑的尾砂堆存量, 基本上可以解决西石门铁矿今后的尾砂堆存问题。

鉴于此, 2007 ~ 2013 年, 五矿邯邢矿业有限公司和中国矿业大学 (北京) 开展了西石门铁矿全尾砂固结排放技术研究, 并取得了比较满意的技术经济指标。现已取得的研究成果和应用表明, 利用矿山的采矿塌陷坑进行尾矿堆存是一种技术合理、经济可行的适宜方案。

在西石门铁矿实施尾砂固结排放新技术, 将选矿厂的全尾砂固结排放到因地下开采造成的地表塌陷坑内, 具有以下现实意义:

(1) 改变了传统的尾矿库排放模式, 实现了尾砂地表安全堆存。采用尾砂固结排放技术, 对矿山全尾砂进行脱水固结后排放到地表采矿塌陷坑内, 既缓解了当前尾矿库排放的压力, 又节约其维护和排放的费用。根据测算, 西石门铁矿若在北区和中区塌陷坑成功实现固结排尾, 则今后就无需再进行尾矿库扩容或新建尾砂库。因此, 实现尾砂固结排放, 将彻底改变传统的尾矿库排放模式, 矿山无需再建尾矿库且能实现尾砂地表安全堆存, 消除了尾矿库安全隐患, 是矿山尾砂处理技术的重大进步。

(2) 固结尾砂堆存地点选择灵活, 减少了土地资源占用。固结尾砂的堆存地点选择余地大, 可以尽量选择荒地堆存, 亦可以排放到地表采矿塌陷坑内或其他需要治理的坑洼地区。由于固结尾砂堆体可以形成一定的稳定高度, 相同的占地面积可以堆存更多的尾砂。固结后的尾砂还可以作为砟土充填井下空区, 或用作筑路材料以及地表环境治理的回填材料, 进一步减少土地占用, 同时实现变废为宝。

(3) 尾砂固结排放极大程度地改变了矿区周边的生态环境。除减少占用土地资源外, 将固结的尾砂排放到地表采矿塌陷坑内, 在处理矿山废弃物——选矿尾砂的同时, 也治理了受采矿活动破坏的地表环境。此外, 固结的尾砂堆体不会造成大气的污染和水土的破坏。

（4）尾砂固结堆存有助于实现堆存区域的土地复垦与绿化。尾砂固结干堆场地进行土地复垦和生态环境重建，将有效地恢复被占用土地的功能，实现矿区绿色矿业开发和可持续发展的目标。

1.3.2 研究内容

由中国矿业大学（北京）提出的尾砂固结排放技术是在尾砂干式排放的基础上，通过加入少量的胶凝材料对尾砂进行胶结，经固结后形成具有一定强度的固结体，从根本上改变了尾砂堆体的结构特点与力学性质，确保了尾砂堆体的稳定与安全。尾砂固结排放系统的基本工艺流程为泵砂→加料→脱水→固结排放。

本课题是以西石门铁矿为工程背景，结合西石门铁矿的具体条件，系统提出了西石门铁矿尾砂固结安全及与环境友好堆存的技术方法、工艺方案，建立了尾砂固结生产工艺系统，实现了尾砂的安全、低成本及与环境友好排放，从根本上改变了传统的尾矿库排放方式，消除了重大安全隐患，实现了尾砂处理技术的重大革新。本课题的主要研究内容包括：

（1）新型尾砂固结胶凝材料研究。胶凝材料既决定尾砂固结体的强度和稳定性，同时又是影响固结排放作业成本的重要因素。研究和开发适宜尾砂固结的新型胶凝材料对于提高固结性能、降低固结成本具有重要意义。为实现低成本固结并确保固结尾砂的优越性能，新型尾砂固结胶凝材料应充分利用具有一定活性的工业固体废渣作为原料。尾砂固结胶凝材料研究的主要内容包括：

1）固结胶凝材料组分的确定与匹配优化；

2）固结胶凝材料制备方式与制备方法研究；

3）固结胶凝材料的物理力学性能研究；

4）固结胶凝材料的水化产物种类及其特征；

5）固结胶凝材料的水化机理及其固砂机理研究；

6）全尾砂固结体的物理力学性能研究。

（2）全尾砂固结机理与配比研究。针对西石门铁矿全尾砂的性能特点，研究现有的不同胶凝材料对全尾砂的固结效果，为合理选择胶凝材料提供依据；结合铁尾砂自身特性和全尾砂固结排放工艺特点，通过理论分析和实验室试验，系统研究少掺量胶凝材料条件下的铁尾砂固结安全配比与设计规律。主要研究内容包括：

1）全尾砂固结机理研究；

2）不同配比（含水率和砂灰比）条件下固结体的强度特性；

3）建立尾砂固结体配比参数（含水率和灰砂比）与固结体强度的关系

模型；

　　4）全尾砂低温环境固结机理与防冻措施研究；

　　5）推荐满足尾砂固结排放工艺技术要求的最优配比。

　　（3）尾砂高效浓缩脱水固结一体化技术。针对西石门铁矿尾砂难于脱水的特点，在充分研究全尾砂的物理性质、化学组成、粒级分布、沉降性能等的基础上，进一步研究全尾砂浆的浓缩脱水机理和高效浓缩脱水技术，以减少胶凝材料用量，降低脱水固结成本。

　　（4）西石门铁矿北区 60 万吨/年全尾砂固结排放系统建设与生产优化。结合浓缩脱水和固结处理的研究成果，提出西石门铁矿全尾砂高效浓缩脱水固结一体化技术与工艺路线，为西石门铁矿北区 60 万吨/年全尾砂固结排放系统设计提供依据。建设西石门铁矿北区 60 万吨/年全尾砂固结排放系统，对西石门铁矿北区塌陷坑的 60 万吨/年全尾砂固结排放系统生产过程进行跟踪研究和分析，确定生产系统的最优工作参数并制定相应的规程制度。系统监测各项生产作业参数，动态跟踪全尾砂固结排放效果，动态确定不同时段的固结胶凝材料配比方案。

　　（5）尾砂固结体的安全稳定性研究。主要研究内容包括：

　　1）研究尾砂固结堆体的物理力学性能；

　　2）分析塌陷坑岩层移动规律，研究在水、地下采矿活动、自重作用、外力作用等条件下尾砂固结堆体泥化、析水、破坏机理和失稳条件；

　　3）研究尾砂固结堆体在采动影响下形成内部空洞的条件；

　　4）研究尾砂固结堆体固结强度、固结结构（根据需要在不同的部位采用不同的胶凝材料配比，从而具有不同的固结强度）、几何形状、堆体高度、堆体边帮角度以及堆排工艺对堆体稳定性的影响关系；

　　5）建立尾砂固结体的安全评价模型；

　　6）尾砂固结堆体的安全稳定性监测。

　　（6）尾砂固结体的检测标准研究。研究并制定有关全尾砂固结排放工艺，尾砂固结体性能的检测、检验标准，以便更好地指导生产作业，确保生产作业安全、稳定、可靠。

1.3.3　研究方法与技术路线

　　本课题研究主要采取现场调研、室内实验、理论分析、数值计算和工程实践相结合的综合性研究方法，其研究技术路线是实验室理论研究与实验研究→现场小型工业试验→工业生产→推广应用，具体技术路线如图 1-4 所示。

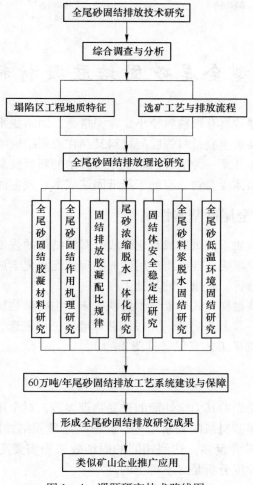

图 1-4 课题研究技术路线图

2 新型全尾砂固结胶凝材料研究

西石门铁矿全尾砂具有颗粒粒径小、含泥量高、固结脱水困难等特点，采用传统的通用水泥或高水速凝材料等胶凝材料又存在着固结成本高、性能不适用等不足。因此，研究并开发一种适宜铁矿全尾砂固结的新型胶凝材料，充分利用具有一定活性的工业固体废弃物，有助于降低固结成本、改善固结性能。

2.1 西石门铁矿全尾砂基本性质

全尾砂的物理性质、粒级组成和化学成分对固结体的强度、渗滤水性能、胶凝成分分析等有重要影响。准确测定尾砂的物理性能和化学成分，并据此对固结材料作出初步定性分析，是重要的基础工作。

西石门铁矿为接触交代式矽卡岩型磁铁矿床，主要矿物质为磁铁矿。目前采用"磁滑轮预选、一段开路自磨、一段闭路球磨、三段磁选、一段磁力脱水槽脱泥、过滤脱水"的选矿工艺流程（见图 2 - 1）。

2.1.1 粒度分析

尾砂粒级组成是影响其力学性能的重要物理参数，对全尾砂固结排放效果有直接影响，既影响尾砂料浆的脱水工艺，又影响尾砂固结性能和胶凝材料用量。若尾砂中细粒级物料含量多，达到相同的固结效果则需要更多的胶凝材料。因此，对全尾砂进行粒度分析是必不可少的。

研究采用珠海欧美克科技有限公司生产的 LS - C(ⅡA) 型激光粒度分析仪对西石门铁矿全尾砂进行粒度分析（见表 2 - 1）。由表 2 - 1 可知，西石门铁矿全尾砂的颗粒组成特征值为：$d_{10} = 54.1\mu m$、$d_{30} = 117.2\mu m$、$d_{60} = 224.0\mu m$、中值粒径 $d_{50} = 186.8\mu m$；全尾砂颗粒粒径主要集中在 80~300μm 之间，全尾砂不均匀系数 $C_u = 4.14 < 5$、曲率系数 $C_c = 1.13$，属于级配不良材料（见表 2 - 2）。总体而言，西石门铁矿全尾砂具有细粒级含量较多、级配较差的特点，对其浓缩、脱水、固结和稳定均产生较大影响。

表 2 - 1 西石门铁矿全尾砂粒度分布

粒径/μm	-16	-42	-80	-160	-233	-300	-600	+600
产率/%	2.94	5.74	10.15	23.45	20.13	8.30	25.99	3.30
累积产率/%	2.94	8.68	18.83	42.28	62.41	70.71	96.70	100

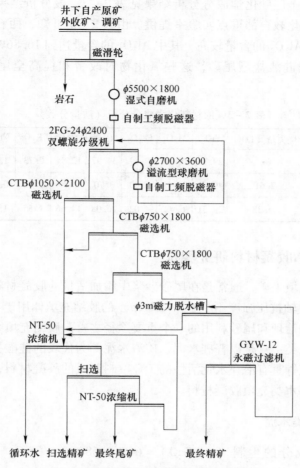

图 2−1 西石门铁矿选矿工艺流程图

表 2−2 西石门铁矿全尾砂基本物理参数

相对密度	容重/g·cm^{-3}	$d_{50}/\mu m$	$d_{10}/\mu m$	$d_{30}/\mu m$	$d_{60}/\mu m$	不均匀系数 C_u	曲率系数 C_c
2.86	1.62	186.8	54.1	117.2	224.0	4.14	1.13

2.1.2 化学成分

全尾砂的化学成分对全尾砂料浆的浓缩、脱水和固结具有重要影响。如果尾砂中含有较多的 CaO、MgO、Al_2O_3，则对固结体的胶结和凝聚有利，可适当降低灰砂比以节约成本；但若尾砂中的 SiO_2 含量高，则会降低固结体的固结性能，应适当增大灰砂比以保证固结体的固结强度。

西石门铁矿全尾砂化学成分分析结果见表 2 – 3，该分析结果是由北京大学造山带与地壳演化教育部重点实验室提供。由表 2 – 3 可知，西石门铁矿全尾砂中 CaO、MgO、Al_2O_3 的含量较高，其中 Al_2O_3 的含量达到 16.86%，应属于钙铝硅酸盐型或镁铁硅酸盐型尾砂，这些氧化物对改善和提高全尾砂的固结效果有利。

表 2 – 3　原材料化学成分分析（质量分数）　　　　　　（%）

原材料	烧失量（LOI）	SiO_2	Al_2O_3	Fe_2O_3	CaO	MgO	K_2O	Na_2O	MnO	总计
邯郸矿渣	—	29.74	16.86	0.59	34.97	12.84	0.73	1.46	2.529	99.06
邯郸粉煤灰	2.61	49.67	34.18	6.00	3.70	0.79	1.02	0.38	1.424	99.57
西石门铁矿全尾砂	15.38	29.31	6.42	4.02	26.08	14.66	1.55	1.68	0.818	99.53

2.2　尾砂固结胶凝材料研究现状

尾砂胶结充填采矿，通常是在尾砂砂浆中添加适量的胶凝材料，形成具有一定强度（一般单轴抗压强度不小于 1 ~ 2MPa）的胶结充填体用于支撑井下开采空区，是矿山环境治理和尾砂利用的一个重要途径之一。胶结充填采矿常用的胶凝材料主要包括三类：一是以普硅水泥、矿渣水泥等为代表的硅酸盐类水泥；二是以矿渣、粉煤灰等具有潜在水化活性的工业废料制成的胶凝材料；三是以高水基材料为主体的高水类充填胶凝材料。

2.2.1　硅酸盐类水泥

凡以适当成分的生料（$w(CaO) = 64\% ~ 68\%$，$w(SiO_2) = 21\% ~ 23\%$，$w(Al_2O_3) = 4\% ~ 7\%$，$w(Fe_2O_3) = 3\% ~ 5\%$）烧至部分熔融，所得的以硅酸钙为主要成分的硅酸盐水泥熟料，加入适量石膏和一定的混合材，磨细制成的水硬性胶凝材料，称为硅酸盐水泥。在矿山充填中，水泥、充填骨料与水混合后，发生物理化学反应而凝固形成具有一定强度的充填胶结体。

硅酸盐水泥类具有来源广泛、质量稳定、价格适中等优点，是目前矿山井下充填中应用最广泛的胶凝材料。具有代表性的水泥胶结充填工艺主要有传统的低浓度尾砂胶结充填以及近年出现的高浓度全尾砂胶结充填、块石砂浆胶结充填、碎石水泥浆胶结充填和膏体泵压输送胶结充填等。

然而，硅酸盐水泥固结细粒骨料的效果不甚理想，而井下充填常用选厂排放的尾砂作为充填骨料。尾砂具有颗粒小、含泥量高的特点，同时因受充填工艺制约，配制的尾砂充填料浆水灰比大，存在水泥用量大、胶结成本高、充填体强度低等诸多问题，致使硅酸盐水泥在井下充填应用中普遍效果不佳。

2.2.2 高水速凝胶结材料

20世纪60年代，英国成功研制了高水速凝材料，起初用于井工煤矿的巷旁充填支护。20世纪80年代初，我国开始高水速凝材料的试验研究。中国矿业大学孙恒虎等人发明了一种水灰比达3.0的高水固结充填材料。该材料是以铝矾土、石灰、石灰石和石膏为主要原料，配以多种无机原料和添加剂，经过破碎、烘干、配料、均化、烧制以及粉磨等工艺制成，具有固水能力强、单浆悬浮性和流动性强、凝固速度和强度增长速度快等特点，可将高比例的水迅速凝固成具有一定承载能力的固体，其体积含水率可高达70%以上，1h固结强度可达0.5～1.0MPa，在需要快速充填和固结的条件下具有优势。实践证明，这项技术能够有效地解决金属矿山利用水泥胶结充填采矿中长期存在的井下采场脱水困难、充填体强度低、矿石损失贫化率高、采场生产能力低、尾砂堆放占用土地并污染环境等一系列技术难题。然而，由于高水速凝材料固结充填工艺需要两套搅拌系统和三条输送管路，而且高水材料的配比要求严格，配比不当极易造成充填体不凝固的现象；其次是高水材料来源受限，造成材料成本高等原因，高水固结材料的推广应用受到较大限制。国内采用高水固结材料充填的矿山主要有山东招远玲珑金矿、安徽铜陵新桥硫铁矿等。

2.2.3 水泥基水泥代用品

传统的胶结充填所使用的胶凝材料通常为普通硅酸盐水泥，充填成本中水泥费用所占的比例高达60%～80%。为降低尾砂胶结成本、改善充填性能，许多专家和学者开始研究并开发了一系列物美廉价的水泥替代品作为尾砂固结胶凝材料。特别是具有一定活性的工业废渣经活化、激发处理后形成的胶凝材料，具有效率高、成本低、性能好、能够满足尾砂胶结要求等特点。这些具有潜在水化活性的工业废渣包括钢铁厂的水淬高炉矿渣、电厂的粉煤灰和脱硫石膏，以及赤泥、煤矸石等。其中，矿渣和粉煤灰作为混合材，可以部分甚至全部代替水泥熟料。中国矿业大学（北京）、山东焦家金矿等基于此研究开发的新型全尾砂胶结材料，都得到了很好的实际应用。然而，这类活性材料的物理化学行为受自身成因的影响较大，其研究成果不宜直接大面积推广应用。

高炉矿渣是钢铁厂冶炼生铁时排出的副产品。在冶炼生铁的过程中，由于相对密度的不同，各种无机矿物的熔融体浮于铁水之上，定期经排渣口排出，经水淬急冷处理后成为粒状颗粒，又称为粒化高炉矿渣或水渣。研究与应用表明，高炉矿渣是一种良好的水泥代用品。矿渣的水化活性主要取决于其中玻璃体的含量和组成中 $n(CaO)/n(SiO_2)$ 的比值，矿渣中玻璃体含量越大，其活性就越高。对于同一种玻璃体，其组成中 $n(CaO)/n(SiO_2)$ 比值越大，玻璃体中的聚合度越低，活性则越高。我国大多数矿渣的玻璃体含量可达到 80% 以上，$n(CaO)/n(SiO_2)$ 的比值约为 1.0。国内外有许多矿山采用高炉矿渣替代水泥作为充填胶凝材料。例如，前苏联的诺里尔斯克矿冶公司、扎波罗热铁矿公司、索科洛夫 - 萨尔拜采选公司、下塔吉尔冶金公司、五一矿和阿尔泰地区的一些矿山，国内的铜绿山铜矿、张马屯铁矿等矿山也利用高炉矿渣替代水泥用于井下胶结充填采矿。

粉煤灰是火力发电厂排出的一种工业废渣，它是由磨成一定细度的煤粉在粉煤炉中高温悬浮燃烧之后，原煤中所含不可燃的黏土质矿物发生分解、氧化、熔融等变化，在表面张力的作用下形成细小的液滴，在排出炉外时，经急速冷却，形成微细球形颗粒，然后连同未被燃烧的可燃物一起由收尘器收集，或者由水流管道排放到储灰场。粉煤灰中含有大量的玻璃体，还有少量未燃烧的碳以及石英、莫来石等晶体矿物。粉煤灰在国内外矿山充填中应用较为广泛，一方面是因其具有火山灰活性，可代替部分水泥熟料，另一方面则是因其微集料效应，能较好地改进充填料浆的流动性能。

长期以来，关于水泥替代品的研究开发一直没有间断过，除了将高炉矿渣、粉煤灰等用于矿山充填以替代部分水泥外，还进行了其他工业废渣利用的研究探索，并取得了一定的成果。例如，陈云嫩等将脱硫石膏加入适量添加剂并充分利用其活性，以替代部分水泥；饶运章等人将炉渣、石灰、黄土等作为主要原料，加入改性剂，生产一种价格低廉的充填胶凝材料；江梅、王新民等人将化学工业固体废渣磷石膏经过活化处理后，与粉煤灰一起使用以代替部分水泥；付毅等人通过对冶炼有色金属的炉渣进行活化处理，并将其用作矿山胶结充填材料。

此外，中国矿业大学的孙恒虎教授还研制出了一种砂土固结充填材料；长沙矿山研究院开发了一种以赤泥为主要成分的赤泥胶结充填材料；枣庄石金矿业充填研究所开发的 MT 充填胶结料等等。太平矿以泗河河砂为骨料，添加一定量粉煤灰，分别用凝石、P. O42.5 与 MT 材料作为胶凝材料在试验室进行的系列配比试验结果如表 2 - 4 ~ 表 2 - 6 所示。需要指出的是，目前这些材料或尚处于研究阶段而未见用于矿山充填实践，或在实际应用过程中效果不理想。

表 2 - 4　以凝石为胶凝材料的试验结果

序号	质量浓度/%	胶结料/kg·m⁻³	粉煤灰/kg·m⁻³	单轴抗压强度/MPa				
				8h	1d	2d	3d	7d
1	80	60	400	—	—	0.10	0.22	0.52
2	80	80	400	—	—	0.13	0.29	0.76
3	80	100	400	—	—	0.17	0.35	1.02
4	80	150	400	—	0.12	0.45	0.87	2.03

表 2-5 以 P.O42.5 为胶凝材料的试验结果

序号	质量浓度/%	胶结料/kg·m⁻³	粉煤灰/kg·m⁻³	单轴抗压强度/MPa				
				8h	1d	2d	3d	7d
1	80	100	400	—	—	0.13	0.31	0.75
2	80	150	400	—	—	0.43	0.68	1.38

表 2-6 以 MT 材料为胶凝材料的试验结果

序号	质量浓度/%	胶结料/kg·m⁻³	粉煤灰/kg·m⁻³	单轴抗压强度/MPa				
				8h	1d	2d	3d	7d
1	80	176	300	—	0.09	0.32	—	0.85
2	80	60	416	—	—	—	0.11	

作为一种新型尾砂处理方式,全尾砂固结排放技术要求固结胶凝材料在固结强度、水化性能等方面具有自己的特点,目前尚未有相关研究报道。因此,研究并开发一种适宜矿山全尾砂固结排放的胶凝材料,降低尾砂固结成本,提高尾砂固结性能势在必行。

2.3 新型全尾砂固结材料设计

2.3.1 设计思路

胶凝材料既决定尾砂固结体的强度与稳定性,又是影响固结排放作业成本的重要因素。众所周知,全尾砂具有颗粒细小、级配不合理、含泥量高、固结脱水困难等特点,采用通用水泥作固结材料存在固结成本高、固结性能不能满足工艺要求等问题,这决定了用于固结全尾砂的胶凝材料组成应与通用水泥不同。虽然目前针对矿山井下尾砂胶结充填而开发了一系列诸如高水速凝材料、全砂土固结材料、赤泥全尾砂胶结充填材料等胶凝材料,但尾砂固结排放对胶凝材料的性能要求与井下尾砂胶结充填不同。从固结性能上看,井下尾砂胶结充填体固化时间与固结强度是影响采矿回采周期、矿石损失贫化的重要因素,要求充填胶凝材料具有速凝、早强等特性,以缩短采场生产循环周期;而固结排放是将胶凝材料与全尾砂浆均匀混合后再进行脱水过滤,为保证脱水工序正常进行,要求胶凝材料具有初凝时间不宜过短但后期强度增进快、固结砂土性能强等特点。从固结机理上看,井下尾砂胶结充填所需胶凝材料用量为8% ~20%,胶凝材料的水化产物基本可将尾砂颗粒充分包裹,形成类似建筑砂浆或混凝土一样的密实结构;而固结排放所需胶凝材料用量仅为2% ~3%,胶凝材料的水化产物不足以将尾砂颗粒充分包裹,其固结体的微观结构应与土壤固结类似,必须具有水化产物的骨架支撑与微细颗粒的填充增强相结合的特点。

　　因此，基于土壤固结原理、固结技术以及固土结构形成模型，针对全尾砂固结排放工艺要求和固结特点，充分利用具有一定水化活性或潜在水化活性的工业固体废料（如矿渣、粉煤灰等），设计并开发一种适宜全尾砂固结排放、低环境负荷的全尾砂固结胶凝材料，为全尾砂固结排放技术的推广应用提供技术支持。

2.3.2　矿渣物理化学性质

　　为降低尾砂胶结成本、改善充填性能，开发价格低廉、来源广泛、使用方便且能达到固结性能要求的活性矿物材料作矿山胶结充填材料，是充填采矿技术主攻方向之一。特别是具有一定水化活性或潜在水化活性的工业废渣经活化处理后形成的胶凝材料，具有固结效率高、成本低、性能好、能满足尾砂固结要求等特点。这些工业废渣包括水淬高炉矿渣、粉煤灰、赤泥、脱硫石膏、煤矸石等，其中矿渣和粉煤灰作为混合材掺入，可部分或全部代替水泥熟料。

　　矿渣是高炉炼铁时的副产品。用高炉冶炼生铁时，除了铁矿石和燃料（焦炭）外，还需加入相当数量的熔剂性矿物（如石灰石和白云石）。石灰石和白云石分解所得到的 CaO 和 MgO 与铁矿石中的杂质、焦炭中的灰分等相互熔化在一起，生成以硅酸钙（镁）和铝酸钙（镁）为主要矿物组成的熔融体。由于熔融体密度较铁水小，因而浮于铁水表面，经排渣口排出后水淬急冷，形成以玻璃体为主的粒状颗粒，称为粒化高炉矿渣。

　　经急冷处理的矿渣，其结构处于高能量不稳定状态，具有较高的水化活性，是水泥和混凝土工业优质的混合材，可以有效地改善水泥混凝土的各项性能，例如抗氯盐、抗硫酸盐侵蚀性能，抗碱集料反应性能等。由于矿渣水化放热速度较慢，还有利于防止大体积混凝土因温度变形而引起的开裂。

2.3.2.1　化学成分与质量评价

　　高炉矿渣的主要化学成分为 SiO_2、Al_2O_3、CaO、MgO、Fe_2O_3 等，其活性大小与化学成分及水淬生成的玻璃体含量有关。目前，主要通过质量系数 K 和碱度系数 M 表达矿渣活性大小。采用化学成分分析来评定矿渣的质量，虽然不够全面，并且没有涉及矿渣的结构，但对于粒化高炉矿渣而言，这种方法尚能够大致说明矿渣的特性，故仍是国内外评定粒化高炉矿渣质量的一种常用方法。

　　（1）质量系数 K 评定法。我国的现行国家标准《用于水泥中的粒化高炉矿渣》（GB/T 203—1994）是采用矿渣的质量系数 K，即矿渣中活性成分与非活性成分和低活性成分之间的质量比例作为评定依据，即：

$$K = \frac{w(CaO) + w(MgO) + w(Al_2O_3)}{w(SiO_2) + w(MnO) + w(TiO_2)} \qquad (2-1)$$

式中，$w(CaO)$、$w(MgO)$、$w(SiO_2)$、$w(Al_2O_3)$、$w(MnO)$、$w(TiO_2)$ 均为矿渣中相应氧化物的质量分数（%）。质量系数 K 值越大，表明矿渣的水硬活性越

高，质量也越好。《用于水泥中的粒化高炉矿渣》（GB/T 203—1994）规定，矿渣的质量系数 K 必须大于 1.2，才能作为水泥活性混合材；若 K 值小于 1.2，则只能作为非活性混合材。属优等品的粒化高炉矿渣，其质量系数 K 应不小于 1.60。

（2）碱度系数 M 评定法。粒化高炉矿渣中碱性氧化物（CaO + MgO）含量与酸性氧化物（SiO$_2$ + Al$_2$O$_3$）含量的比值 M 称为碱度系数，即：

$$M = \frac{m(\text{CaO}) + m(\text{MgO})}{m(\text{Al}_2\text{O}_3) + m(\text{SiO}_2)} \qquad (2-2)$$

根据碱度系数 M 的大小，可将矿渣分为三种：M > 1 的矿渣为碱性矿渣；M = 1 的称为中性矿渣；M < 1 的则为酸性矿渣。通常认为碱性矿渣的质量为最好。

试验选用的矿渣来自河北邯郸钢铁厂，根据表 2-3 所提供的粒化高炉矿渣的化学成分，可以计算出本试验所用粒化高炉矿渣的质量系数 K 为 2.0，远大于《用于水泥中的粒化高炉矿渣》（GB/T 203—1994）中所规定的"矿渣质量系数 K 应大于 1.2"的要求，属优等品；碱度系数 M = 1.06，应归为碱性矿渣一类。

2.3.2.2 矿物组成与结构

粒化高炉矿渣主要是由硅酸钙（镁）和铝硅酸钙（镁）等矿物组成。根据铁矿石杂质和焦炭品质的不同，碱性矿渣的主要矿物组成为硅酸二钙（C$_2$S）和钙黄长石（C$_2$AS）；而酸性矿渣的主要矿物为硅酸一钙（CS）和钙长石（CAS$_2$）。

一般而言，矿渣中玻璃体含量越多，矿渣的活性也越高。然而，当玻璃体含量相同而矿渣本身的化学成分不同时，其活性亦有较大差异，这是因为矿渣玻璃体本身在性质上是有区别的。因此，不能孤立地以矿渣玻璃体含量来判断矿渣的活性，而应同时兼顾玻璃体本身的性质。对于同一种玻璃体，其组成中 $n(\text{CaO})/n(\text{SiO}_2)$ 比值越大，玻璃网络体的聚合度越低，其水硬活性越高。由此可见，决定粒化高炉矿渣潜在活性大小的因素应是玻璃相含量和组成中 $n(\text{CaO})/n(\text{SiO}_2)$ 的比值。

从矿物材料的化学成分看（见表 2-3），粒化高炉矿渣较粉煤灰更接近水泥熟料的化学组成。为进一步了解矿渣的矿物组成和结构特征，将所用矿渣经烘干磨细后直接进行 XRD 分析，衍射角度为 3°~70°，X 射线衍射图谱如图 2-2 所示。由 XRD 分析可知，粒化高炉矿渣 X 射线衍射图谱呈馒头峰形（20°~35°），结晶度相对较低，没有明显的结晶峰出现，主要是由玻璃体组成，含量约在 90% 以上，是一种高火山灰活性的矿渣。

2.3.2.3 潜在水硬活性

粒化高炉矿渣中玻璃体含量约占 90%，玻璃体是矿渣活性的主要来源。矿

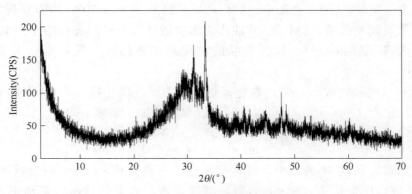

图 2 – 2　矿渣的 X 射线衍射图谱

渣的水化是通过复合外加剂或水泥熟料水化释放的 OH$^-$ 离子进入其玻璃体网状结构的空穴内，与活性阳离子发生激烈反应，促进网络结构的分解而完成的。

　　根据粒化高炉矿渣玻璃体微观分相结构的特点，可以较好地解释矿渣潜在水硬活性的本质：粒化高炉矿渣玻璃体中存在着富含钙的连续相和富含硅的非连续相，富硅相分散于富钙相中；富钙相的主要网络形成体 Ca—O、Mg—O 键比 Si—O 键弱得多，而且其内比表面积巨大，具有较高的热力学不稳定性，故富钙相的水硬活性高于富硅相。在碱性环境中，高浓度 OH$^-$ 离子的强烈作用能够克服富钙相的分解活化能，发生如下反应而使富钙相溶解

$$\equiv Si—O—Ca—O—Si \equiv\ +2NaOH \longrightarrow 2(\equiv Si—O—Na)\ +Ca(OH)_2$$

　　当富钙相溶解后，矿渣玻璃体解体，富硅相逐步暴露于碱性介质中，与 NaOH 发生如下反应：

$$\equiv Si—O—Si \equiv\ +H \cdot OH \longrightarrow 2(\equiv Si—OH)$$

$$\equiv Si—OH + NaOH \longrightarrow\ \equiv Si—O—Na + HOH$$

　　由于 Si—O 键的键能比 Ca—O 或 Mg—O 键键能大三倍左右，且富硅相本身的结构又比富钙相致密得多，故富硅相与 NaOH 的反应相对缓慢得多。化学键的键能差异和分相结构的特点决定了矿渣玻璃体在碱性溶液中，富钙相的反应较为剧烈和迅速，而富硅相的反应则较为缓慢和持久。因此，碱性体系中的矿渣，初期的水化以富钙相的迅速水化、解体并导致矿渣玻璃体解体为主，其水化产物填充于原充水空间，脱离原先结构的富硅相则填充于富钙相水化产物的间隙中。随着富硅相水化反应的进行，其水化产物不断填充于先前的水化产物间隙内，使水化产物的结构更加致密。由于水化产物的不断生成，水化产物结构不断致密化，固结体的强度得以不断增长。

2.3.2.4　水化活化激发

　　虽然矿渣中含有大量的铝硅酸盐玻璃体，但因其化学成分中 CaO 与 SiO$_2$ 的

摩尔比较低，玻璃体中硅氧四面体 $[SiO_4]^{4-}$ 的聚合度高，形成连续且致密的三维网络结构，化学性质稳定，其火山灰活性大部分是潜在的，活性发挥的速度非常缓慢。因此，能否充分发挥矿渣的潜在水化活性是提高矿渣利用率的关键因素之一。目前，常用的矿渣活性激发方式有物理活化、化学活化和物理与化学复合活化。

（1）物理活化。粉碎机械力化学研究表明：固体物料的粉磨过程不仅是粒子的细化过程，而且还伴有物料颗粒物理化学性能的改变，尤其是在超细研磨阶段更为突出。机械力给颗粒输入了大量的机械能，出现了晶格畸变、缺陷乃至纳米晶微单元等一系列物理化学变化。新生表面上有不饱和价键和高表面能的聚集，呈现较强的化学活性，因此粉磨可以提高物料的活性。

研究发现，矿渣经超细粉磨（平均粒径在 $10\mu m$ 以下）处理后，其比表面积增大，表面能增加，从而提高其活性和矿渣水泥的早后期强度。例如，管宗甫等人的研究认为，提高矿渣中小于 $18.91\mu m$ 微细粉含量，对提高矿渣水泥强度有明显作用；清华大学的冯乃谦教授则发现，当矿渣比表面积达 $800m^2/kg$ 以上时，粒径 $10\mu m$ 以下的粒子增加，水化性能增大，与过去常用的比表面积在 $400m^2/kg$ 以下的磨细矿渣相比，各种性能发生明显的变化，7d 活性指数达到 110%，28d 则达到 128%。

试验采用矿渣与水泥熟料分别粉磨的工艺。试验用高细磨粒化高炉矿渣是在全封闭统一试验小磨（$\phi500mm \times 500mm$）中进行粉磨，控制矿渣粉磨细度在 $400m^2/kg$ 以上。为消除糊球现象，应确保矿渣含水率在 0.5% 以下或磨前将矿渣烘干，必要时采用三乙醇胺作为助磨剂。

（2）化学活化。由水泥熟料掺加大量混合材而形成的复合胶凝材料，在水化时必须借助一定的活性激发方式或通过激发剂来激发混合材的活性，否则基本上无胶凝性或胶凝性很小。目前，国内外所研究的激发剂主要有以碱金属或碱土金属化合物为主的激发剂以及硫酸盐激发剂等。化学活化，首先是通过热力或机械形式使矿渣、粉煤灰等矿物材料达到一定的细度，形成具有一定活性的表面结构；其次是通过掺加适量配比的固态化学激发剂，如 NaOH、$Ca(OH)_2$、$NaSiO_3$ 等，在水化过程的不同阶段进一步激发矿物材料的活性，降低其化学势能，使复合胶凝材料达到预期的强度。

大量的实验结果表明，使用单一外加剂作用于矿渣水泥时，其效果不及复合外加剂，即采用复合外加剂可显著改善矿渣水泥的早后期性能，这是因为每一种外加剂所起的作用不同。例如，NaOH 对矿渣的解体功能较强，但对水泥熟料后期性能的发展不利；$Ca(OH)_2$ 在矿渣玻璃解体功能方面明显不如 NaOH，但却能补充 Ca^{2+} 离子以生成稳定的具有凝胶性质的水化产物，等等。吴学权等人因此提出了钠 - 钙 - 硫（$NaOH - Ca(OH)_2 - CaSO_4$）混合激发的原理，并认为，只要充分发挥这三类激发剂的优点，就能有效促使矿渣加速解体，改善水泥的凝结时间和早期强度，同时利用 Ca(OH)$_2$ 和 CaSO$_4$ 生成稳定性和胶凝性良好的水化产物，以利于水泥后期性能的发挥。

（3）物理与化学复合激发。矿渣的主要活性来源是硅铝质玻璃体，其具有高聚合度的玻璃态网络结构特征，在常温下化学性质稳定，与 Ca(OH)$_2$ 反应速度较为缓慢。引入化学激发剂是激发矿物材料活性的有效手段，这是因为化学激发剂水解产生较高的 OH$^-$ 浓度，使原先高聚合度玻璃态网络中的部分 Si – O、Al – O、Al – O – Si 键断裂，形成不饱和的活性键而加快与 Ca(OH)$_2$ 反应，生成 C – S – H、AFt 等胶凝产物。此外，激发剂引入的 Na$^+$、K$^+$ 等阳离子是硅酸盐玻璃网络的改性剂，它们能破坏玻璃网络骨架，促使网络解聚，对提高玻璃体的反应活性具有重要作用。然而，由于玻璃体的聚合度高，低聚物的含量仅有百分之几，只采用化学活化的作用效果不大。若先将矿物材料粉磨，在机械力的作用下使粉煤灰聚集状颗粒分散，其表面层的玻璃态薄膜受到磨损破坏，形成表面缺陷，颗粒表面活化中心增多，表面能增大，活性增高，可加快活性 SiO$_2$ 和 Al$_2$O$_3$ 的溶出，并有利于外部离子的侵入，从而加速矿物材料的化学反应速度。因此，机械粉磨与化学激发相结合能够很好地激发矿渣的水化活性。

2.3.3　固结剂基本组成

在前期研究成果的基础上，中国矿业大学（北京）研制出一种适宜铁矿全尾砂固结排放的新型胶凝材料——全尾砂固结剂 T.C – Ⅰ 和 T.C – Ⅱ。

全尾砂固结剂是基于土壤固结原理，以水泥熟料、石灰和高炉水淬矿渣等为主料，添加少量的激发剂、早强剂等磨制而成，可与铁矿全尾砂中的黏土矿物质发生溶解、结晶、吸收、扩散、再结晶的链式化学反应，使全尾砂颗粒之间具有良好的链接状态，紧固程度和抗压强度大幅度提高，从而将全尾砂固结成整体坚实、稳定、持久的板块结构。

新型的全尾砂固结剂基本组成见表 2 – 7。为提高水淬矿渣的水化活性，需将矿渣微粉的比表面积控制在 $450 \sim 500 \mathrm{m^2/kg}$。生产中通常采用全自动比表面积测定仪测定矿渣微粉的比表面积（见图 2 – 3）。为便于研究与生产，采用 LS – C(ⅡA) 型激光粒度分析仪（见图 2 – 4）对矿渣微粉进行粒度分析（见图 2 – 5）。

表 2 – 7　全尾砂固结剂基本组成（质量百分比）

胶凝材料	基本组分/%					激发剂/%
	矿渣微粉	熟料	石灰	二水石膏	烧石膏	
全尾砂固结剂	65 ~ 75	10 ~ 15	4 ~ 8	8 ~ 12	4 ~ 8	0.5 ~ 1.0

图 2 - 3　FBT - 9 型全自动比表面积测定仪

图 2 - 4　LS - C(Ⅱ A) 型激光粒度分析仪

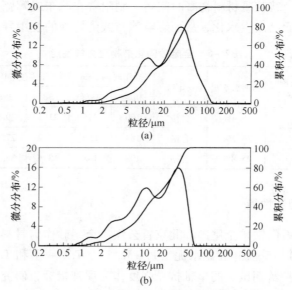

图 2 - 5　矿渣微粉粒度分布曲线

（a）全尾砂固结剂 T. C - Ⅰ；（b）全尾砂固结剂 T. C - Ⅱ

2.4　物理力学性能测试

2.4.1　基本物理力学性能

表 2 - 8 显示的是全尾砂固结剂的物理力学性能测试结果，该测试结果由北京市建筑材料质量监督检验站北京建筑材料检验中心提供，检验依据参考《通用硅酸盐水泥》（GB 175—2007）。由表 2 - 8 可知：

（1）全尾砂固结剂 3d 的抗压强度超过 17.0MPa、抗折强度超过 3.5MPa，均达到《通用硅酸盐水泥》（GB 175—2007）中通用水泥 42.5 强度等级的要求，具有早强和高强的特点；

（2）全尾砂固结剂 28d 的抗压强度比矿渣硅酸盐水泥 P. S 32.5 低，与掺加大量的石灰和石膏有关，但其安定性合格。这表明，全尾砂固结剂固结建筑用砂（ISO 标准砂）的能力不及硅酸盐水泥，不宜用作工民建筑胶凝材料。

（3）因含有大量的矿渣微粉，而矿渣微粉的比表面积约 450 ~ 500m²/kg，故全尾砂固结剂的细度较小，细粒级物料比例较高，从而造成其标准稠度需水量比矿渣硅酸盐水泥 P. S 32.5 高。

（4）全尾砂固结剂的初凝时间较矿渣硅酸盐水泥 P. S 32.5 的初凝时间长，有利于胶凝材料 – 全尾砂混合料浆的脱水—固结流程。这是因为全尾砂固结排放工艺流程是先将浓密后的尾砂浆与胶凝材料混合均匀，再进入盘式过滤机或陶瓷过滤机进行脱水。若胶凝材料初凝时间短，则附着在滤布或陶瓷板上的胶凝材料尚未来得及清洗便已发生水化，从而影响滤布或陶瓷板的使用寿命。

表 2 – 8　　全尾砂固化剂物理力学性能

水泥	细度（ +45μm）含量/%	标稠需水量	安定性	凝结时间/min		抗压强度/MPa		抗折强度/MPa	
				初凝	终凝	3d	28d	3d	28d
T. C – Ⅰ	10.1	26.4%	合格	160	245	21.1	29.5	5.8	7.5
T. C – Ⅱ	12.6	26.2%	合格	154	250	17.2	27.0	4.6	7.4
P. S 32.5	28.6	25.8%	合格	102	183	13.6	34.2	3.8	7.6

2.4.2　全尾砂固结性能

实验选用西石门铁矿全尾砂和北京首云铁矿全尾砂作为骨料，以普通硅酸盐水泥（P. O 42.5）、矿渣硅酸盐水泥（P. S 32.5）、T. C – Ⅰ 和 T. C – Ⅱ 作为胶凝材料，以不同养护龄期试块的单轴抗压强度作为评判指标，研究新型全尾砂固化剂 T. C – Ⅰ 和 T. C – Ⅱ 固结铁矿全尾砂的性能。

（1）原材料：

1）尾砂。来自西石门铁矿和北京首云铁矿的全尾砂。

2）胶凝材料。包括武安市新峰水泥有限责任公司生产的普通硅酸盐水泥（P. O 42.5），武安市新峰水泥有限责任公司生产的矿渣硅酸盐水泥（P. S 32.5），以及实验室制备的全尾砂固化剂 T. C – Ⅰ 和 T. C – Ⅱ。

3）试验用水。取自未经处理的城市自来水。

（2）主要仪器设备。包括 JJ – 5 型水泥胶砂搅拌机、改进的 BC – 300D 型电脑恒应力压力试验机、HSBY – 60B 型标准恒温恒湿养护箱、普通天平、电子天平、7.07cm × 7.07cm × 7.07cm 试模、振动台、刮刀以及量筒等。

（3）试块制作与养护。设计水泥 – 全尾砂浆浓度为 75%，其中灰砂比为

1:8。将适量的水泥、全尾砂倒入搅拌锅内，开动水泥胶砂搅拌机，使其搅拌均匀，然后停机、注水，继续搅拌160s，机器暂停时将粘在叶片上的料浆刮下，然后继续搅拌80s后停机，再将粘在叶片上的料浆刮下，取下搅拌锅（见图2-6）。

成型前，将试模擦净，四周模板均匀涂抹黄油，紧密装配，防止漏浆和变形，内壁均匀刷涂一薄层机油，以便于脱模。将料浆利用刮刀刮入试模中，置于胶砂振动台震动，使其均匀密实，然后用刮刀将试块表面多余的料浆刮去并抹平，接着给试块编号。编号后，将试模放入水泥混凝土标准养护箱养护，试块成型24h后拆模，继续置入养护箱内养护（见图2-7）。养护温度为（20±1）℃、湿度不小于95%，养护龄期为3d、7d、28d。每一试验配比制作两组，共计6个试块。

图2-6 全尾砂胶结试块制备

图2-7 全尾砂胶结试块标准养护

（4）抗压强度试验。将养护到规定龄期的试块取出并进行单轴抗压强度测试（见图2-8）。测试时将抗压夹具摆置在压力试验机压板中心，清除试块受压面和上下加压板间的砂粒或杂物。试块放入夹具时，将试块位于加压板的中心位置，以试块侧面为受压面。压力机的加载速度按规定应为（5.0±0.5）kN，在试块刚开始受力时，加载速度应小于这一数值，以便使球座有调节的余地，使加压板均匀地压在试块表面上；在接近破坏时严格控制加载速度于规定值范围内。试块受压破坏后取出，并清除压板下粘着的杂物，继续下一次试验。

（5）结果分析。不同胶凝材料、不同养护龄期的水泥－全尾砂固结体单轴抗压强度测试结果如表2－9所示。由表2－9可知，在相同的全尾砂料浆浓度和灰砂比条件下，新型全尾砂固化剂T. C－Ⅰ和T. C－Ⅱ固结西石门铁矿全尾砂和首云铁矿全尾砂的性能优于通用水泥（P. O42. 5和P. S32. 5），尤其是早期（3d和7d）强度较通用水泥高出50% ~60%。

图2－8　BC－300D型电脑恒应力压力试验机

表2－9　不同胶凝材料全尾砂固结体单轴抗压强度

胶凝材料	料浆浓度/%	灰砂比	西石门铁矿全尾砂			首云铁矿全尾砂		
			抗压强度/MPa			抗压强度/MPa		
			3d	7d	28d	3d	7d	28d
P. O42. 5	75	1:8	0.63	1.15	1.95	0.73	1.11	2.20
P. S32. 5	75	1:8	0.49	1.03	2.02	0.56	1.05	2.36
T. C－Ⅰ	75	1:8	1.50	1.89	2.72	1.45	1.93	2.74
T. C－Ⅱ	75	1:8	1.42	1.88	2.68	1.58	1.84	2.65

2.4.3　固结料浆流动性能

主要研究相同全尾砂浆浓度条件下，不同固结胶凝材料（普通硅酸盐水泥、矿渣硅酸盐水泥和新型全尾砂固结剂T. C－Ⅰ和T. C－Ⅱ）对西石门铁矿全尾砂料浆流动度及其经时损失的影响。

2.4.3.1　实验仪器与材料

主要实验仪器包括天平、胶砂搅拌机、标准砂浆流动度截锥圆模（见图

2-9)、捣棒、卡尺、小刀、秒表等。

实验材料包括普通硅酸盐水泥、矿渣硅酸盐水泥、全尾砂固结剂 T. C-Ⅰ和 T. C-Ⅱ、西石门铁矿全尾砂、自来水等。

2.4.3.2 实验方法

全尾砂浆流动度采用上口内径 $\phi70mm$、下口内径 $\phi100mm$、高度为 60mm 的截锥圆模（《水泥胶砂流动度测定方法》（GB/T 2419—2005））。将搅拌均匀的全尾砂浆分两层迅速装入截锥圆模，填满并捣实后垂直向上轻轻提起圆模，用卡尺测量全尾砂浆底面相互垂直的两个方向直径，计算平均值，取整数，单位为 mm，该平均值即为该浓度条件下全尾砂浆的流动度（见图 2-10）。

在相同试验条件下（全尾砂料浆重量浓度为 75%、灰砂比为 1:8，以及温度、湿度、搅拌强度等外界条件均相同），在规定的时间点（分别在完成初始搅拌 0.5h、1.0h、1.5h、2.0h 和 3.0h 之后）测定由不同固结胶凝材料配制的全尾砂料浆的流动度及其随时间的经时损失。

图 2-9 截锥圆模

图 2-10 全尾砂料浆流动度测量

2.4.3.3 结果分析

由不同胶凝材料（普通硅酸盐水泥、矿渣硅酸盐水泥和新型全尾砂固结剂 T. C-Ⅰ和 T. C-Ⅱ）配制的全尾砂料浆流动度及其经时损失实验结果见表 2-10。由表 2-10 可知：

（1）在相同灰砂比与料浆浓度的条件下，由全尾砂固结剂 T. C-Ⅰ和 T. C-Ⅱ制备的全尾砂料浆的初始流动度明显大于由普硅水泥或矿渣水泥制备的全尾砂料浆的初始流动度。良好的流动性能将有助于全尾砂料浆的输送，尤其是管道输送。

（2）全尾砂固结剂 T. C-Ⅰ配制的砂浆流动度经时损失大，而 T. C-Ⅱ配制的全尾砂浆流动度经时损失小，在实际生产过程中可以根据生产需要酌情选择。

表 2 – 10　全尾砂料浆流动度变化

胶 凝 材 料	全尾砂料浆流动度/mm					
	0h	0.5h	1.0h	1.5h	2.0h	3.0h
普通硅酸盐水泥 P. O 42.5	175.0	167.5	158.5	155.0	127.5	—
矿渣硅酸盐水泥 P. S 32.5	182.5	157.5	142.0	139.0	127.5	—
全尾砂固化剂 T. C – Ⅰ	218.5	195.0	177.5	127.5	115.5	113.5
全尾砂固化剂 T. C – Ⅱ	218.0	188.5	175.5	152.5	139.0	128.0

2.5　水化机理研究

2.5.1　水化产物分析

（1）制样方法。将四种胶凝材料 P. O 42.5、P. S 32.5、T. C – Ⅰ 和 T. C – Ⅱ 分别按照标准稠度需水量加水，在水泥净浆搅拌机中搅拌 5min，制成尺寸为 20mm × 20mm × 20mm 的正方形水泥净浆试块。

将成型的水泥净浆试块置于（20 ± 1）℃、湿度大于 95% 的恒温恒湿养护箱（HSBY – 60B 型标准恒温恒湿养护箱）中养护 24h 后脱模。脱模后的试块置入（20 ± 1）℃的水中继续养护至测试龄期后破碎。

（2）试验方法与仪器。采用 X 射线衍射分析（XRD）方法测定不同胶凝材料水化产物的物相组成。将标准养护 3d、7d 和 28d 的试块取出、洗净并破碎。取破碎试件中心部位样品置于玛瑙研钵里进行研磨，边磨边用无水乙醇 – 丙酮混合液洗涤，使其终止水化。将研磨物料全部通过 80μm 筛，并置于烘箱内烘干，温度控制在 70 ~ 80℃，以防水化产物在高温下分解，烘 4h 至恒重。取适量粉末样品进行 XRD 分析。

X 射线衍射分析（XRD）采用荷兰帕纳科公司制造的 X'Pert Pro MPD 型 X 射线衍射仪（见图 2 – 11），阳极为铜靶，最大工作管电压 45kV，最大工作管电流 50mA，扫描速度为 6°/min，工作步长 0.01°，扫描角度为 6° ~ 90°。XRD 测试结果由中国科学院过程工程研究所提供。

图 2 – 11　X'Pert Pro MPD 型 X 射线分析仪

（3）结果分析。普通硅酸盐水泥、矿渣硅酸盐水泥和全尾砂固化剂 T. C – Ⅰ、T. C – Ⅱ的水化产物 XRD 分析图谱见图 2 – 12 ~ 图 2 – 15。由水化产物 XRD 图谱可知：

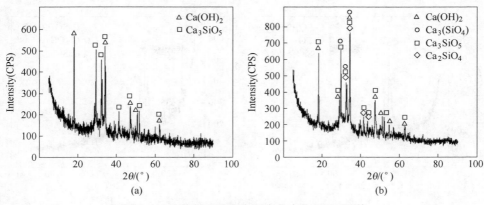

图 2 - 12 普通硅酸盐水泥水化产物 XRD 图谱

（a）养护龄期 3d；（b）养护龄期 7d

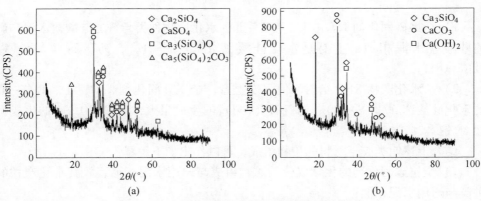

图 2 - 13 矿渣硅酸盐水泥水化产物 XRD 图谱

（a）养护龄期 3d；（b）养护龄期 7d

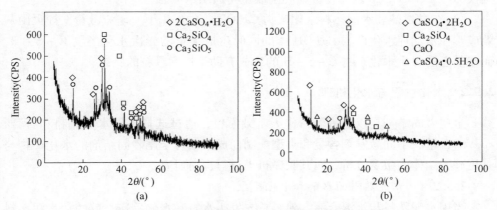

图 2 - 14 全尾砂固化剂 T. C - I 水化产物 XRD 图谱

（a）养护龄期 3d；（b）养护龄期 7d

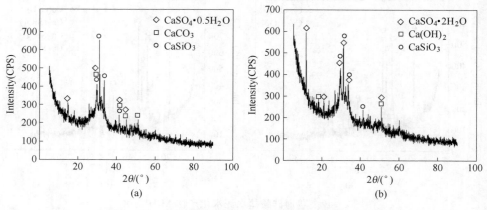

图 2-15　全尾砂固化剂 T. C-Ⅱ水化产物 XRD 图谱
（a）养护龄期 3d；（b）养护龄期 7d

1）全尾砂固化剂 T. C-Ⅰ、T. C-Ⅱ的水化产物种类与普通硅酸盐水泥和矿渣硅酸盐水泥相似，主要是水化硅酸钙（C-S-H）、钙矾石（AFt）以及 Ca（OH）$_2$；

2）从水化产物 XRD 衍射峰值强度上看，全尾砂固化剂 T. C-Ⅰ、T. C-Ⅱ的水化硅酸钙（C-S-H）、钙矾石（AFt）的生成量大，而 Ca（OH）$_2$ 的生成量相对较少。

结合上述四类胶凝材料的矿物组成，可以作出如下解释：

1）全尾砂固化剂的化学成分、矿物组成与通用水泥相似，故其水化产物的种类与通用水泥相似；

2）全尾砂固化剂中含有大量的矿渣微粉（65% ~75%），而水泥熟料的比例仅 10% ~15%，故其水化产物的生成量与通用水泥有一定的差异；

3）在激发剂和水泥熟料水化产物 Ca（OH）$_2$ 的作用下，矿渣微粉发挥火山灰效应，在消耗掉水化产物 Ca（OH）$_2$ 的同时生成大量的二次水化产物 C-S-H，而非晶态的二次水化产物 C-S-H 的生成有助于极细颗粒的胶结。

2.5.2　水化过程与水化机理

全尾砂固结剂是以矿渣微粉作为基础原料，通过选择不同水泥熟料和石膏、石灰的含量、不同激发剂含量和类型配制而成。结合全尾砂固结剂的水化产物与其尾砂胶结体的微观分析，对其胶凝机理进行探讨研究。

2.5.2.1　水泥熟料的水解和水化反应

当用水泥熟料与水混合后，熟料首先发生水解和水化反应。硅酸盐水泥熟料中 C_3S、C_2S、C_3A、C_4AF 等主要矿物和水之间发生如下反应：

（1）硅酸三钙（C_3S）的水化。C_3S在常温下的水化产物为水化硅酸钙（$x\mathrm{CaO} \cdot \mathrm{SiO_2} \cdot y\mathrm{H_2O}$，简称$C-S-H$）和氢氧化钙，其水化反应大致可用下列方程表示：

$$3\mathrm{CaO} \cdot \mathrm{SiO_2} + n\mathrm{H_2O} \longrightarrow x\mathrm{CaO} \cdot \mathrm{SiO_2} \cdot y\mathrm{H_2O} + (3-x)\mathrm{Ca(OH)_2}$$

上式表明其水化产物是水化硅酸钙和氢氧化钙，但硅酸三钙水化产物的组成并不是固定的，和水固比、温度等水化条件有关，但总体趋势为：首先是矿物的分解，以及早期$C-S-H$相的形成，然后是稳定的水化产物的产生及微结构的形成，最后是水化产物的继续增长以及微结构的逐渐密实。

（2）硅酸二钙（C_2S）的水化。C_2S的水化过程、水化产物与C_3S极为相似，但其水化速率仅为C_3S的1/20左右。其水化反应可采用下式表示：

$$2\mathrm{CaO} \cdot \mathrm{SiO_2} + m\mathrm{H_2O} \longrightarrow x\mathrm{CaO} \cdot \mathrm{SiO_2} \cdot y\mathrm{H_2O} + (2-x)\mathrm{Ca(OH)_2}$$

$\beta - C_2S$的水化产物$C-S-H$与C_3S生成的水化产物在CaO与$\mathrm{SiO_2}$的质量比和外形等方面都无大的差别。C_2S水化时的Ca^{2+}的过饱和度较低，$\mathrm{Ca(OH)_2}$或$C-S-H$的成核晚，这可能是其水化速率慢的一个主要原因，所以在C_2S浆体中掺加少量C_3S，可以加快水化。因此，熟料中C_3S的水化比C_2S单矿物水化速度快得多。

（3）铝酸三钙（C_3A）的水化。在常温纯水中水化反应可用下列方程表示：

$$2(3\mathrm{CaO} \cdot \mathrm{Al_2O_3}) + 27\mathrm{H_2O} \longrightarrow 4\mathrm{CaO} \cdot \mathrm{Al_2O_3} \cdot 19\mathrm{H_2O} + 2\mathrm{CaO} \cdot \mathrm{Al_2O_3} \cdot 8\mathrm{H_2O}$$

（4）铁铝酸四钙（C_4AF）的水化。在没有石膏存在的条件下，C_4AF单矿物加水将发生如下反应：

$$4\mathrm{CaO} \cdot \mathrm{Al_2O_3} \cdot \mathrm{Fe_2O_3} + 4\mathrm{Ca(OH)_2} + 22\mathrm{H_2O} \longrightarrow$$
$$2[4\mathrm{CaO} \cdot (\mathrm{Al_2O_3}, \mathrm{Fe_2O_3}) \cdot 13\mathrm{H_2O}]$$

若有石膏存在时，则发生如下反应：

$$4\mathrm{CaO} \cdot \mathrm{Al_2O_3} \cdot \mathrm{Fe_2O_3} + 6(\mathrm{CaSO_4} \cdot 2\mathrm{H_2O}) + 2\mathrm{Ca(OH)_2} + 50\mathrm{H_2O} \longrightarrow$$
$$2[3\mathrm{CaO} \cdot (\mathrm{Al_2O_3}, \mathrm{Fe_2O_3}) \cdot 3\mathrm{CaSO_4} \cdot 32\mathrm{H_2O}]$$

2.5.2.2　多矿物相的化合反应

全尾砂固结剂的水化反应可以看作多矿物的化合反应。其中，矿渣中的主要化学成分为$\mathrm{Al_2O_3}$、$\mathrm{SiO_2}$和CaO等，而水泥熟料中的主要矿物为C_3S、C_2S、C_3A、C_4AF等，此外还包括石膏、石灰石和外加剂等。熟料中的C_3S和C_2S的早期水化反应生成大量的$\mathrm{Ca(OH)_2}$，由于$\mathrm{Ca(OH)_2}$碱性激发剂以及$\mathrm{CaSO_4}$硫酸盐激发剂的存在，可促使矿渣水化反应的加速进行。由于矿渣的矿物种类较多，其化学反应相对复杂，但主要包括活性$\mathrm{Al_2O_3}$、$\mathrm{SiO_2}$与$\mathrm{Ca(OH)_2}$的反应、C_3A与$\mathrm{CaSO_4}$的反应以及C_4AF与$\mathrm{CaSO_4}$的反应。

（1）矿渣中的活性$\mathrm{Al_2O_3}$、$\mathrm{SiO_2}$与$\mathrm{Ca(OH)_2}$发生反应，产生水化硅酸钙、水化铝酸钙：

$$Al_2O_3 + m_1Ca(OH)_2 + n_1H_2O \longrightarrow m_1CaO \cdot Al_2O_3 \cdot (m_1 + n_1)\ H_2O$$

$$(0.8 \sim 1.5)\ Ca(OH)_2 + SiO_2 + [n_2 - (0.8 \sim 1.5)]\ H_2O \longrightarrow$$

$$(0.8 \sim 1.5)\ CaO \cdot SiO_2 \cdot n_2H_2O$$

$$(1.5 \sim 2.0)\ CaO \cdot SiO_2 \cdot n_3H_2O + xSiO_2 + yH_2O \longrightarrow$$

$$z\ [(0.8 \sim 1.5)\ CaO \cdot SiO_2 \cdot qH_2O]$$

（2）C_3A 与 $CaSO_4$ 的反应和 C_4AF 与 $CaSO_4$ 的反应：

$$3CaO \cdot Al_2O_3 + 3(CaSO_4 \cdot 2H_2O) + 26H_2O \longrightarrow$$

$$3CaO \cdot Al_2O_3 \cdot 3CaSO_4 \cdot 32H_2O$$

$$4CaO \cdot Al_2O_3 \cdot Fe_2O_3 + 6(CaSO_4 \cdot 2H_2O) + 2Ca(OH)_2 + 50H_2O \longrightarrow$$

$$2\ [3CaO \cdot (Al_2O_3,\ Fe_2O_3) \cdot 3CaSO_4 \cdot 32H_2O]$$

2.5.2.3　复合外加剂的作用

由于全尾砂固结剂中熟料相对含量偏低，导致固结剂中具有快凝早强特性的熟料矿物 C_3S 和 C_3A 的质量分数下降，早期水化生成的 C – S – H 凝胶、钙矾石数量不足。此外，水泥熟料水化生成的 $Ca(OH)_2$ 数量较少，体系中碱度较低，矿渣微粉玻璃体的解聚与溶出受到影响，不能及时提供足够数量的铝酸根、硅酸根离子参与水化反应，表现为早期强度低。

解决复合胶凝体系早期强度偏低的关键是充分激发矿物细掺料的早期水化活性。根据矿渣微粉的结构和水化特点，在全尾砂固结剂中引入复合外加剂。复合外加剂中具有早强作用的组分快速溶于水中，产生 SO_4^{2-}、Na^+ 等离子，一方面迅速提高复合胶凝体系的碱度，促进水化早期矿物细掺料的解聚、溶出和反应；另一方面，进一步补充溶液中铝酸根离子和硅酸根离子含量，并与液相中 Ca^{2+}、SO_4^{2-} 离子反应，生成溶解度更低的低碱度 C – S – H 凝胶及 AFt。这些水化产物相互交叉，相互配合，填充、堵塞和切断毛细管孔，使水泥凝结加快，改善了水泥石的早期结构，提高了水泥石的早期强度。

2.5.2.4　全尾砂固结剂水化机理分析

矿渣主要是 $CaO – Al_2O_3 – SiO_2$ 系统的不稳定玻璃体结构，还存在少量硅酸盐、铝酸盐微晶体。当矿渣处于 pH > 12 的碱性溶液中，玻璃体结构被打破，形成了水化产物的网络结构，显现出水硬性能。矿渣中活性 Al_2O_3、SiO_2 与 $Ca(OH)_2$ 发生反应，生成水化硅酸钙、水化铝酸钙，它们是矿渣具有胶凝性能的主要贡献者。

全尾砂固结剂中水泥熟料除本身的矿物独立水化硬化外，还为激发矿渣提供 $Ca(OH)_2$，又是矿渣的碱性激发剂；而石膏主要起硫酸盐激发作用，在水泥熟料提供的碱性环境下，矿渣的活性才能较为充分地发挥出来，并获得较高强度。一方面有碱性环境对矿渣的影响，形成了促进矿渣分散、溶解并形成水化硅酸钙和水化铝酸钙的条件，即矿渣玻璃体与溶液中的 OH^- 离子作用，把玻璃体网络中的 Ca^{2+} 激发出来，使得网络一次解体。生成的 $Ca(OH)_2$ 又进一步与暴露出来的活性 Al_2O_3 和 SiO_2 作用，生成水化硅酸钙和水化铝酸钙，这样就使得玻璃体二次解体。另一方面，在 $Ca(OH)_2$ 存在的条件下，石膏能与矿渣中的活性 Al_2O_3 化合生成钙矾石。在形成 AFt 时，由于消耗了大量的 $Ca(OH)_2$ 而使得其浓度降低。同时，也较多地消耗了溶液中的 Al^{3+} 离子。因此，反过来又加速了矿渣玻璃体中的 Ca^{2+} 离子溶出，使得网络解体。上述两方面互相促进，使得矿渣潜在活性得到较充分地激发。

研究表明，全尾砂固结剂在水化过程中形成的钙矾石和 C-S-H 凝胶，二者是伴随着发生的。由于水化初期大量的钙矾石晶体生成，并彼此交叉搭接，构成骨架，以及水化硅酸钙的相互交织连锁，对早期强度起着决定性的作用；而后期水化硅酸钙则以凝胶状态存在，逐渐产生凝缩和结晶化作用，并在石膏消失后长时间内继续生成，与钙矾石晶体更加紧密地交织在一起。因此，对后期强度和硬化体的稳定，起着更为重要的作用。由此可见，全尾砂固结剂中水泥熟料-石膏-石灰石对矿渣的水化过程可分为四个阶段：

（1）水泥熟料的水化和石膏、石灰的溶解。水泥熟料表面开始发生水化反应，充填在矿渣颗粒之间的液相已不再是纯水，而是含有各种离子的溶液。

（2）溶液中 OH^- 离子进入矿渣玻璃体内部，与 Ca^{2+} 离子作用，使玻璃体解体，激发出 Ca^{2+} 和 SO_4^{2-} 离子。

（3）C-S-H 凝胶和 AFt 晶体的形成。由于 Ca^{2+} 扩散速度较快，较快地进入溶液中，并与缓慢释放的活性 SO_4^{2-} 发生反应，生成了低碱度的 C-S-H 凝胶，而且矿渣受到硫酸盐激发，生成大量的 AFt 晶体，这些水化产物相互胶结连成网并形成结构强度。

（4）反应缓慢期。由于 C-S-H 凝胶逐渐形成并填充于原溶液，占据了空间及矿渣表面，减缓了离子迁移速度，从而使体系的水化速率明显减慢。

综上所述，全尾砂固结剂的水化反应过程可总结如下：

（1）水泥熟料水化产生 $Ca(OH)_2$，矿渣颗粒表面形成水膜。

（2）$Ca(OH)_2$ 在矿渣颗粒表面上结晶发育，形成碱性薄膜溶液，同时石膏的水解，提供 Ca^{2+} 和 SO_4^{2-}。

（3）矿渣颗粒表面被碱性薄膜溶液腐蚀，发生火山灰反应，生成部分 C-S-H 凝胶和钙矾石 AFt。

（4）随着养护龄期的增长，水分不断地供给，碱性薄膜溶液在矿渣表面继续存在，并透过水化产物间隙进一步对矿渣腐蚀，直到矿渣中活性矿物成分完全水化。

此外，矿渣微粉还将按照"粉末效应"的原理，为水泥熟料矿物水化反应提供较多的水化产物沉淀场合，从而促进水泥熟料矿物的水化作用。

2.6　固结机理分析

2.6.1　固结体微观结构分析

（1）制样方法。将四种胶凝材料 P. O42.5、P. S32.5、T. C - Ⅰ 和 T. C - Ⅱ 分别以水泥 - 全尾砂浆浓度为 75%、灰砂比为 1∶8，按照"2.4　水化机理研究"一节的实验方法制作全尾砂胶结试块，室温静置 24h 后拆模，标准养护（养护温度（20 ± 1）℃、湿度不低于 95%）至规定的龄期。

（2）试验方法与仪器。采用扫描电子显微镜（SEM）观察不同胶凝材料水泥 - 全尾砂固结体的微观结构。SEM 分析采用日本日立 S - 3400N 型扫描电子显微镜（见图 2 - 16），其分辨率为 60Å，最大放大倍数为 30 万倍，最大加速电压为 30kV。图像采集加速电压 20kV，分辨率为 1024 × 1024。由中国矿业大学（北京）煤炭资源与安全开采国家重点实验室扫描电镜室提供测试结果。

将标准养护 3d、7d 和 28d 的试块取出、洗净并破碎。将破碎后的薄片状胶砂碎片表面清洗干净，置于 105℃烘箱内烘 2h 至干燥，在高真空条件下镀一层厚度约 5nm 的金膜。用扫描电子显微镜（SEM）观察全尾砂固结体样品表面水化产物的形貌与显微结构，并拍摄照片。

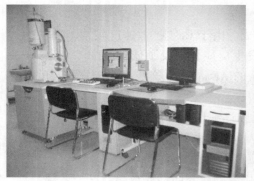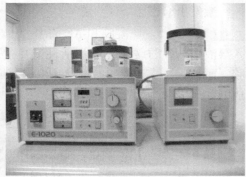

图 2 - 16　日本日立 S - 3400N 型扫描电子显微镜

（3）结果分析。不同胶凝材料（P. O42.5、P. S32.5、T. C - Ⅰ 和 T. C - Ⅱ）的全尾砂固结体 7d 水化龄期水化产物的 SEM 观测结果见图 2 - 17。由图 2 - 17 可知：

1）以 P. O42.5 为胶凝材料的固结体，虽水化 7d 但其微观结构疏松，密实程度较差；水化产物以短粗状的 AFt 和片层状的 $Ca(OH)_2$ 为主；光洁的尾砂颗粒表面清晰可见，表明水泥的水化产物尚未将尾砂颗粒包裹并胶结成一个整体。

2）以 P. S32.5 为胶凝材料的固结体，水化 7d 后，其微观结构密实程度有所改善，水化产物中出现针棒状的 AFt，但短纤维状的 C－S－H 凝胶生成量较少，尚无法实现彼此之间的搭接。

3）以 T.C－Ⅰ和 T.C－Ⅱ为胶凝材料的固结体，其微观结构的密实程度明显改善，有大量粒状到短纤维状的 C－S－H 凝胶、水化硫铝酸钙 AFt 生成，这些水化产物厚厚地赋存于尾砂颗粒表面，将尾砂颗粒紧紧地包裹起来并彼此胶结成一体，从宏观力学性能上则表现为单轴抗压强度的增大。

结合不同胶凝材料水化产物的微观结构分析，可以得到以下解释：

1）通用水泥（普通硅酸盐水泥和矿渣硅酸盐水泥）的主要矿物组成是以硅酸盐矿物为主，其水化产物主要是结晶良好的钙矾石（AFt）和 $Ca(OH)_2$，而非晶态、絮状的 C－S－H 凝胶的生成量却相对较少，这不利于固结体微观结构的密实和极细颗粒的胶结。

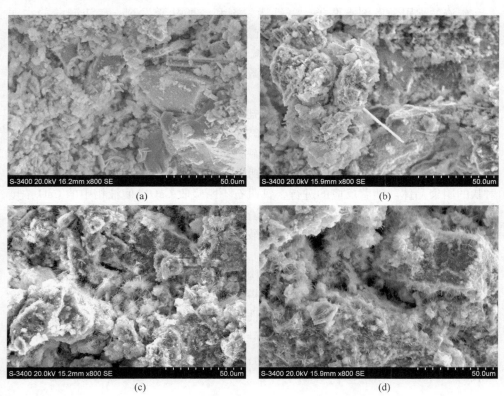

图 2－17　不同水泥全尾砂固结体 7d 水化龄期水化产物 SEM 图
（a）普通硅酸盐水泥（P.O42.5）；（b）矿渣硅酸盐水泥（P.S32.5）；
（c）全尾砂固化剂（T.C－Ⅰ）；（d）全尾砂固结剂（T.C－Ⅱ）

2）全尾砂固化剂含有大量的矿渣微粉而水泥熟料（主要为硅酸盐矿物）仅占 10%~15%。在激发剂和水泥熟料水化产物 $Ca(OH)_2$ 的作用下，具有潜在水化反应活性的矿渣微粉充分发挥火山灰效应，在消耗掉水化产物 $Ca(OH)_2$ 的同时生成大量的二次水化产物 C – S – H 凝胶，而这些非晶态的二次水化产物 C – S – H 具有较大的比表面积，更有助于全尾砂中极细颗粒的胶结。

2.6.2　尾砂固结机理

全尾砂固结剂中水泥熟料较少而活性混合材料——矿渣微粉较多，因此其水化过程比普通水泥更加复杂。首先是熟料矿物水化生成水化硅酸钙凝胶，并析出氢氧化钙。此外，还生成水化铝酸钙、水化铁酸钙、水化硫铝酸钙或水化硫铁酸钙等水化产物。这部分反应与硅酸盐水泥相同。其次，析出的氢氧化钙与矿渣中的活性氧化硅、氧化铝发生二次反应，生成水化硅酸钙和水化铝酸钙等水化产物。

矿渣的常用激发剂有两类：碱性激发剂和硫酸盐激发剂。矿渣硅酸盐水泥中，以熟料的碱性激发为主，石膏的硫酸盐激发作用有限；在石膏矿渣水泥中，熟料用量一般只有 3% ~ 6%，因而其碱性激发作用很弱，以硫酸盐激发为主。综合两者的优点，全尾砂固结剂的碱性激发与硫酸盐激发并重，使矿渣的潜在活性得到比较充分地发挥。

必须有适宜的碱性环境存在，硫酸盐对矿渣活性的激发才表现得比较充分，这是硫酸盐激发的一个突出特点。因为碱性环境是造成加速矿渣分散与溶解的必要条件，并生成水化硅酸钙与水化铝酸钙。同时，由于 $Ca(OH)_2$ 的存在，石膏才能与矿渣中的活性 Al_2O_3 化合，生成钙矾石。这种钙矾石以矿渣为依托，呈放射状的团聚晶体。随着反应的进行，钙矾石不断吸收 CaO，使液相中的 CaO 浓度与铝离子浓度不断降低，从而加速了矿渣的进一步分解与水化，但以后生成的钙矾石都是单个分布的分散晶体，水化硅酸钙也以低碱型出现，其钙硅比将随着熟料用量的减少而降低。

由此可见，钙矾石与水化硅酸钙是构成少熟料水泥强度的主要基础。在水化初期，大量形成的钙矾石晶体彼此交叉搭接，构成骨架，与水化硅酸钙的相互交织连锁，对水泥石的早期强度起着决定性的作用。在水化后期，随着二次反应的不断进行与逐步完全，生成大量的水化硅酸钙并与分散的钙矾石晶体更加紧密地交织在一起，水泥石内孔隙逐渐被填满，结构更加密实，使后期强度得以持续增长。

2.7　生产成本分析

2.7.1　生产工艺过程

通用水泥生产工艺流程简称为"两磨一烧"，即磨粉生料、煅烧熟料、粉磨水泥。与通用水泥生产工艺不同，全尾砂固化剂的生产工艺过程突出的特点是以

"分别粉磨"和"合成工艺"为主。

水泥熟料与矿物混合材的粉磨方式有两种：混磨和分磨。混磨是将所有物料（熟料、矿渣、粉煤灰等）共同加入磨机进行粉磨，直至一定细度或比表面积；分磨是将熟料、矿渣和粉煤灰分别单独粉磨至一定细度或比表面积后，再按一定的配比关系，利用搅拌机进行混合搅拌而制得。研究结果表明，由于熟料和矿渣的易磨性相差较大，而混磨将无法避免物料的选择性粉磨，故混磨制备的胶凝材料强度最低；分磨不仅避免了物料选择性粉磨的缺点，有利于矿物材料活性的发挥，而且能够实现所制得的胶凝材料颗粒分布范围较宽和级配较好，有利于减小浆体内部孔隙率。

全尾砂固结剂分别粉磨和合成工艺生产流程见图 2 - 18。全尾砂固结剂分别粉磨和合成工艺生产流程可简述如下：

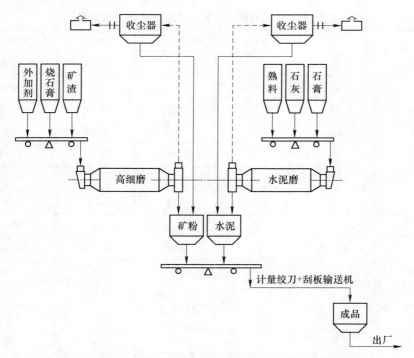

图 2 - 18 全尾砂固结剂分别粉磨和合成工艺生产流程示意图

（1）将熟料和适量的二水石膏、石灰按一定比例加入磨机混磨，制成合格的熟料粉，熟料粉磨细度控制在 $320 \sim 350 \mathrm{m}^2/\mathrm{kg}$。

（2）将水淬粒化高炉矿渣和适量的专用复合外加剂、烧石膏按一定比例加入高细磨机混磨，制成合格的混合材微粉，混合材微粉细度控制在 $450 \sim 500 \mathrm{m}^2/\mathrm{kg}$。

（3）按工艺设计要求，将分别粉磨后的熟料粉与混合材微粉合成、均化，制成全尾砂固结剂，待检验合格后出厂。

　　采用分别粉磨工艺将熟料和混合材分开单独粉磨，有利于合理控制水泥各组分的细度与颗粒组成，使合成后的水泥能较好地满足矿物水化和水化产物堆积密度对各组分颗粒组成的要求，有助于各组分充分发挥自身的水化活性。这种生产工艺，不仅有效地利用了各种矿物资源，而且可以提高合成水泥的强度和改善其在施工中的使用性能。

2.7.2　生产成本比较分析

　　（1）矿渣硅酸盐水泥生产成本。根据水泥厂提供的资料，矿渣硅酸盐水泥 P. S32.5 的生产成本构成主要为原材料成本、动力能耗成本、人员工资、设备折旧、销售成本、管理费等，直接生产成本约为 272 元/t（见表 2 - 11）。

表 2 - 11　矿渣硅酸盐水泥 P. S32.5 生产成本计算

	项　目	单位	单价/元·t⁻¹	数量	单位成本/元·t⁻¹
1	石灰石	t	20	0.59	11.80
2	黏土	t	15	0.1	1.50
3	铁粉	t	115	0.05	5.75
4	萤石	t	310	0.02	6.20
5	石膏	t	40	0.4	16.00
6	矿渣	t	60	0.5	30.00
7	煤	t	220	0.15	33.00
8	电	度	0.8	78	62.40
9	编织袋	个	0.8	20.06	16.05
10	工资	—	—	—	23.8
11	附加费	—	—	—	2.5
12	折旧	—	—	—	6
13	机物料	—	—	—	12
14	管理费	—	—	—	23
15	营业费用	—	—	—	22
合　计					272.00

　　（2）全尾砂固结剂生产成本。根据生产工艺过程，全尾砂固结剂的生产成本构成为原材料成本、动力能耗成本、人员工资、设备折旧、销售成本、管理费等，与矿渣硅酸盐水泥成本构成基本相同，由此计算全尾砂固结剂的生产成本约

为 240.51 元/t(见表 2-12)。

表 2-12 全尾砂固结剂生产成本计算

	项 目	单位	单价/元·t^{-1}	数量	单位成本/元·t^{-1}
1	熟料	t	180	0.15	27.00
2	石灰	t	24	0.04	0.96
3	烧石膏	t	72	0.05	3.60
4	外加剂	t	1800	0.006	10.80
5	石膏	t	40	0.12	4.80
6	矿渣微粉	t	80	0.64	51.20
7	电	度	0.8	46	36.80
8	编织袋	个	0.8	20.06	16.05
9	工资	—	—	—	23.8
10	附加费	—	—	—	2.5
11	折旧				6
12	机物料				12
13	管理费	—	—	—	23
14	营业费用				22
合 计					240.51

(3)成本比较分析。根据表 2-9 可知,全尾砂固结剂固结全尾砂的效果比矿渣水泥 P. S32.5 提高约 20%。由表 2-11 和表 2-12 可知,全尾砂固结剂的生产成本比矿渣水泥 P. S32.5 降低 32 元/t。

若以固结排放 1t 全尾砂计,需 3%左右的矿渣水泥 P. S32.5,分摊于胶凝材料的直接成本为 8.16 元/t;若采用全尾砂固结剂代替矿渣水泥 P. S32.5,达到相同的固结效果,则固结排放 1t 全尾砂需 2.5%左右的全尾砂固结剂,分摊于胶凝材料的直接成本则为 6 元/t。亦即,若采用全尾砂固结剂代替矿渣水泥 P. S32.5 用于尾砂固结排放,则达到相同的固结效果,固结成本将降低 2 元/t。

2.8 本章小结

西石门铁矿全尾砂具有颗粒细小、级配不合理、含泥量高、固结脱水困难等特点,采用通用水泥作固结材料存在固结成本高、固结性能不能满足工艺要求等问题,这决定了用于固结全尾砂的胶凝材料组成应与通用水泥不同。

(1)基于土壤固结原理,以水泥熟料、石灰和矿渣微粉等为主料的全尾砂固化剂 T. C – Ⅰ和 T. C – Ⅱ，无论是从物理力学性能、水化产物种类与数量还是全尾砂固结体微观结构，均优于通用硅酸盐水泥（P. O 42. 5 和 P. S 32. 5），建议全尾砂固结排放工艺推广应用时可采用新型全尾砂固化剂 T. C – Ⅰ和 T. C – Ⅱ。

（2）以固结排放 1t 全尾砂计，若采用全尾砂固结剂代替矿渣水泥 P. S 32. 5 作胶凝材料用于全尾砂固结排放，则达到相同的固结效果，固结成本将降低 2 元/t 左右。

3 全尾砂固结机理与配比研究

全尾砂固结排放技术是将固结胶凝材料（约2%～3%）与适量浓密的全尾砂浓浆混合，混合料浆经脱水过滤后形成含少量胶凝材料的全尾砂干料，可利用矿山开采形成的地表塌陷坑进行固结排尾，既无需再建地表尾矿库，避免产生安全隐患和环境危害，又可实现塌陷坑回填并为土地复垦创造条件。实现尾砂固结排放的关键技术之一是将2%～3%的固结胶凝材料均匀混入全尾砂中，实现这一要求的有效途径是将胶凝材料与全尾砂浆均匀混合后再进行脱水过滤与固结。

3.1 现有尾砂固结胶凝材料选择

通用水泥（包括硅酸盐水泥、普通硅酸盐水泥、矿渣硅酸盐水泥、粉煤灰硅酸盐水泥和复合硅酸盐水泥）具有性能稳定、价格低廉、应用广泛等优点，本课题组优先考虑选用通用水泥作为西石门铁矿全尾砂固结的胶凝材料。然而，通用水泥种类繁多，西石门铁矿矿区周边能方便购置且能适用于全尾砂固结的通用水泥品种包括普通硅酸盐水泥和矿渣硅酸盐水泥。拟通过实验室研究，确定当前条件下最适宜西石门铁矿全尾砂固结的通用水泥品种。

3.1.1 普通硅酸盐水泥

《通用硅酸盐水泥》（GB175—2007）规定：普通硅酸盐水泥是由硅酸盐水泥熟料、5%～20%的混合材及适量的石膏（3%～5%）磨细制成的水硬性胶凝材料。

普通硅酸盐水泥的水化硬化过程同硅酸盐水泥的水化硬化过程基本相同。水泥中产生强度的主要矿物是硅酸三钙（C_3S）和硅酸二钙（C_2S）。水泥加水拌和后，则发生化学反应，生成多种水化产物，这个过程称之为"水化"。水泥加水拌和的初期是具有一定流动性或可塑性的浆体，经自身的物理化学变化以后，逐渐变稠而失去可塑性，这时称之为凝结。随着水化反应的增长，产生强度，并逐渐发展成坚硬的人造石，称之为硬化。水泥的水化、凝结和硬化是一个复杂的物理化学变化过程。

水泥颗粒的水化作用是从颗粒的表面开始的，水泥的比表面积越大，水化作用越快，形成强度也越快。水泥的水化作用包括水泥矿物溶解于水、结合水的分子产生水化物和产生的水化物从溶液中沉淀出来三个阶段。水泥加水后，水泥矿物立即与水反应，生成多种水化产物。其化学反应及生成物如下：

$$2(3CaO \cdot SiO_2) + 6H_2O \longrightarrow 3CaO \cdot 2SiO_2 \cdot 3H_2O + 3Ca(OH)_2$$

$$2(2CaO \cdot SiO_2) + 4H_2O \longrightarrow 3CaO \cdot 2SiO_2 \cdot 3H_2O + Ca(OH)_2$$

$$3CaO \cdot Al_2O_3 + 6H_2O \longrightarrow 3CaO \cdot Al_2O_3 \cdot 6H_2O$$

$$4CaO \cdot Al_2O_3 \cdot Fe_2O_3 + 7H_2O \longrightarrow 3CaO \cdot Al_2O_3 \cdot 6H_2O + CaO \cdot Fe_2O_3 \cdot H_2O$$

$$3CaO \cdot Al_2O_3 \cdot 6H_2O + 3(CaSO_4 \cdot 2H_2O) + 19H_2O \longrightarrow$$

$$3CaO \cdot Al_2O_3 \cdot 3CaSO_4 \cdot 31H_2O$$

在一般条件下，硅酸盐水泥与水作用后，生成的主要水化产物有水化硅酸钙（$3CaO \cdot 2SiO_2 \cdot 3H_2O$）和水化铁酸钙（$CaO \cdot Fe_2O_3 \cdot H_2O$）凝胶，氢氧化钙（$Ca(OH)_2$）、水化铝酸钙（$3CaO \cdot Al_2O_3 \cdot 6H_2O$）和水化硫铝酸钙（$3CaO \cdot Al_2O_3 \cdot 3CaSO_4 \cdot 31H_2O$）晶体。在完全水化的水泥石中，水化硅酸钙约占 70%，氢氧化钙约占 20%。

水泥的凝结硬化是一个复杂的物理化学变化过程。水泥的凝结和硬化可以归纳如下：

（1）水泥加入少量拌和水以后，水泥颗粒表面开始与水化合，生成水化物，其中结晶体溶解于水中，凝胶体以极细的质点悬浮于水中；同时由于水泥颗粒存在着微裂缝和缺陷，水分渗透到水泥颗粒内部，产生尖劈作用和物理分散作用，使水泥颗粒表面剥落成小块而进入液相，暴露出新的表面，再继续水化；由于水化和溶解，再水化再溶解，使水泥颗粒周围的溶液很快成为水化产物的过饱和溶液。

（2）溶液达到饱和、过饱和以后，结晶从溶液中析出，凝胶体的质点凝聚，堆积在水泥颗粒周围。水泥继续水化的水化物不能溶解，而直接析出成为凝胶状态。水化继续进行，新生水化物增多，自由水分减少，凝胶体变稠：包有凝胶层的水泥颗粒，借助范德华力，凝结成多孔的空间网络，形成凝胶结构；这种结构在震动的作用下可以破坏。凝聚结构形成的同时，水泥浆发生凝结，即水泥的初凝，但这时还不具有强度。

（3）随着以上过程的不断进行，固相不断增多，液相不断减少、结晶连生体不断增大，凝胶体和结晶体互相贯穿，新生水化物不断填充凝胶结构的空隙，使结构逐渐紧密，终于达到能担负一定荷载的强度，水泥表现为终凝，开始硬化并具有强度。

（4）水泥硬化后期，水化速度逐渐减慢，水化产物随时间的增长而逐渐增加，扩展到颗粒间的空隙，体积中自由水分不断减少，强度不断提高。

普通硅酸盐水泥具有以下特性：

（1）水化反应速度快，早期和后期强度均较高。可用于现浇混凝土楼板、梁、柱、预制混凝土构件，也可用于预应力混凝土结构、高强混凝土工程。

（2）水化热大、抗冻性好。由于普通硅酸盐水泥水化反应速度快，C_3S 和 C_2S 的含量高，故硅酸盐水泥早期水化热较大，可抵御外界低温（低于 5℃）对水泥水化的影响，对冬季施工有利。

（3）干缩小、耐磨性较好。普通硅酸盐水泥硬化时干缩小，不易产生干缩裂缝，可用于干燥环境工程。由于干缩小，表面不易起粉，故耐磨性较好，可用于道路工程中。

（4）抗碳化性能较好。普通硅酸盐水泥在水化后，水泥石中含有较多的 $Ca(OH)_2$，碳化时水泥的碱度下降少，对钢筋的保护作用强，可用于空气中二氧化碳浓度较高的环境中，如热处理车间等。

（5）耐腐蚀性差。普通硅酸盐水泥水化后，含有大量的 $Ca(OH)_2$ 和水化铝酸钙，故其耐软水和耐化学腐蚀性差，不能用于海港工程、抗硫酸盐工程。

（6）不耐高温。当水泥石处在温度高于 250～300℃ 时，水泥石中的水化硅酸钙开始脱水，$Ca(OH)_2$ 在 600℃ 以上时会分解成氧化钙和二氧化碳，高温后的水泥石受潮时，生成的氧化钙与水作用，体积膨胀，造成水泥石的破坏，故普通硅酸盐水泥不适合于温度高于 250℃ 的混凝土工程。

硅酸盐水泥是目前矿山工程中应用最广泛的胶凝材料。在矿山充填中，水泥、充填骨料与水混合后，发生物理化学反应而形成胶体，进而凝固形成具有一定强度的充填胶结体。具有代表性的水泥胶结充填材料主要有低浓度尾砂胶结充填材料、分级尾砂高浓度胶结充填材料、全尾砂高浓度胶结充填材料和膏体胶结充填材料，以上充填材料和工艺已广泛应用于矿山井下充填中。

硅酸盐水泥具有来源广泛、质量稳定、价格适中等优点，但硅酸盐水泥固结细粒骨料的效果不甚理想，而井下充填常用的骨料是选厂排放的尾砂，通常尾砂具有颗粒小、含泥量高的特点，同时因受充填工艺制约（通常以重力自流输送为主），配制的尾砂充填料浆水灰比大。由于以上两点，致使硅酸盐水泥在井下充填应用中普遍效果不佳。

3.1.2　矿渣硅酸盐水泥

传统水泥胶结充填材料中所用水泥一般为 P.O32.5 或 P.O42.5，水泥费用约占充填成本的 80% 左右。为了降低充填材料的成本，充填胶凝材料采用水泥代用品，即用矿渣、粉煤灰等部分或全部代替水泥熟料。

矿渣硅酸盐水泥，简称矿渣水泥，是由硅酸盐水泥熟料和粒化高炉矿渣，加入适量石膏磨细而成。《通用硅酸盐水泥》（GB175—2007）规定：水泥中粒化高炉矿渣掺加量按重量计为 20%～70%；允许用不超过混合材料总掺量 1/3 的火山灰质混合材料（包括粉煤灰）、石灰石、窑灰来代替部分粒化高炉矿渣，这些材料的代替数量分别不得超过 15%、10%、8%；允许用火山灰质混合材料与石灰石，或与窑灰共同来代替矿渣，但代替的总量不得超过 15%，其中石灰石不得超过 10%、窑灰不得超过 8%；替代后水泥中的粒化高炉矿渣不得少于 20%。

矿渣水泥的水化硬化过程较普通硅酸盐水泥更为复杂，但基本上可以归纳如下：矿渣水泥调水后，首先是熟料矿物水化，生成水化硅酸钙、水化铝酸钙、水化铁酸钙、氢氧化钙、水化硫铝酸钙或水化硫铁酸钙等水化产物，这与普通硅酸盐水泥的水化基本相同。这时所生成的氢氧化钙和掺入的石膏分别作为矿渣的碱性激发剂和硫酸盐激发剂，并与矿渣中的活性组分相互作用生成水化硅酸钙、水化硫铝酸钙或水化硫铁酸钙。在矿渣水泥石结构中，纤维状的水化硅酸钙和钙矾石是主要组成，而且水化硅酸钙凝胶比硅酸盐水泥更为致密。研究表明，矿渣颗粒在硬化早期大部分像核心一样参与结构形成过程，钙矾石即在矿渣四周，围绕表面长成。因此，如果熟料和矿渣比表面积比例恰当，将使熟料矿物所产生的水化物恰恰能配到矿渣颗粒的表面，获得较好的水泥石结构。

与普通硅酸盐水泥相比，矿渣水泥具有早期强度低但后期强度增长较快，水化热较小，耐蚀性和耐热性较好等优点，但也存在泌水性较大，抗冻性和抗碳化能力较差，干缩性较大等不足。矿渣水泥可用于地面、地下、水中各种混凝土工程，也可用于高温车间和有耐热耐火要求的混凝土结构，但不宜用于对早期强度有较高要求和受冻融循环、干湿交替的工程。

研究与应用表明，硅酸盐水泥用于井下充填时，存在水灰比较小、灰砂比较高、高浓度充填时充填料浆的流动性差、充填体早期强度偏低、充填成本较高等不足，难以满足矿山井下充填的要求；而矿渣硅酸盐水泥固结全尾砂的效果优于硅酸盐水泥。

3.1.3　固结胶凝材料选择

本研究主要考察相同掺量、相同养护龄期条件下掺加不同水泥品种（普通硅酸盐水泥和矿渣硅酸盐水泥）的全尾砂固结体的单轴抗压强度，以确定适宜西石门铁矿全尾砂固结的现有通用水泥品种。

3.1.3.1　实验方法

（1）原材料

1）全尾砂。取自五矿邯邢矿业西石门铁矿后井尾矿库的全尾砂。

2）普通硅酸盐水泥（P. O 32.5）。来自河北三河市燕郊新型建材有限公司生产的"钻牌"普通硅酸盐水泥。

3）矿渣硅酸盐水泥（P. S 32.5）。来自河北武安市华冶水泥厂生产的"邯武"牌矿渣硅酸盐水泥。

4）试验用水。取自未经处理的城市自来水。

（2）主要仪器设备。包括水泥胶砂搅拌机、TYE－300D 型水泥胶砂抗折抗压试验机、HSBY-60B 型标准恒温恒湿养护箱、普通天平、电子天平、7.07cm ×7.07cm×7.07cm 试模、胶砂振动台、刮刀以及量筒等。

（3）试块制作与养护。将适量的水泥、全尾砂倒入搅拌锅内，开动水泥胶砂搅拌机，使其搅拌均匀，然后停机，注水，继续搅拌 160s，搅拌机暂停时将粘在叶片上的料浆刮下，然后继续搅拌 80s 后停机，再将粘在叶片上的料浆刮下，取下搅拌锅。

成型前，将试模擦净，四周模板均匀涂抹黄油，紧密装配，防止漏浆和变形，内壁均匀刷涂一薄层机油，以便于脱模。利用刮刀将料浆刮入试模中，置于胶砂振动台震动，使其均匀密实，然后用刮刀将试块表面多余的料浆刮去并抹平，接着给试块编号。编号后，将试模放入水泥混凝土标准养护箱养护，24h 后拆模，继续置入养护箱内养护。养护温度为（20±1）℃、湿度不低于95%，养护龄期为 3d、7d、28d。每一试验配比制作两组，共计 6 个试块。

（4）抗压强度试验。将养护到规定龄期的试块取出并进行单轴抗压强度测试。测试时将抗压夹具摆置在压力试验机压板中心，清除试块受压面和上下加压板间的砂粒或杂物。试块放入夹具时，将试块位于加压板的中心位置，以试块侧面为受压面。压力机的加载速度按规定应为（5.0±0.5）kN，在试块刚开始受力时，加载速度应小于这一数值，以便使球座有调节的余地，使加压板均匀地压在试块表面上；在接近破坏时严格控制加载速度于规定值范围内。试块受压破坏后取出，并清除压板下粘着的杂物，继续下一次试验。

3.1.3.2 实验设计

根据全尾砂固结排放要求，以全尾砂浆固体重量浓度80%（含水率为20%）计，按表 3-1 中的配比方案进行普通硅酸盐水泥（P.O32.5）和矿渣硅酸盐水泥（P.S32.5）固结全尾砂的实验。

表 3-1 全尾砂固结试验配比

序 号	干尾砂掺量/%	含水量/%	水泥掺量/%
1	79	20	1
2	78	20	2
3	77	20	3
4	75	20	5

3.1.3.3 结果分析

普通硅酸盐水泥（P.O32.5）和矿渣硅酸盐水泥（P.S32.5）固结西石门铁矿全尾砂试块的单轴抗压强度测试结果见表 3-2。由表 3-2 可知：

（1）矿渣硅酸盐水泥对西石门铁矿全尾砂的固结效果明显优于普通硅酸盐

水泥。例如，在水泥掺量同为 3% 的情况下，矿渣水泥和普硅水泥两种全尾砂固结体 28d 的单轴抗压强度分别为 0.910MPa 和 0.712MPa。因此，在暂不采用新型全尾砂固结剂的条件下，建议采用矿渣硅酸盐水泥（P.S32.5）作为西石门铁矿全尾砂的固结胶凝材料。

（2）在上述试验的基础上，通过添加外加剂对矿渣硅酸盐水泥进行改性（表 3-2 中 HS-3′和 HS-3″），其结果仅对试块早期抗压强度有所改善，而对后期强度的改善作用并不明显。

（3）水泥掺量为 2% 和 3% 时均能满足全尾砂固结的要求（28d 单轴抗压强度 $\sigma_{28d} \geqslant 0.3 \sim 0.5MPa$），但两者强度相差较大。例如，采用矿渣硅酸盐水泥作全尾砂固结胶凝材料时，两种不同掺量的固结体 28d 的单轴抗压强度分别为 0.382MPa 和 0.910MPa。因此，在进行小型工业试验时，建议进一步完善配比关系，并根据实际需要和使用效果确定合理的胶凝材料掺量。

（4）在固结实验过程中，全尾砂浆未出现明显析水现象，这表明当全尾砂浆固体重量浓度达到 80% 以上时，砂浆中的水分很难析出，这对全尾砂固结排放方案的现场实施非常有利。为确保全尾砂固结体稳定，仍建议在小型工业试验过程中进一步观测其渗水与析水的情况。

表 3-2　普硅水泥和矿渣水泥固结全尾砂试验结果

序号	水泥品种	水泥掺量/%	是否添加外加剂	尾砂掺量/%	砂浆浓度/%	抗压强度/MPa		
						3d	7d	28d
HP-1	普硅水泥	1	否	79	80	0.073	0.088	0.097
HP-2		2	否	78	80	0.159	0.225	0.298
HP-3		3	否	77	80	0.350	0.480	0.712
HP-4		5	否	75	80	0.490	0.900	1.232
HS-1	矿渣水泥	1	否	79	80	0.076	0.096	0.113
HS-2		2	否	78	80	0.173	0.279	0.382
HS-3		3	否	77	80	0.380	0.540	0.910
HS-3′		3	是	77	80	0.440	0.560	0.922
HS-3″		3	是	77	80	0.448	0.564	0.931
HS-4		5	否	75	80	0.540	0.912	1.296

3.2　矿渣硅酸盐水泥改性试验

在确定矿渣硅酸盐水泥作为西石门铁矿全尾砂固结首选胶凝材料后，希望通过添加外加剂的方式，激发矿渣硅酸盐水泥中矿渣等混合材的水化活性，进一步提高对全尾砂固结体的固结效果。

3.2.1 改性试验研究目的

矿渣水泥最大的缺点是早期强度较普通硅酸盐水泥低。因此，如何提高矿渣水泥的早期强度，是改善矿渣水泥的主要环节，一般可以采取下列措施：

（1）改变熟料的矿物组成。在可能的情况下，适当提高水泥熟料中早强矿物 C_3S 和 C_3A 的含量，有利于提高矿渣水泥的早期强度。

（2）控制矿渣的质量和掺量。研究表明，矿渣水泥的早期强度与粒化矿渣的化学成分和玻璃体的含量有关。在条件许可的情况下，应选用化学成分和水淬质量较好的矿渣。

（3）提高粉磨细度。提高矿渣水泥的粉磨细度，对水泥强度，尤其是早期强度的影响十分明显。在工艺上可采用二级粉磨流程，先在一级磨机中将水泥熟料进行粗磨，然后在二级磨机中将磨细熟料与矿渣粉共同粉磨至成品。此外，提高矿渣水泥细度，不仅可以提高其早期强度，而且还有利于改善矿渣水泥的和易性和减少泌水性。

（4）增加石膏掺量。矿渣水泥中的石膏，除起到调凝作用外，还对矿渣起着硫酸盐激发作用，加速矿渣水泥的硬化过程。

因此，鉴于矿渣硅酸盐水泥早期强度较低，拟通过添加化学外加剂的方式，激发水泥中矿渣等混合材的水化活性，充分发挥矿渣的辅助胶凝作用，进一步提高对全尾砂的固结效果。

3.2.2 尾砂固结常用外加剂

近年来，无论是高水充填、高浓度料浆充填还是混凝土充填、膏体充填，都开始研究和使用混凝土外加剂，这是矿山充填工艺的进步，也是今后充填工艺发展的主要方向。在矿山充填固结工艺中常用的高效外加剂主要有早强剂和减水剂。早强剂能够提高混凝土早期强度和缩短凝结时间，并且对后期强度没有明显的影响。减水剂能减少拌和料的涌水量，在坍落度相同的条件下可以提高充填料浆的浓度。

（1）早强剂。早强剂可分为无机盐类、有机物类、复合型早强剂3大类。其中，常用的无机盐类主要有氯化物、硫酸盐、硝酸盐及亚硝酸盐、碳酸盐等。

1）氯化钙。氯化钙具有明显的早强作用，特别是低温早强和降低冰点作用。在混凝土中掺氯化钙后能加快水泥的早期水化，最初几个小时的水化热有显著提高，这主要是由于氯化钙与水泥中的铝酸三钙反应，在水泥微粒表面上生成水化氯铝酸钙，具有促进硅酸三钙、硅酸二钙的水化反应而提高早期强度。当掺1%以下时对水泥的凝结时间无明显影响，掺2%时凝结时间约提前 $1\sim2h$，掺4%就会使水泥速凝。

氯化钙使混凝土收缩值明显增大，掺 0.5% 时收缩约增加 50%，掺 2.5% 时增加 115%，掺 3% 时增加至 165%。同时，由于引入氯离子，对钢筋锈蚀有促进作用，故最好与阻锈剂同时使用。基于氯化钙对钢筋混凝土的不良影响，在使用氯化钙早强剂时应当按照有关的施工验收规范的规定使用。

2）氯化钠。氯化钠是一种早强剂，也是一种很好的降低冰点的防冻材料，而且价格便宜、原料来源广泛。在掺量相同时，氯化钠降低冰点作用优于氯化钙，几乎是所有降低冰点材料中效果最好的一种。但作为早强剂，其混凝土后期强度会有所降低，对钢筋也有锈蚀作用，在钢筋混凝土中使用必须按规定复合阻锈剂。

氯化钠一般不单独作为早强剂，多用于防冻剂中的防冻组分，其与三乙醇胺复合使用效果较好，一般使用量不大于 1%。

与钠同一族的碱金属氯盐也都具有很好的早强作用，如氯化钾、氯化锂。按金属活动顺序表，氯化物随着阳离子半径的增加而对水泥水化促进作用增强，按如下顺序：KCl > NaCl > LiCl。但是氯化钾、氯化锂价格较贵，我国西部地区有不少锂盐渣、钾盐副产品等均可以利用。

3）氯化铁。在掺量不超过 2% 时，氯化铁具有早强作用，掺量大于 3% 时用做防水剂。氯化铁作为早强剂优点为早强、密实性好，且后期 28d 强度均较不掺早强剂的有所提高。缺点为含氯盐对钢筋有锈蚀作用，但掺量较小时无明显的锈蚀作用。氯化铁较少单独用于早强剂，多复合其他外加剂用于要求早强、防水、防冻等要求的混凝土中。还有一些氯化物如氯化铝、氯化亚锡、氯化铵也都有良好的早强作用，但因成本及来源问题而很少使用。

4）硫酸钠。硫酸盐是使用最广泛的早强剂，其中尤以硫酸钠、硫酸钙用量最大。硫酸钠又名元明粉、无水芒硝，其天然矿物（$Na_2SO_4 \cdot 10H_2O$）称为芒硝，白色晶体，很容易风化失水变成白色粉末即元明粉。硫酸钠资源丰富，价格也比较低廉。

硫酸钠很容易溶解于水，在水泥硬化时，与水泥水化时产生的 $Ca(OH)_2$ 发生下列反应：

$$Na_2SO_4 + Ca(OH)_2 + 2H_2O \longrightarrow CaSO_4 \cdot 2H_2O + 2NaOH$$

所生成的二水石膏颗粒细小，它较水泥熟料中原有的二水石膏更快地发生水化反应：

$$CaSO_4 \cdot 2H_2O + C_3A + 12H_2O \longrightarrow 3CaO \cdot Al_2O_3 \cdot CaSO_4 \cdot 12H_2O$$

使水化产物硫铝酸钙更快地生成，从而加快了水泥的水化硬化速度，其水化 1d 强度尤其明显。由于早期水化物结构形成较快，结构致密程度较差一些，因而后期 28d 强度会略有降低，早期强度愈是增加得快后期强度愈容易受影响。因此，硫酸钠掺量应有一个最佳控制量，一般在 1% ~ 3%，掺量低于 1% 时早强效果不明显，掺量太大则后期强度损失也大，一般在 1.5% 为宜。

硫酸钠早强剂在水化反应中，由于生成了 NaOH，致使碱度有所提高，这对掺有火山灰和矿渣的水泥，及掺有活性超细掺和料的混凝土的早强作用更为明显，但同时对于活性骨料来说也容易导致碱骨料反应。

在蒸养混凝土中使用硫酸钠早强剂更应注意掺量，当掺量过多时由于大量、快速生成高硫型水化硫铝酸钙而使混凝土膨胀，造成开裂破坏。

$$3CaSO_4 \cdot 2H_2O + C_3A + 26H_2O \longrightarrow C_3A \cdot 3CaSO_4 \cdot 32H_2O$$

硫酸钠在混凝土中使用，当掺量过大或养护条件不好时，容易在混凝土表面产生"返碱"现象，即在混凝土表面析出一层毛绒状的 $Ca(OH)_2$ 细小晶体，而影响混凝土表面的光洁程度，也不利于表面的进一步装饰处理。

5）硫酸钙。硫酸钙又称石膏，在水泥生产中已作为调凝剂使用，一般掺量在 3% 左右，作为调节凝结时间而混磨于水泥中。在混凝土中再掺入硫酸钙时则有明显的早强作用。由于硫酸钙与水泥中的铝酸三钙反应，迅速形成大量的硫铝酸钙，很快结晶并形成晶核，促进水泥其他成分的结晶、生长，因而使混凝土的早期强度提高，硫酸钙在混凝土中的最佳掺量随水泥中 C_3A 与 C_4AF 含量而变化，掺量不可过大，否则会降低后期强度，甚至发生膨胀裂缝。

其他硫酸盐如硫酸铝钾（明矾石）、硫酸钾、硫酸铝、硫代硫酸钠、硫酸锌、硫酸铁等均有早强作用，但使用量不多。

6）硝酸类早强剂。硝酸钠、亚硝酸钠、硝酸钙、亚硝酸钙等都具有早强作用，尤其是在低温、负温时作为早强剂和防冻剂。亚硝酸钠和硝酸钠对水泥的水化有促进作用，而且可以改善混凝土的孔架构，使混凝土的结构趋于密实。亚硝酸钠又是很好的防锈剂，尤其适用于钢筋混凝土中。

亚硝酸钙和硝酸钙往往组合使用，前苏联即有此产品，它们能促进低温、负温下的水泥水化反应。对加速混凝土的硬化，提高混凝土的密实性和抗渗性都有好的影响。在水泥石微观结构中起到强化水泥矿物的水化过程，增加胶凝态物质的体积、使气孔和毛细孔得以封闭，对混凝土耐久性提高起了良好的作用。

硝酸铁亦可以用于早强剂，它与熟料成分经水解和水化生成的 $Ca(OH)_2$ 反应生成氢氧化铁和硝酸钙，既有早强作用，又有利用氢氧化铁胶体来封闭毛细孔以达到防渗的效果。

7）碳酸盐类早强剂。碳酸钠、碳酸钾、碳酸锂均可以作为混凝土的早强剂及促凝剂。在冬季施工中使用，能明显加快混凝土凝结时间及提高混凝土负温强度增长率。碳酸盐由于能改变混凝土内部孔结构的分布，减小混凝土总孔隙率而使混凝土在掺入碳酸盐后抗渗性能有所提高。碳酸盐亦属于原料广泛且价格较低的原料。

（2）减水剂。减水剂为表面活性材料，它能吸附在胶凝材料和惰性材料的亲水表面上，增加砂浆的塑性，在料浆塌落度基本相同的条件下，是一种能减少拌和用水量和提高强度的改性材料。国产减水剂多达几十种，适用于矿山充填用的减水剂见表3-3，其掺量是指减水剂占水泥用量的比例。

表3-3　可用于矿山充填的减水剂

产品型号	主要成分	掺量/%	主要性能
M 型	木质素磺酸钙	0.2～0.3	减水、缓凝，节约水泥
MY 型	变性木素	0.3～0.5	减水10%～20%缓凝
棉浆	腐殖酸	0.3	减税15%，增强20%
天山 I 型	腐殖酸	0.3	减水10%，节约水泥10%
NNOF 型	亚甲基二萘磺酸钠	0.75～1.0	减水
SG 型	聚β甲基萘磺酸钠		减水、早强
QA 型	蜜糖酒精废液	0.2	减水10%、增强
ST 型	蔗糖化钙	0.2～0.3	减水、缓凝

3.2.3　改性实验设计

本次试验研究中，考虑到试验对象的特点，拟采用正交试验方法进行改性矿渣硅酸盐水泥固化全尾砂的实验研究。

3.2.3.1　设计方法概述

正交试验设计是利用规格化的正交表，恰当地设计出试验方案和有效地分析试验结果，提出最优配方或工艺条件，进而设计出可能更合理、优化的试验方案的一种科学方法。虽然我国自从引入这一试验研究方法后，在正交试验设计的观点、理论和方法上都有所创新，简化了试验程序和对试验结果的分析方法，但其核心仍是利用"均衡搭配"和"整齐可比"这两条基本原理，从大量、全面的试验方案中挑选出少量具有代表性的试验方案。

正交试验结果分析方法有极差分析和方差分析两种。极差分析法具有简单易行、直观易懂、便于推广的优点，其不足之处在于没有将试验过程中试验条件的改变与试验误差二者所引起的数据波动区别开来，也没有提供一个判断所考察因素的作用是否显著的标准。为了弥补这一缺陷，可采用方差分析方法。

3.2.3.2　化学激发性选择

为改善和提高全尾砂固结排放效果，需要提高全尾砂固结体的早期强度和缩短固结的时间。矿渣硅酸盐水泥中的矿渣微粉具有潜在的胶凝活性，充分发挥矿渣的辅助胶凝性能是改善矿渣水泥早期强度偏低的有效途径之一。拟选用水泥混凝土行业中应用比较广泛的 $KAl(SO_4)_2 \cdot 12H_2O$、Na_2SO_4、烧石膏、Na_2SiO_3、Na_2CO_3 等早强剂以提高矿渣水泥的早期强度。此外，Na_2SiO_3、Na_2SO_4、Na_2CO_3 还是良好的提高矿渣水化活性的化学激发剂。

3.2.3.3 设计方案确定

固定水固比为 1:4(即固结体含水率为 20%)，其中西石门铁矿全尾砂 77%、矿渣硅酸盐水泥（P.S 32.5）3%，化学外添加剂外掺。选取 Na_2SiO_3、Na_2CO_3、$KAl(SO_4)_2 \cdot 12H_2O$、Na_2SO_4、烧石膏等五种外加剂作为化学激发剂进行正交试验。

正交试验将对以上五种外加剂进行四水平五因素正交设计，即采用 $L_{16}(5^4)$ 正交方案进行试验研究（见表 3 - 4 和表 3 - 5），以全尾砂固结体不同龄期（3d、7d、28d）的单轴抗压强度作为考核指标。

此外，还进行了掺加单一外加剂条件下对全尾砂固结体的影响效果的实验研究，以期寻求对全尾砂固结体固结效果影响显著的化学外加剂种类。

具体实验方法和操作过程参见"3.1.3.1 实验方法"。

表 3 - 4 水平因素表（掺量） （%）

水平 \ 因素	A Na_2SiO_3	B Na_2CO_3	C $KAl(SO_4)_2 \cdot 12H_2O$	D Na_2SO_4	E $CaSO_4$
1	0	0	0	0	0
2	0.05	0.05	0.05	0.05	5
3	0.10	0.10	0.10	0.10	10
4	0.20	0.20	0.20	0.20	20

表 3 - 5 试验配比设计

试验号 \ 列号	A Na_2SiO_3	B Na_2CO_3	C $KAl(SO_4)_2 \cdot 12H_2O$	D Na_2SO_4	E $CaSO_4$	外加剂 合计
HA - 1	0	0	0	0	0	0
HA - 2	0	0.5	0.5	0.5	5	6.5
HA - 3	0	1	1	1	10	13
HA - 4	0	2	2	2	20	26
HA - 5	0.5	0	0.5	1	20	22
HA - 6	0.5	0.5	0	2	10	13
HA - 7	0.5	1	2	0	5	8.5
HA - 8	0.5	2	1	0.5	0	4
HA - 9	1	0	1	2	5	9
HA - 10	1	0.5	2	1	0	4.5
HA - 11	1	1	0	0.5	20	22.5
HA - 12	1	2	0.5	0	10	13.5
HA - 13	2	0	2	0.5	10	14.5
HA - 14	2	0.5	1	0	20	23.5
HA - 15	2	1	0.5	2	0	5.5
HA - 16	2	2	0	1	5	10

3.2.4　试验结果分析

3.2.4.1　正交试验结果分析

通过对正交试验数据的优化处理，分别对不同外加剂种类和掺量条件下全尾砂固结试块的单轴抗压强度进行横向比较。

（1）Na_2SiO_3 的影响。在矿渣硅酸盐水泥中，Na_2SiO_3 属于碱性激发剂，能够激发混合材矿渣的潜在水化活性。不同 Na_2SiO_3 掺量对标准养护 3d、7d、28d 的全尾砂固结体单轴抗压强度的影响见图 3 - 1（a）。由图 3 - 1（a）可知：随着 Na_2SiO_3 掺量的增加，抗压强度先呈下降趋势，若继续增加 Na_2SiO_3 掺量，抗压强度又开始出现增加趋势。这表明，Na_2SiO_3 对全尾砂固结试块单轴抗压强度有一定的影响，但在经济掺量范围内并未能提高矿渣水泥固结全尾砂的性能，这可能与全尾砂中细粒级泥料含量多有关。基于生产工艺与固结成本的考虑，若以矿渣水泥作为全尾砂固结胶凝材料，建议不添加 Na_2SiO_3。

（2）Na_2CO_3 的影响。Na_2CO_3 对矿渣、粉煤灰等辅助胶凝材料亦具有良好的激发效果。不同 Na_2CO_3 掺量对标准养护 3d、7d、28d 的全尾砂固结体单轴抗压强度的影响见图 3 - 1（b）。由图 3 - 1（b）可知：添加适量（不大于 0.10%）的 Na_2CO_3 能提高全尾砂固结体的抗压强度，尤其能改善中后期（7d 和 28d）的固结效果；但若 Na_2CO_3 的掺量过大（大于 0.10%）时，虽对全尾砂固结体的早期强度（3d）仍有一定的促进作用，但不利于中后期强度的发展。因此，以矿渣水泥作为全尾砂固结胶凝材料时，若要添加 Na_2CO_3 作为改性外加剂，其掺量以 0.1% 为宜。

（3）$KAl(SO_4)_2 \cdot 12H_2O$ 的影响。作为碱性激发剂，掺加适量的 $KAl(SO_4)_2 \cdot 12H_2O$ 能改善和提高矿渣的水化活性。不同掺量条件下，$KAl(SO_4)_2 \cdot 12H_2O$ 对全尾砂固结试块 3d、7d、28d 养护龄期的单轴抗压强度的影响见图3 - 1（c）。由图 3 - 1（c）可知：$KAl(SO_4)_2 \cdot 12H_2O$ 对于全尾砂固结体的早期强度和后期强度均有改善作用，添加适量的 $KAl(SO_4)_2 \cdot 12H_2O$ 对固结全尾砂具有一定的增强效果，但改善效果并不明显。以矿渣水泥作为全尾砂固结胶凝材料时，若要添加 $KAl(SO_4)_2 \cdot 12H_2O$ 作为改性外加剂，基于固结成本考虑，其掺量取 0.1% 为宜。

（4）Na_2SO_4 的影响。不同掺量条件下，Na_2SO_4 对全尾砂固结试块 3d、7d、28d 养护龄期的单轴抗压强度的影响见图 3 - 1（d）。由图 3 - 1（d）可知：试验结果规律性不强，适量掺加 Na_2SO_4 对全尾砂固结体 7d 抗压强度（掺量 0.1%）有所改善，但对 3d 和 28d 的改善效果不明显，建议不掺 Na_2SO_4 或另做深入研究。

（5）烧石膏（$CaSO_4$）的影响。烧石膏（$CaSO_4$）不同掺量条件下对全尾砂固结试块 3d、7d、28d 养护龄期的单轴抗压强度的影响见图 3 - 1（e）。由图 3 - 1（e）可知：$CaSO_4$ 的掺加无论是对于早期强度还是后期强度均无显著影响，对强度的增长亦无明显效果。因此，建议全尾砂固结胶凝材料中不掺加 $CaSO_4$ 作为矿渣水泥的改性外加剂。

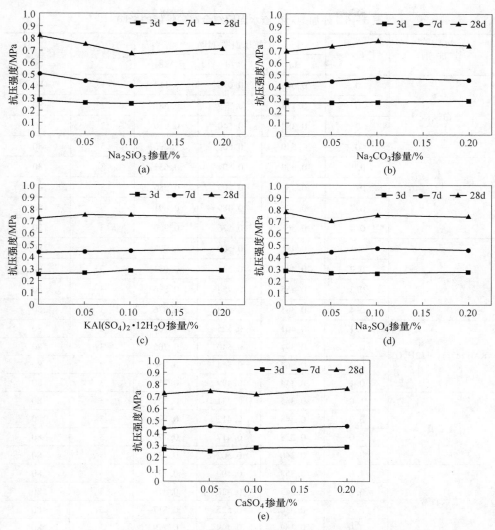

图 3-1 外加剂掺量对单轴抗压强度的影响
（a）Na_2SiO_3 的影响；（b）Na_2CO_3 的影响；（c）$KAl(SO_4)_2 \cdot 12H_2O$ 的影响；
（d）Na_2SO_4 的影响；（e）$CaSO_4$ 的影响

3.2.4.2 单一外加剂影响分析

试验配比设计为西石门铁矿全尾砂:P. S 32.5 矿渣硅酸盐水泥 = 77:3，外加剂外掺，水固比为1:4（即试块含水率为20%）。分别选取 Na_2SO_4、Na_2CO_3、二水石膏、烧石膏、$KAl(SO_4)_2 \cdot 12H_2O$ 等五种外加剂进行单独配比试验，纵向比较研究某一外加剂在不同掺量条件下对全尾砂固结试块单轴抗压强度的影响。不同外加剂对矿渣水泥固结铁矿全尾砂的强度测试结果见表 3 - 6。

表 3 - 6　外加剂对矿渣水泥固结全尾砂性能的影响

外 加 剂	掺量/%	抗压强度/MPa			水泥掺量/%	固体含量/%
		3d	7d	28d		
空白试样	0	0.076	0.096	0.113	1	80
	0	0.173	0.279	0.382	2	80
	0	0.380	0.540	0.910	3	80
	0	0.540	0.800	1.296	5	80
Na_2CO_3	0.1	0.350	0.504	0.653	3	80
	0.2	0.339	0.503	0.586	3	80
	0.3	0.405	0.489	0.691	3	80
	0.4	0.368	0.576	0.900	3	80
Na_2SO_4	0.1	0.481	0.500	0.907	3	80
	0.2	0.448	0.546	0.931	3	80
	0.3	0.455	0.454	0.896	3	80
	0.4	0.385	0.508	0.876	3	80
$KAl(SO_4)_2 \cdot 12H_2O$	0.1	0.401	0.525	0.764	3	80
	0.2	0.397	0.540	0.705	3	80
	0.3	0.364	0.564	0.756	3	80
	0.4	0.344	0.499	0.762	3	80
烧石膏	1.0	0.385	0.441	0.702	3	80
	3.0	0.348	0.412	0.806	3	80
	5.0	0.328	0.417	0.777	3	80
	7.0	0.340	0.502	0.534	3	80
二水石膏	1.0	0.353	0.400	0.737	3	80
	3.0	0.345	0.422	0.818	3	80
	5.0	0.330	0.525	0.817	3	80
	7.0	0.332	0.499	0.779	3	80

（1）Na_2CO_3 的影响。掺加 Na_2CO_3 对矿渣硅酸盐水泥固结全尾砂的性能影响见图 3 - 2。由图 3 - 2 可知：掺加适量的 Na_2CO_3（0.4%，占胶凝材料的百分数，下同）能显著提高固结体的后期强度，但影响固结体的早期强度。

（2）Na_2SO_4 的影响。掺加 Na_2SO_4 对矿渣硅酸盐水泥固结全尾砂的性能影响见图 3 - 3。由图 3 - 3 可知：掺加 Na_2SO_4 对全尾砂固结性能影响不显著，过量掺加 Na_2SO_4（0.4%）甚至影响到固结体后期强度的发展。

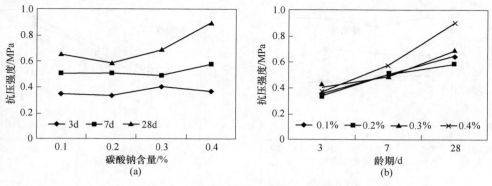

图 3-2　掺加 Na_2CO_3 对全尾砂固结体强度的影响

（a）掺量的影响；（b）养护龄期的影响

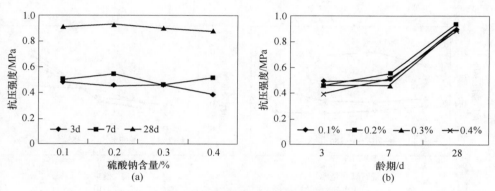

图 3-3　掺加 Na_2SO_4 对全尾砂固结体强度的影响

（a）掺量的影响；（b）养护龄期的影响

（3）$KAl(SO_4)_2 \cdot 12H_2O$ 的影响。掺加 $KAl(SO_4)_2 \cdot 12H_2O$ 对矿渣硅酸盐水泥固结全尾砂的性能影响见图 3-4。由图 3-4 可知：适量添加 $KAl(SO_4)_2 \cdot 12H_2O$（约 0.1% ~ 0.2%）能提高全尾砂固结体的早期强度，但不利于全尾砂固结体后期强度的发展。

（4）烧石膏（$2CaSO_4 \cdot H_2O$）的影响。掺加烧石膏对矿渣硅酸盐水泥固结全尾砂的影响见图 3-5。由图 3-5 可知：随着 $2CaSO_4 \cdot H_2O$ 掺量的增加，全尾砂固结体的单轴抗压强度逐渐降低；特别是当 $2CaSO_4 \cdot H_2O$ 掺量超过 5% 时，28d 的抗压强度明显降低，但对提高固结体早期强度（3d、7d）却有利。

（5）二水石膏（$CaSO_4 \cdot 2H_2O$）的影响。掺加二水石膏对矿渣硅酸盐水泥固结全尾砂的影响见图 3-6。由图 3-6 可知：适量添加 $CaSO_4 \cdot 2H_2O$ 能改善矿渣水泥对全尾砂的固结效果，但若掺量超过 5% 时，固结体的中后期强度（7d、28d）明显降低。

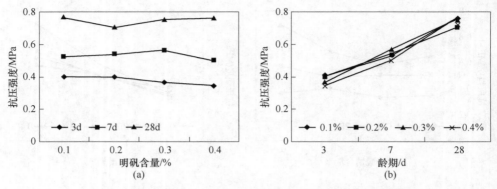

图 3 – 4　掺加 KAl(SO$_4$)$_2$ · 12H$_2$O 对全尾砂固结体强度的影响

（a）掺量的影响；（b）养护龄期的影响

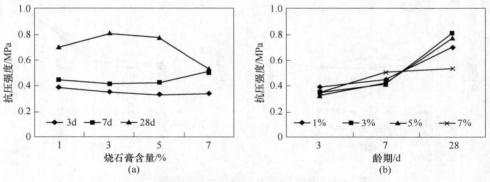

图 3 – 5　掺加 2CaSO$_4$ · H$_2$O 对全尾砂固结体强度的影响

（a）掺量的影响；（b）养护龄期的影响

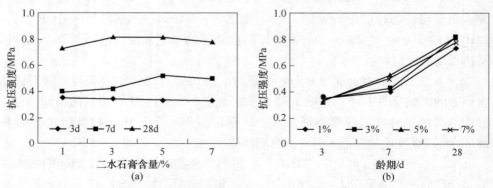

图 3 – 6　掺加 CaSO$_4$ · 2H$_2$O 对全尾砂固结体强度的影响

（a）掺量的影响；（b）养护龄期的影响

3.2.4.3　改性试验结论

综上所述，常用的化学激发剂或早强剂如 Na_2SiO_3、Na_2CO_3、烧石膏、$KAl(SO_4)_2 \cdot 12H_2O$ 等对改善以矿渣硅酸盐水泥为胶凝材料的全尾砂固结体的固结效果并不理想。究其原因，有以下两方面：

（1）全尾砂固结体中胶凝材料含量少。全尾砂固结排放料中尾砂含量为77%，胶凝材料矿渣水泥的掺量仅为3%，而外加剂的掺量则更少。因此，小剂量的外加剂对现有矿渣水泥的改善效果很难通过固结体的单轴抗压强度显著反映。

（2）矿渣水泥的矿物组成复杂。根据《通用硅酸盐水泥》（GB175—2007）规定，矿渣硅酸盐水泥是由硅酸盐水泥熟料和粒化高炉矿渣，加入适量石膏磨细而成；矿渣水泥中粒化高炉矿渣掺加量按重量计为20%~70%，且允许用不超过混合材料总掺量1/3的火山灰质混合材料（包括粉煤灰）、石灰石、窑灰来代替部分粒化高炉矿渣。因此，矿渣硅酸盐水泥的矿物成分复杂，单纯通过掺加外加剂的方式以改善矿渣水泥的固结性能缺乏针对性。

Na_2SO_4 虽有一定的改善效果，但不显著，尤其是对后期强度的改善效果不明显。若从固结成本和生产工艺考虑，可暂不掺加 Na_2SO_4；但若在冬季生产作业，Na_2SO_4 的早强剂作用对寒冷环境下全尾砂固结体的胶结有一定的促进作用。

3.3　全尾砂固结机理分析

虽然目前针对矿山井下尾砂胶结充填而开发了一系列诸如高水速凝材料、全砂土固结胶凝材料、赤泥全尾砂胶结充填材料等胶凝材料，但尾砂固结排放对胶凝材料的性能要求与井下尾砂胶结充填不同。从固结性能上，井下尾砂胶结充填体固化时间与固结强度是影响采矿回采周期、矿石损失贫化的重要因素，要求充填胶凝材料具有速凝、早强等特性，以缩短采场生产循环周期；而固结排放是将胶凝材料与全尾砂浆均匀混合后再进行脱水过滤，为保证脱水工序正常进行，要求胶凝材料具有初凝时间不宜过短但后期强度应增进快、固结砂土性能强等特点。从固结机理上，井下尾砂胶结充填所需胶凝材料用量为8%~20%，胶凝材料的水化产物基本可将尾砂颗粒充分包裹，形成类似建筑砂浆或混凝土一样密实的结构；而固结排放所需胶凝材料用量仅为2%~3%，胶凝材料的水化产物不足以将尾砂颗粒充分包裹，其固结体的微观结构应与土壤固结类似，必须具有水化产物的骨架支撑与微细颗粒的填充增强相结合的特点。

3.3.1　固结体水化产物分析

固化剂作为一种胶凝材料，其遇水混合会发生水化反应，产生大量的水化产物（如 C-S-H 凝胶等）以促进全尾砂的胶结过程，从而加速固结体强度的发展。除此以外，尾砂固结过程还会受到温度的影响。这是因为水化反应会放出大量的热，从而引起尾砂固结体温度的上升，而这个温度有助于加速水化反应的进程，从而产生更多的水化产物来固结尾砂。因此，研究尾砂固结过程中的温度发展和水化反应之间的关系对于分析尾砂固结体的强度极其重要。全尾砂固结剂中水泥熟料较少而活性混合材料——矿渣微粉较多，其水化过程比普通水泥更加复杂。首先是熟料矿物水化生成水化硅酸钙凝胶，并析出氢氧化钙。此外，还生成水化铝酸钙、水化铁酸钙、水化硫铝酸钙或水化硫铁酸钙等水化产物。这部分反应与硅酸盐水泥相同。其次，析出的氢氧化钙与矿渣中的活性氧化硅、氧化铝发生二次反应，生成水化硅酸钙和水化铝酸钙等水化产物。

矿渣的常用激发剂有两类：碱性激发剂和硫酸盐激发剂。矿渣硅酸盐水泥中，以熟料的碱性激发为主，石膏的硫酸盐激发作用比较有限；在石膏矿渣水泥中，熟料用量一般只有 3% ~ 6%，因而其碱性激发作用很弱，以硫酸盐激发为主。综合两者的优点，全尾砂固结剂的碱性激发与硫酸盐激发并重，使矿渣的潜在活性得到比较充分的发挥。

必须有适宜的碱性环境存在，硫酸盐对矿渣活性的激发才表现得比较充分，这是硫酸盐激发的一个突出特点。因为碱性环境是造成加速矿渣分散与溶解的必要条件，并生成水化硅酸钙与水化铝酸钙。同时，由于 $Ca(OH)_2$ 的存在，石膏才能与矿渣中的活性 Al_2O_3 化合，生成钙矾石。这种钙矾石以矿渣为依托，呈放射状的团聚晶体。随着反应的进行，钙矾石不断吸收 CaO，使液相中的 CaO 浓度与铝离子浓度不断降低，从而加速了矿渣的进一步分解与水化，但以后生成的钙矾石都是单个分布的分散晶体，水化硅酸钙也以低碱型出现，其钙硅比将随着熟料用量的减少而降低。

由此可见，钙矾石与水化硅酸钙是构成低熟料水泥强度的主要基础。在水化初期，大量形成的钙矾石晶体彼此交叉搭接，构成骨架，与水化硅酸钙的相互交织连锁，对水泥石的早期强度起着决定性的作用。在水化后期，随着二次反应的不断进行与逐步完全，生成大量的水化硅酸钙与分散的钙矾石晶体更加紧密地交织在一起，水泥石内孔隙逐渐被填满，结构更加密实，使后期强度得以持续增长。

为更好地探讨矿渣硅酸盐水泥固结尾砂的机理，首先要对胶凝材料自身的水化产物进行分析。根据矿渣硅酸盐水泥的组成原料，其水化过程既包括水泥熟料的水化反应，又伴随着矿渣和石膏的火山灰效应。结合图 2 - 14 矿渣硅酸盐水泥水化产物 XRD 图谱可知，矿渣水泥经过不同龄期水化后，材料体系仍主要以非晶态的玻璃体为主，但还包括 AFt、C_3S、$\beta - C_2S$、水化铝硅酸钙等晶体矿物。在水化初期 (3d)，材料体系中尚有未完全水化的 C_3S、$\beta - C_2S$；随着水化龄期延长，C_3S、$\beta - C_2S$ 特征峰逐渐减弱，出现较多数量的不定形的 C - S - H 和 C -

A – H。这表明矿渣中的玻璃体得到一定程度的解体，产生新的二次水化产物，这有助于改善和提高对含泥量较多的全尾砂的固结效果。

3.3.2　固结体微观结构分析

图 3 – 7 为矿渣水泥全尾砂固结体 7d 水化龄期水化产物的 SEM 图。由图 3 – 7 可知：胶凝材料水化 7d 后，尾砂颗粒表面已附着薄薄的一层呈纤维状的水化产物 C – S – H。由于水化产物强烈的吸附、粘附作用而使浆体 – 尾砂颗粒界面粘结牢固。界面粘结不仅有物理作用，而且还有化学作用。通过 SEM 观察尾砂固结体中尾砂与胶凝材料的界面可以发现，尾砂被紧密地胶结在水化产物中，有的尾砂颗粒已与矿渣胶凝材料发生了一定程度的化学反应，颗粒表面有一层由化学反应而引起的侵蚀迹象。尾砂颗粒表面粘附的纤维状的 C – S – H 凝胶，与部分晶相（如钙矾石 AFt）共同构成一定的网络骨架，新生的二次水化产物交织填充在孔隙中间，使其水化产物之间交叉连接，将尾砂中的细粒级物料紧密包裹，固结体微观结构更加致密，从而起到改善和提高固结效果的作用。

(a)　　　　　　　　　　　　　　　(b)

图 3 – 7　矿渣水泥全尾砂固结体 7d 水化龄期水化产物 SEM 图
(a)　×1000 倍；(b)　×1500 倍

3.3.3　矿渣水泥固砂机理分析

掺矿渣微粉的水泥水化，首先是熟料矿物的水化，生成水化硅酸钙、水化铝酸钙、氢氧化钙、水化硫铝酸钙或水化硫铁酸钙等水化产物，这时所生成的氢氧化钙和掺入的石膏就分别作为矿渣微粉的碱性激发剂和硫酸盐激发剂，并与矿渣微粉中的活性组分相互作用，生成水化硅酸钙、水化硫铝酸钙或水化硫铁酸钙。矿渣微粉颗粒在硬化早期大部分像核心一样参与结构形成的过程，钙矾石即在矿渣微粉四周，围绕表面生长。因此，只要使水泥熟料矿物所产生的水化产物恰恰能配列到矿渣微粉的表面，就能增加水化产物和原始颗粒的接触机会，从而获得最佳的强度。如果水化产物量超过矿渣微粉表面所能容纳的数量，则必须粉磨更细，以确保水泥熟料和矿物比表面积的恰当比例。

矿渣硅酸盐水泥水化过程与水化机理可描述如下：

（1）熟料矿物的一次水化反应。矿渣与水拌和后，首先是熟料中各矿物组分与外掺石膏迅速溶解，并开始发生化学反应，生成高碱性 C－S－H 凝胶、钙矾石以及少量的 $Ca(OH)_2$，使水泥浆体失去流动性，凝结时间加快。水化早期生成的钙矾石衍射峰较强，表明水化初期已形成较多的钙矾石。由钙矾石形成的强度骨架被大量的凝胶体填充，从而使水泥石的结构密实，进而提高基体强度。

（2）矿渣微粉的二次水化反应。和水泥熟料不同，矿渣微粉具有较低的水化活性，需要通过一定的措施来激发其水化活性。矿渣的细磨处理，有助于提高粉体化学反应活性，使火山灰效应比原状灰更为显著。

随着矿渣水泥水化反应的进行，石膏与复合激发剂遇水溶析，释放出大量的 OH^-、Ca^{2+}、Na^+、SO_4^{2-} 等离子，再加上熟料矿物 C_3S 和 C_2S 水化生成的少量 $Ca(OH)_2$，使得体系的 pH 值快速升高。溶液中的 OH^- 离子，通过液相扩散作用，或进入水淬矿渣的玻璃体网状结构的空穴内。矿渣微粉在碱的作用下，Si—O—Si、Si—O—Al、Al—O—Al 等键断裂，网络结构解体，解聚释放出来的 $[SiO_4]^{4-}$、$[AlO_4]^{5-}$ 等离子团进入溶液，并与 Ca^{2+} 离子反应，即硅铝质材料中的活性组分 SiO_2、Al_2O_3 与熟料矿物水化释放的 $Ca(OH)_2$ 发生二次水化反应，生成低钙硅比的水化硅酸钙凝胶和水化铝酸钙，致使水泥浆体液相的 pH 值降低，同时增加了对强度和耐久性有益的水化产物数量。二次水化反应生成的水化铝酸钙还可以继续与石膏溶解提供的 SO_4^{2-} 作用生成钙矾石。

$$Al_2O_3 + m_1 Ca(OH)_2 + n_1 H_2O \longrightarrow m_1 CaO \cdot Al_2O_3 \cdot (m_1 + n_1) \ H_2O$$

$$(0.8 \sim 1.5) \ Ca(OH)_2 + SiO_2 + [n_2 - (0.8 \sim 1.5)] \ H_2O \longrightarrow$$

$$(0.8 \sim 1.5) \ CaO \cdot SiO_2 \cdot n_2 H_2O$$

$$(1.5 \sim 2.0) \ CaO \cdot SiO_2 \cdot n_3 H_2O + x SiO_2 + y H_2O \longrightarrow$$

$$z[(0.8 \sim 1.5) \ CaO \cdot SiO_2 \cdot q H_2O]$$

大部分水化产物是以凝胶状出现，在矿渣微粉颗粒表面形成薄层状 C－S－H 凝胶，并将体系内各种微粒粘结在一块，钙矾石 AFt 填充其空隙，彼此之间相互搭接，形成连锁结构。随着二次水化产物数量的不断增加，大孔尺寸降低，化学结合水量增加，使水泥石的后期强度和性能得到明显改善。

这类反应将体系中对强度和耐久性不利的水化产物 $Ca(OH)_2$ 的量减少，转变为对强度和耐久性有利的低钙硅比的 C－S－H 凝胶。同时，由于碱度的降低，部分或大部分高钙硅比的 C－S－H 凝胶转变为高强致密的低钙硅比的 C－S－H 凝胶，使材料的结构和性能大为改善。最终，矿渣水泥的水化产物主要为高强致密的低钙硅比的 C－S－H 凝胶和针柱状钙矾石空间晶体结构（部分为凝胶状钙矾石），这种胶状物质与结晶物质的相互穿插，使体系形成一个理想的网络结构。这种结构被认为是无机胶凝材料体系中一个理想的结构模型。

3.3.4 尾砂固结数值模拟研究

不管是课题组所研制的新型尾砂固化剂，还是矿渣水泥等胶凝材料，都属于水泥基材料（cement-based materials）。这些材料与水混合之后都会发生水化反应，产生了大量的水化产物（如水化硅酸钙（C-S-H）凝胶等）。而本研究中的尾砂固结体是尾砂、胶凝材料（新型尾砂固结剂或矿渣水泥等）和水的混合物所形成的一种多孔介质。因此，随着时间的推移，水化反应所生成的水化产物在尾砂固结体的孔隙结构中逐渐累积，从而细化固结体内部结构的孔隙或裂缝，增加固结体的黏聚力，帮助固结体力学强度的发展，起到固结尾砂的作用。根据上述分析可知，尾砂固结体的固结效果主要表现在以下两个方面：

（1）微观表现。主要体现在尾砂固结体孔隙率的发展。尾砂固结体的孔隙率越小，则固结效果越好；反之，则固结效果差。由于尾砂固结体中含有一定量的水，而这些水在重力等外界因素的作用下会沿着固结体中的孔隙结构发生渗流。因此，可以考虑测定尾砂固结体的渗流量，以此来推测固结体的孔隙率的发展状况（尾砂固结体的渗流量与其孔隙率成正比），从而探究尾砂固结体的固结效果。

（2）宏观表现。主要体现在尾砂固结体强度的发展。尾砂固结体的强度越大，则固结效果越好；反之，则固结效果差。测定尾砂固结体的单轴抗压强度是工程上最常用也是最简便的方式。因此，尾砂固结体的单轴抗压强度越大，则固结效果越好。

胶凝材料的水化反应在产生水化产物的同时，也会放出一定的热量。对于尾砂固结体来说，这个水化反应热便在一定程度上提高了固结体的温度。固结体温度的提高反过来能够加速水化反应的进程，从而促进水化产物的生成。由此可以分析得知，尾砂固结体所处的环境温度对于其固结效果也起着重要的作用，因为这个环境温度在一定程度上会影响水化产物的产生。

基于上述分析讨论，可以采用图3-8来说明尾砂固结体的固结机理。

3.3.4.1 数学模型

（1）水化反应过程描述。当尾砂固结剂与水混合后，会发生以下化学反应：

$$2C_3S + 6H \longrightarrow C_3S_2H_3 + 3CH \tag{3-1a}$$

$$2C_2S + 4H \longrightarrow C_3S_2H_3 + CH \tag{3-1b}$$

$$C_3A + C\overline{S}H_2 + 10H \longrightarrow C_4A\overline{S}H_{12} \tag{3-1c}$$

$$C_4AF + 2CH + 10H \longrightarrow C_6AFH_{12} \tag{3-1d}$$

式中　H——H_2O；

　　　CH——$Ca(OH)_2$。

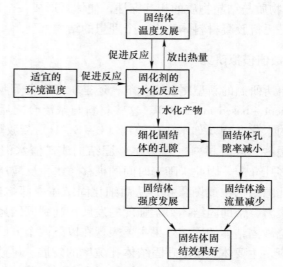

图 3 - 8　尾砂固结机理分析图

对于固结剂的水化反应过程，可以使用水化反应度来进行描述：

$$\alpha = \sum_{i=1}^{n} \alpha^i g^i \tag{3-2}$$

式中　α——固化剂的水化反应度；

　　　α^i——第 i 种固化剂水化成分的水化反应度；

　　　g^i——第 i 种固化剂水化成分的重量百分数。

固化剂中每种水化成分的水化反应度的计算公式如下：

$$\frac{\mathrm{d}\alpha^i}{\mathrm{d}t} = \frac{3C_{w\infty}}{(\omega + W_{ag}) r_0^i \rho} \cdot \frac{1}{\left(\dfrac{1}{k_d} - \dfrac{r_0^i}{D_e}\right) + \dfrac{r_0^i}{D_e}(1 - \alpha^i)^{-\frac{1}{3}} + \dfrac{1}{k_r}(1 - \alpha^i)^{-\frac{2}{3}}} \tag{3-3}$$

式中　ω——水灰比（即水和固化剂的质量比）；

　　　W_{ag}——化合水的质量；

　　　ρ——固化剂的密度；

　　　r_0^i——第 i 种固化剂水化成分的无水颗粒半径（未发生水化反应的颗粒半径）；

　　　D_e——水化产物中水的有效扩散系数；

　　　$C_{w\infty}$——固结体外部的水的质量；

　　　k_r——固化剂的反应速率系数；

　　　k_d——休眠期的固化剂系数，可以由以下等式进行计算：

$$k_d = \frac{B}{(\alpha^i)^{1.5}} + C(r_0^i - r_t^i)^4 \tag{3-4}$$

式中 B，C——固化剂水化反应速率的决定系数；

　　　　r_t^i——第 i 种固化剂水化成分的水化颗粒半径（发生了水化反应的颗粒半径）。

水化产物中水的有效扩散系数可由以下表达式进行描述：

$$D_e = D_{e0} \ln\left(\frac{1}{\alpha^i}\right) \tag{3-5}$$

式中 D_{e0}——水的初始扩散系数。

温度对于固化剂水化反应的影响可以通过阿伦尼乌斯定律进行描述：

$$B = B_{20} \exp\left[-\beta_1\left(\frac{1}{T} - \frac{1}{293}\right)\right] \tag{3-6a}$$

$$D_e = D_{e20} \exp\left[-\beta_2\left(\frac{1}{T} - \frac{1}{293}\right)\right] \tag{3-6b}$$

$$k_r = k_{r20} \exp\left[-\frac{E}{R}\left(\frac{1}{T} - \frac{1}{293}\right)\right] \tag{3-6c}$$

式中，B_{20}、D_{e20}、k_{r20} 分别是20℃时 B、D_e 和 k_r 的值（B、D_e 和 k_r 都是与水化反应相关的量）；β_1、β_2、E/R 分别是 B、D_e 和 k_r 的活化能。

固化剂水化反应所放出的热量与水化度之间的关系可由下述等式进行表达：

$$\frac{\mathrm{d}Q_h}{\mathrm{d}t} = C_{h0} \cdot \sum g_i H_i \frac{\mathrm{d}\alpha}{\mathrm{d}t} \tag{3-7}$$

式中 Q_h——水化反应所释放的热量；

　　　　C_{h0}——固化剂中所有能够发生水化反应的成分总质量；

　　　　H_i——第 i 种固化剂水化成分发生水化反应所释放的热量；

　　　　g_i——第 i 种固化剂水化成分的重量百分数。

（2）热量的产生和传递。固化剂的温度与其水化反应有如下关系式：

$$\frac{\mathrm{d}(\ln k)}{\mathrm{d}T} = \frac{E}{RT^2} \tag{3-8}$$

式中 k——水化反应速率；

　　　　T——固化剂的温度；

　　　　E——水化反应活化能；

　　　　R——普适气体常量。

为了便于分析计算，认为尾砂固结体的温度与固化剂的温度相同。当尾砂固结体的温度分别为 T_1 和 T_2 时，相应的水化反应速率 k_1 和 k_2 满足以下关系式：

$$\ln\left(\frac{k_1}{k_2}\right) = \frac{E}{R}\left(\frac{1}{T_1} - \frac{1}{T_2}\right) \tag{3-9}$$

根据式（3-9）可以明显看出温度的变化对固化剂水化反应的影响，同时也可以推知，引发尾砂固结体温度发展的最主要热源是水化反应所释放的热。因此，参与水化反应的固化剂含量越多，所产生的热量就越多，故可得出以下等式：

$$\frac{\mathrm{d}Q}{\mathrm{d}T} = k(T) \cdot \left(1 - \frac{Q}{Q_\mathrm{f}}\right)^m \tag{3-10}$$

式中　　Q——单位体积固化剂中水泥水化反应释放的热量；

　　　　Q_f——单位体积固化剂中水泥水化反应最终所释放的热量；

　　　　m——该水化反应的总反应级数；

　　$k(T)$——与温度有关的速度常数，其表达式如下所示：

$$k(T) = A \cdot \exp\left(-\frac{E}{RT}\right) \tag{3-11}$$

式中　　A——频率因子。

在绝热条件下，上述等式（3-10）可改写为如下形式：

$$\frac{\mathrm{d}\Delta T}{\mathrm{d}t} = k(T_\mathrm{a}) \cdot \left(1 - \frac{\Delta T}{\Delta T_\mathrm{f}}\right)^m \tag{3-12a}$$

$$T_\mathrm{a} = T_0 + \Delta T \tag{3-12b}$$

式中　　T_a——尾砂固结体不同龄期的温度；

　　　　T_0——尾砂固结体的初始温度；

　　　　ΔT——绝热条件下的温度升高值；

　　　　ΔT_f——绝热条件下的最终温度升高值；

　　$k(T_\mathrm{a})$——与尾砂固结体不同龄期温度相关的速度常数，其表达式为：

$$k(T_\mathrm{a}) = \frac{k(T_\mathrm{a})}{c \cdot \rho} \tag{3-13}$$

式中　　c——尾砂固结体的比热；

　　　　ρ——尾砂固结体的密度。

除了水化反应释放的热量会影响尾砂固结体的温度变化外，周边环境也会影响固结体的温度。由此，可借助傅立叶定律来描述这样的热传递过程：

$$Q_\mathrm{t} = -k^T \cdot \nabla T \tag{3-14}$$

式中　　Q_t——热传递所发生的热量；

　　　　k^T——热传导系数。

（3）水的渗流过程。根据扩展的达西定律，多孔介质（例如本研究中的尾砂固结体）的渗流模型可以由如下数学表达式进行描述：

$$\frac{\partial}{\partial t}(\rho_\mathrm{w}\Phi) + \nabla \cdot (\rho_\mathrm{w}u_\mathrm{w}) = Q_\mathrm{m} \tag{3-15}$$

式中　　Φ——尾砂固结体的孔隙率；

　　　　Q_m——单位时间的渗流量；

　　　　u_w——渗流水的速度场，可以由以下等式进行计算：

$$u_{\mathrm{w}} = - k_{\mathrm{i}} \frac{k_{\mathrm{rw}}}{\mu_{\mathrm{w}}} \nabla p_{\mathrm{w}} \qquad (3-16)$$

式中　k_{i}——尾砂固结体的固有渗透率;

　　k_{rw}——尾砂固结体对水的相对渗透率;

　　μ_{w}——水的动态黏度;

　　∇p_{w}——水的压力梯度。

上述等式(3-16)中,尾砂固结体对水的相对渗透率 k_{rw} 可以通过如下表达式计算得出:

$$k_{\mathrm{rw}} = \sqrt{s} \cdot \left[1 - (1 - \sqrt[n]{s})^n \right]^2 \qquad (3-17)$$

式中　s——尾砂固结体有效饱和度;

　　n——与尾砂固结体特性有关的试验参数。

根据定义,s 的计算表达式如下所示:

$$s = \frac{\theta - \theta_{\mathrm{r}}}{\theta_{\mathrm{s}} - \theta_{\mathrm{r}}} \qquad (3-18)$$

式中　θ——尾砂固结体中水的体积含量;

　　θ_{s},θ_{r}——分别表示水的饱和体积含量和剩余体积含量。

t 时刻尾砂固结体中水的体积含量可由下式计算得出:

$$\theta(t) = \Phi_{\mathrm{t}} \cdot s \qquad (3-19)$$

式中　Φ_{t}——尾砂固结体 t 时刻的孔隙率,它可以通过下述等式计算得出:

$$\Phi_{\mathrm{t}} = h \cdot \alpha_{\mathrm{t}} + \Phi_0 \qquad (3-20)$$

式中　h——通过试验确定的材料参数;

　　Φ_0——尾砂固结体的初始孔隙率。

联立等式(3-18)、式(3-19)和式(3-20)可以得出下列表达式:

$$s = \frac{\theta_{\mathrm{r}}}{h \cdot \alpha_{\mathrm{t}} + \Phi_0 + \theta_{\mathrm{r}} - \theta_{\mathrm{s}}} \qquad (3-21)$$

(4)尾砂固结体的强度发展。一般地,衡量尾砂固结体稳定性的最简便也是最直观的指标是测定其抗压强度,尤其是单轴抗压强度。根据 Zelic 等的研究,尾砂固结体强度随时间的演化规律可以通过如下表达式进行描述:

$$t'_0 + k_{\mathrm{k1}} \frac{S_{\mathrm{c}}}{S_{\mathrm{c\infty}} - S_{\mathrm{c}}} + k_{\mathrm{k2}} \left(\frac{S_{\mathrm{c}}}{S_{\mathrm{c\infty}} - S_{\mathrm{c}}} \right)^2 = t \qquad (3-22)$$

式中　S_{c}——时间 t 时尾砂固结体的抗压强度;

　　$S_{\mathrm{c\infty}}$——尾砂固结体的最终抗压强度;

　　t'_0——固结体强度开始发展的时间;

　　k_{k1},k_{k2}——试验比例常量。

进一步的研究获得了尾砂固结体的抗压强度与水化反应度的关系式:

$$\frac{\alpha}{1-\alpha} = k_{sc_2}\left(\frac{S_c}{S_{c\infty} - S_c}\right) + k_{sc_3} \tag{3-23}$$

式中　　k_{sc_2}，k_{sc_3}——试验常数。

在 Chanvillard 和 Aloia 的研究基础上，可以采用以下等式来描述尾砂固结体的强度和养护温度之间的关系：

$$S_{c28}(T_c) = S_{c28}(20℃) \cdot [1 - \theta(T_c - 20)] \tag{3-24}$$

式中　　　　　　　　　　T_c——养护温度；

　　　　　　　　　　　　θ——试验常数；

　　$S_{c28}(T_c)$，$S_{c28}(20℃)$——固结体分别在 T_c 和 20℃下养护 28 天的抗压强度。

3.3.4.2　数值模拟

本研究将通过数值模拟的方式来揭示不同的固结剂含量（2% 和 3%）对尾砂固结体渗流特性的影响。所使用的固结剂为矿渣硅酸盐水泥，其主要的化学成分如表 3-7 所示，进行数值模拟的主要输入参数如表 3-8 所示。

表 3-7　矿渣硅酸盐水泥的化学成分

胶凝材料	化学组成（质量分数）/%									烧失量 (LOI) /%
	MgO	CaO	SiO_2	Al_2O_3	Fe_2O_3	SO_3	K_2O	Na_2O	TiO_2	
矿渣硅酸盐水泥	3.31	57.40	23.48	6.26	2.39	2.02	0.59	0.17	0.43	3.95

表 3-8　数值模拟参数

参　数	数　值
尾砂固结体初始温度/℃	20.0
环境温度/℃	20.0
尾砂固结体密度/kg·m⁻³	2800
尾砂固结体比热容/J·(kg·K)⁻¹	950
尾砂固结体渗透系数/cm·s⁻¹	3.5×10^{-6}
尾砂固结体残余含水率/%	0.15
尾砂固结体饱和含水率/%	0.22
尾砂固结体孔隙率/%	0.6
固结剂含量/%	2%；3%
普适气体常量/J·(mol·K)⁻¹	8.314

图 3-9 展示的是经过网格划分的尾砂固结体模型，其尺寸为 0.15m × 0.15m × 0.15m。图 3-10 是通过数值模拟研究所预测的尾砂固结体渗水（流）量随时

间的发展演化规律。从图 3 - 10 中可以看出，从 0 ~ 36h，尾砂固结体的渗流量基本呈现直线上升的趋势；而从 36 ~ 72h，尾砂固结体的渗流量有所增加，但是增加量很少；直到 72h(3d) 之后，尾砂固结体的渗流量就不再增加了，也就是说，没有水能够从尾砂固结体中渗出。因此，以下只是通过数值模拟来研究养护龄期分别为 1d 和 3d 的尾砂固结体内部的渗流场分布情况，而养护时间大于 3d 的尾砂固结体将不发生渗流。

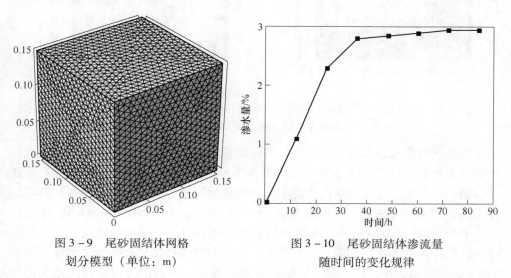

图 3 - 9　尾砂固结体网格
划分模型（单位：m）

图 3 - 10　尾砂固结体渗流量
随时间的变化规律

由于上述模型是正方体，具有各向对称性，因此为了方便起见，仅展示此模型一个截面的数值模拟结果，如图 3 - 11 和图 3 - 12 所示。图 3 - 11(a) 和图 3 - 11(b) 展示的是经过 1d 养护龄期的尾砂固结体内部渗流场的分布情况。其中，图 3 - 11(a) 显示的是固结剂掺量为 2% 的尾砂固结体，而图 3 - 11(b) 显示的尾砂固结体的固结剂掺量为 3%。通过对比使用不同固结剂掺量的尾砂固结体渗流场可以发现，当固结剂掺量为 2% 时，尾砂固结体内部渗流场中最大的渗流速度为 3.32×10^{-5} m/s，而固结剂掺量为 3% 的尾砂固结体对应的最大渗流速度为 1.22×10^{-4} m/s。根据这些结果可以得出，当养护龄期为 1d 时，固结剂的掺量越多，尾砂固结体的渗流速度越大。这是因为固结剂的掺量越多，意味着参与水化反应的反应物越多，产生的水化热也就越多。这个水化热能够有效地提升尾砂固结体的温度，从而加快尾砂固结体中水的渗流速度。

图 3 - 12(a) 和图 3 - 12(b) 展示的是养护 3d 的固结剂掺量分别为 2% 和 3% 的尾砂固结体内部渗流场的分布情况。同理，通过对比不同固结剂掺量下的尾砂固结体的渗流场可以发现，当固结剂掺量为 2% 时，尾砂固结体内部渗流场中最大的渗流速度为 2.98×10^{-6} m/s，而固结剂掺量为 3% 的尾砂固结体对应的最大渗流速度为 1.40×10^{-6} m/s。通过分析这些结果可以得出，当养护龄期为 3d

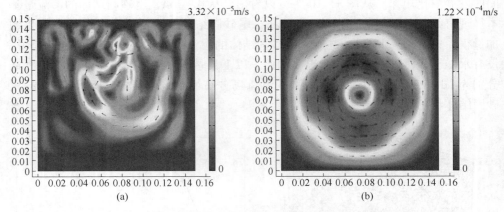

图 3 - 11　尾砂固结体内部渗流场分布（养护龄期：1d）
(a) 固结剂的掺量：2%；(b) 固结剂的掺量：3%

时，固结剂的掺量越多，尾砂固结体的渗流速度越小。这个结果与图 3 - 11 所揭示的结果看似矛盾，其实不然。这是因为当养护龄期为 3d 时，固结剂的掺量越多，则固结剂的水化反应所产生的水化产物也就越多。这些水化产物在尾砂固结体内的孔隙或裂缝中积聚，从而堵塞水的渗流通道，大大降低了水的渗流速度。

　　养护 1d 的尾砂固结体，其内部渗流场分布的主导因素是温度，也就是说，水的渗流主要受温差的影响。温差越大，则水的渗流速度越快，反之则慢。而养护 3d 的尾砂固结体，其内部渗流场的分布主要受尾砂固结体内部孔隙结构的影响。尾砂固结体内部的孔隙结构越细密（由水化产物的填充、集聚所致），则水的渗流速度越慢，反之则快。

　　通过分析图 3 - 11 和图 3 - 12 所揭示的结果还可以发现，不管固结剂的掺量

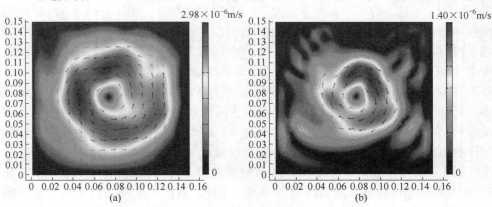

图 3 - 12　尾砂固结体内部渗流场分布（养护龄期：3d）
(a) 固结剂的掺量：2%；(b) 固结剂的掺量：3%

是 2% 还是 3%，随着养护时间的推移（从 1d 到 3d），尾砂固结体的渗流速度逐渐减小。这也是由于尾砂固结体中自由水的渗流通道被水化产物堵塞所致。

3.4 固结体配比设计

3.4.1 固结排放力学特性

全尾砂固结排放技术是将固结胶凝材料（约 2% ~ 3%）与适量浓密的全尾砂浓浆混合，混合料浆经脱水过滤后形成含少量胶凝材料的全尾砂干料，可利用矿山开采形成的地表塌陷坑进行固结排尾。

由于尾砂固结体中胶凝材料含量很少，对其进行固结的目的主要是防止尾砂堆体二次遇水发生泥化。因此，对于全尾砂固结体，其最重要的力学性能是强度特性和体积压缩率。固结体强度与全尾砂浆中胶凝材料用量、含水率等因素有关，合理确定固结体强度将直接影响全尾砂固结排放的生产成本。

3.4.1.1 固结体强度确定

固结体的强度设计应基于其使用目的和所起的力学作用。例如，矿山井下胶结充填体，胶凝材料含量较多（灰砂比 1:10 ~ 1:4），强度亦相对较高，其在采空区所起的力学作用，大致可分为两种：一是支护不稳定的采场围岩，特别是破碎的采场上盘及顶板；二是在厚大矿体的棋盘式开采系统中，胶结充填体主要起自立性人工矿柱的作用。多数情况下，常常要求用于井下的胶结充填体同时起到上述两种力学作用。

确定胶结充填体所需强度的方法很多。针对某个具体矿山而言，如何确定一个恰当的强度值，既涉及矿山开采条件、矿山岩体力学、充填技术水平以及充填材料的强度特性等诸多技术方面的问题，也涉及矿山开采成本与经济效益等方面的问题。参考国内外矿山实际使用情况，用于矿山井下胶结充填的充填体设计强度一般在 0.5 ~ 4.0MPa 之间，其中绝大多数在 1.0 ~ 2.5MPa 之间。

对于尾砂固结排放的固结体而言，其胶凝材料用量极低，强度特性不同于井下胶结充填材料，而是类似固结土（可归类于散体介质材料），可用散体介质力学或土力学方法来分析研究其力学特性。

固结体要保持自立，就必须保证其不发生垮落破坏，而固结体发生垮落破坏的主要原因就是固结体内部发生剪切滑移。Terzaghi 在 1943 年建立了 Terzaghi 模型，用来决定沉陷带上砂土体中的应力分布。由于尾砂固结排放之全尾砂固结体的强度特性接近于其描述砂土体的特性，故此法可用于分析全尾砂固结体中的应力分布，并用于研究设计固结体所需强度方面的问题。1983 年，Smith 等模拟回收充填体间矿柱的过程，逐步把模型走向方向上拦住充填体的拦板一块块卸下，即解除对充填体的约束，结果表明充填体的典型破坏是由于剪切滑移而垮落。

根据孙恒虎等人建立的高水固结自立的计算模型的思路，分析自立状态下全尾砂固结体的受力状态（见图 3 – 13）可知，固结体主要受到三方面的作用力：（1）固结体的自重力 G；（2）在滑动面上，阻止固结体下滑的抗剪阻力 T；（3）固结体两侧受到邻近固结块体的作用，该作用同样是阻止固结体沿剪切滑移面下滑，称之为壁面抗剪阻力 T_1。因此，要保持全尾砂固结体稳定的条件是：滑动面上使固结体下滑的重力分量 G_1 小于滑动面上最大剪切力 T 与邻近固结体提供的壁面抗剪阻力 T_1 之和，即 $G_1 < T + T_1$。

在滑动面以上，固结体的重力 G（单位为 $10^6 N$，即 MN）为：

$$G = LW\left(H - \frac{W\tan\alpha}{2}\right)\rho g / 100 \qquad (3-25)$$

该重力在滑动面切向的分量为：

$$G_1 = G\sin\alpha \qquad (3-26)$$

滑动面上可承受的最大剪切力为：

$$T = \tau A \qquad (3-27a)$$

$$\tau = C + \sigma_n\tan\varphi = C + \sigma_v\cos\alpha\tan\varphi \qquad (3-27b)$$

$$A = \frac{1}{\cos\alpha}LW \qquad (3-27c)$$

$$T = \frac{1}{\cos\alpha}LWC + \sigma_v LW\tan\varphi \qquad (3-27d)$$

式中　A——滑动面面积；

　　　τ——滑动面上的剪切强度。

邻近固结体提供的壁面抗剪阻力为：

$$T_1 = 2\tau_1 A_1 \qquad (3-28a)$$

$$\tau_1 = C_1 + \frac{1}{2}k\sigma_v\tan\varphi_1 \qquad (3-28b)$$

$$A_1 = W\left(H - \frac{W\tan\alpha}{2}\right) \qquad (3-28c)$$

$$T_1 = 2W\left(H - \frac{W\tan\alpha}{2}\right)\left(C_1 + \frac{1}{2}\sigma_v k\tan\varphi_1\right) \qquad (3-28d)$$

式中　A_1——提供剪切阻力的壁面面积；

　　　τ_1——壁面上的剪切强度。

由条件 $G_1 < T + T_1$ 得：

$$\sigma_v > \frac{\frac{1}{100}\left(H - \frac{W\tan\alpha}{2}\right)r\sin\alpha - \frac{C}{\cos\alpha} - \frac{2}{L}\left(H - \frac{W\tan\alpha}{2}\right)C_1}{\tan\varphi + \frac{1}{L}\left(H - \frac{W\tan\alpha}{2}\right)k\tan\varphi_1} \qquad (3-29)$$

记　$h = H - (W\tan\alpha)/2$，则

$$\sigma_v > \frac{\frac{1}{100}hr\sin\alpha - \frac{C}{\cos\alpha} - \frac{2}{L}hC_1}{\tan\varphi + \frac{1}{L}hk\tan\varphi_1} \qquad (3-30)$$

上式表明，要保持固结体自立稳定、不发生垮塌所需要的强度，不仅与固结体的高度和密实程度有关，而且还与固结体的尺寸大小有关，同时也与固结体自身的强度特性密切相关。由此可以建立固结体堆积高度与所需强度之间的关系曲线（见图3-14）。由图3-14可知，固结堆体所需强度随着高度的增加而增大，在开始阶段增加幅度较大，固结体所需强度并不是呈近似直线上升，因为此时固结体两端的围岩或邻近固结体对该固结体的成拱作用越来越大，从而减小了固结体底部的应力。

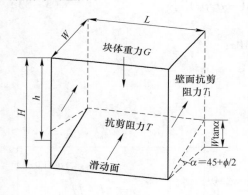

图3-13 固结体受力分析

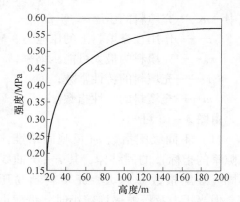

图3-14 固结体高度与所需强度的关系曲线

综上所述，并结合图3-14的分析结果，可以确定：若以西石门铁矿塌陷区塌陷深度为80~100m计算，保持全尾砂固结堆体自立稳定、不垮塌所需的强度约为0.4~0.5MPa。

3.4.1.2 体积压缩率确定

相对松散的全尾砂固结体，孔隙率高，其体积压缩性较大，故其压缩特性是重要的力学性能之一。根据南非Ryder等人的研究，胶结充填体的压缩特点可用双曲线模型来描述，即：

$$\sigma_f = \frac{a\varepsilon}{b - \varepsilon} \qquad (3-31)$$

式中 σ_f——充填体的压应力，MPa；

ε——充填体的应变；

a——表征应力特点的系数，MPa；

b——表征临界应变渐近线的系数。

对于松散的充填体，可用二次方模型来表征，即：

$$\sigma_{\mathrm{f}} = \frac{a(\varepsilon - \varepsilon_{\mathrm{t}})^2}{b - \varepsilon} \tag{3-32}$$

式中　ε_{t}——充填体开始受力的初始应变；

　　a，b——系数，b 近似等于初始孔隙率；当 $\varepsilon < \varepsilon_{\mathrm{t}}$ 时，$a = 0$。

全尾砂固结体的承载特征与其体积压缩率之间存在一种函数关系，影响这种函数关系的主要因素是固结体的强度和固结体的密实程度（孔隙率）。一般说来，固结体的强度越大，则单位压缩率的承载能力越大；而固结体的单位堆积密度越大，则其内部孔隙率就越小，其承载能力则最强。借鉴钱方明等人的研究成果，可以得到散体介质的压力–压缩率关系曲线（图 3–15）。图 3–15 所示的压力–压缩率关系曲线可用下述指数曲线方程表示：

$$\varepsilon = \varepsilon_0 [1 - \exp(-\sigma/\rho_0)^m] \tag{3-33}$$

式中　ε——充填料的压缩率，%；

　　σ——作用在充填料上的压应力，MPa；

　　ε_0——充填料的最大可能压缩率，%；

　　ρ_0——充填料的特性常数；

　　m——充填料的特性指数。

由图 3–15 可知：

（1）不同级配指数 n（反映固结堆体孔隙率的指标）的固结体，其 ε–σ 曲线不同。级配指数 n 越大，充填料越易压缩；但当压力及压缩率均较小时，级配指数 n 的影响不甚明显。

（2）当压力较小时（上图中当 $\sigma <$ 2.0MPa 时），ε 和 σ 基本上呈线性关系，此时可将固结体当作弹性介质处理。

（3）随着固结体不断地被压实，某些固体颗粒的棱角将被逐渐压碎，此时压力和压缩率呈明显的非线性关系，增加较大的压力才能将固结体的压缩率增加一点点，直到固结体进入不能再进一步压缩的"刚性"状态。

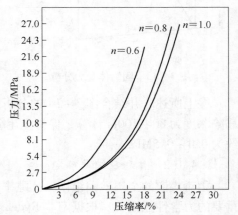

图 3–15　散体介质的压力–
压缩率关系试验曲线

此外，锡矿山亦对该矿的尾砂（非胶结尾砂充填料）进行了压缩试验，得到图 3–16 所示的实验曲线。

综上所述，考虑到西石门铁矿地表塌陷区全尾砂固结堆体并非以承载为目的，所承受的载荷主要来自自重载荷。根据地壳浅部原岩应力分布统计结果，垂

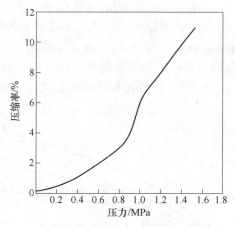

图 3 - 16　锡矿山尾砂压缩率实验曲线

直应力 σ_z(MPa) 可近似采用式（3 - 34）进行计算。

$$\sigma_z = 0.027H \tag{3 - 34}$$

式中　H——深度，m。

若以西石门铁矿北区塌陷坑塌陷深度为 80 ~ 100m 计算，则全尾砂固结体的压缩率应低于 8% ~ 10%。

3.4.2　强度发展规律研究

3.4.2.1　实验室研究

（1）胶凝材料掺量对固结体强度的影响。采用矿渣硅酸盐水泥（P. S32.5）固结西石门铁矿全尾砂，所固结全尾砂浆重量浓度为 80%，按表 3 - 1 配比进行标准养护规定龄期（3d、7d 和 28d）的单轴抗压试验。不同矿渣水泥掺量条件下，不同养护龄期的全尾砂固结体单轴抗压强度增长如图 3 - 17 所示。由图 3 - 17可知：

1）矿渣水泥对西石门铁矿全尾砂的固结效果明显，掺量为 2% 和 3% 时均能满足全尾砂固结排放的要求（28d 单轴抗压强度 $\sigma_{28d} \geqslant 0.3 ~ 0.5$MPa），但两者强度相差较大。例如，两种不同掺量的尾砂固结体 28d 单轴抗压强度分别为 0.382MPa 和 0.910MPa。因此，应根据实际需要和使用效果确定合理的胶凝材料掺量。

2）随着矿渣水泥掺量的增加，在测定龄期内，全尾砂固结体内的单轴抗压强度的增长速度加快。不同养护龄期，全尾砂固结体的单轴抗压强度与矿渣水泥掺量之间呈现如下关系：

$$p_{3d} = 0.2977\ln x + 0.0391 \tag{3 - 35a}$$
$$p_{7d} = 0.5059\ln x + 0.0266 \tag{3 - 35b}$$

$$p_{28d} = 0.7604\ln x + 0.0287 \qquad (3-35c)$$

式中 p_{3d}，p_{7d}，p_{28d}——全尾砂固结体 3d、7d、28d 的单轴抗压强度，MPa；

x——矿渣水泥掺量，% 。

综上所述，为确保西石门铁矿地表塌陷区全尾砂固结效果和排放安全，矿渣硅酸盐水泥的掺量应为 2%～3%，具体掺量可根据实际需要和使用效果确定。

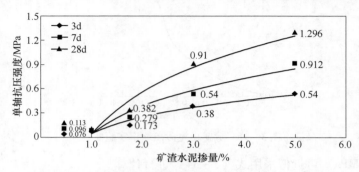

图 3-17 全尾砂固结体单轴抗压强度与矿渣水泥掺量关系

（2）料浆浓度对固结体强度的影响。实验研究表明，全尾砂固结体强度除与胶凝材料种类与掺量有关外，还与全尾砂浆脱水过滤后的含水率有关，即与滤饼的固体重量浓度相关。实验研究了不同滤饼含水率（固体重量浓度分别为 75%、78% 和 81%）、不同胶凝材料掺量（掺量分别为 2%、3% 和 5%）条件下，标准养护的全尾砂固结体的强度发展规律（见表 3-9 和图 3-18）。

表 3-9 全尾砂浆浓度对固结体强度的影响

胶凝材料	浓度 /%	掺量 /%	抗压强度/MPa			掺量/%	抗压强度/MPa			掺量/%	抗压强度/MPa		
			3d	7d	28d		3d	7d	28d		3d	7d	28d
P. O42.5	75	2	0.17	0.23	0.26	3	0.19	0.26	0.29	5	0.27	0.35	0.40
	78	2	0.23	0.29	0.32	3	0.25	0.32	0.45	5	0.32	0.38	0.60
	81	2	0.27	0.38	0.55	3	0.30	0.40	0.61	5	0.42	0.58	0.85
P. S32.5	75	2	0.29	0.33	0.38	3	0.30	0.40	0.47	5	0.34	0.46	0.68
	78	2	0.38	0.42	0.49	3	0.39	0.51	0.84	5	0.40	0.57	1.26
	81	2	0.42	0.56	0.60	3	0.52	0.73	0.95	5	0.59	0.90	1.52

由表 3-9 和图 3-18 可知：

1）无论采用矿渣硅酸盐水泥还是采用普通硅酸盐水泥作胶凝材料，全尾砂固结体的单轴抗压强度均随全尾砂浆的固体重量浓度的增加而递增，亦即，降低全尾砂浆脱水过滤后的滤饼含水率有助于提高固结体的强度。

2）相同掺量砂浆浓度条件下，矿渣水泥固结全尾砂的效果优于普通硅酸盐水泥的固结效果，这可以通过相应条件下单轴抗压强度值反映。

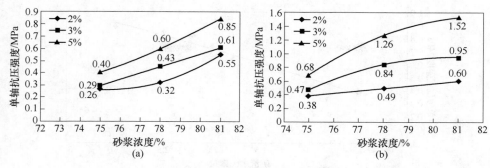

图 3 – 18　料浆浓度与全尾砂固结体单轴抗压强度的关系

（a）胶凝材料为 P. O42.5；（b）胶凝材料为 P. S32.5

3）以矿渣硅酸盐水泥为胶凝材料固结全尾砂，若掺量为 2% 时则必须确保滤饼的固体重量浓度在 78% 以上方可满足设计要求；若掺量为 3% 时则固体重量浓度在 75% 以上基本可以满足设计要求。

3.4.2.2　现场工业试验

为验证和完善实验室阶段研究成果，在西石门铁矿开展现场全尾砂固结排放的小型工业化试验。改变矿渣硅酸盐水泥的掺量，将小型陶瓷过滤机（陶瓷板面积为 $1m^2$）脱水后的滤饼（滤饼含水率约 78% ~81%）制成 7.07cm×7.07cm×7.07cm 的立方体试块，在潮湿环境下覆膜养护 28d 后进行单轴抗压强度测试，测试结果如表 3 – 10 所示。

由表 3 – 10 可知，全尾砂固结体的单轴抗压强度随着胶凝材料（矿渣水泥）掺量的增加而增大，并可以获得全尾砂固结体单轴抗压强度与矿渣水泥掺量之间的关系曲线（见图 3 – 19），通过回归分析还可以得到全尾砂固结体抗压强度（p）与矿渣水泥掺量（x）之间的关系式如下：

$$p = -0.0113x^2 + 0.2575x + 0.2508 \qquad (3-36)$$

表 3 – 10　不同矿渣水泥掺量下尾砂固结体单轴抗压强度（28d）

试验编号	1	2	3	4	5	6	7	8	9	10
水泥掺量/%	0.5	0.8	1.0	1.3	1.5	1.8	2.0	2.2	2.5	3.0
抗压强度/MPa	0.39	0.46	0.50	0.54	0.57	0.66	0.73	0.82	0.85	0.89

对比实验室阶段进行全尾砂固结胶凝材料选择试验时的数据（见表 3 – 2）可以发现：在小型工业试验阶段，水泥掺量为 1% 时的全尾砂固结体单轴抗压强度达到 0.50MPa，当水泥掺量为 2% 时则达到 0.73MPa；而实验室阶段的数据是，水泥掺量为 1% 的全尾砂固结体 28d 单轴抗压强度为 0.113MPa，当水泥掺量为 2% 的 28d 抗压强度为 0.382MPa。现场实测数据与实验室测试结果存在较大差

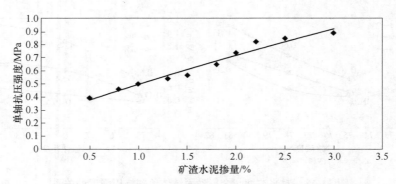

图 3 – 19　水泥掺量对全尾砂固结体单轴抗压强度的影响

异，造成这种差异的原因主要有两方面：一是现场制作试块的养护龄期多数已超过 28d，而适当延长养护龄期有助于提高固结体的强度；二是实验室进行固结试块抗压强度测试是在潮湿状态下进行的，而现场进行固结体抗压强度测试时，试块则呈干燥状态。西石门铁矿全尾砂属钙铝硅酸盐型尾砂，其中含有一定数量的黏土矿物，即使不添加任何胶凝材料，干的全尾砂试块亦具有一定强度。因此，实验室所测试块的单轴抗压强度结果更客观、更准确，误差更小。

3.4.3　脱水干料析水试验

主要对比研究不同含水率（或固体重量浓度，固体重量浓度分别取 75%、78%、81%）条件下，掺加等量（水泥掺量为 3%）不同种类胶凝材料（矿渣硅酸盐水泥、全尾砂固结剂 T. C – Ⅰ 和 T. C – Ⅱ）的全尾砂固结干料的析水性能。

3.4.3.1　实验仪器与材料

（1）原材料。实验材料包括矿渣硅酸盐水泥、全尾砂固化剂 T. C – Ⅰ 和 T. C – Ⅱ、西石门铁矿全尾砂、自来水等。

（2）仪器设备。主要实验仪器包括天平、水泥砂浆搅拌机和自制渗水实验装置（见图 3 – 20）。

（3）简易渗水实验装置的制作。取直径 100mm 的 PVC 管（长度 40 ~ 60cm）制作简易渗水实验装置。PVC 管内用于盛混合料浆，料浆渗水通过下部的不锈钢漏斗滴入玻璃烧杯中。为防止料浆的下漏，PVC 管和漏斗结合部位垫上一层滤布。

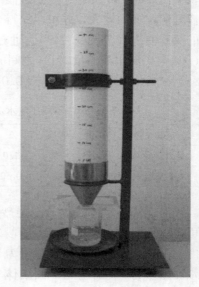

图 3 – 20　全尾砂干料渗水实验装置

3.4.3.2　实验方法

在温度、湿度、搅拌强度等外界因素相同的条件下，配制不同浓度、掺加不同胶凝材料的全尾砂固结干料，通过简易渗水实验装置，观察其渗水量，并计算渗出的水占加水总量的百分比。具体实验步骤如下：

（1）配料。各胶凝材料分别配制重量浓度为75%、78%、81%三种全尾砂固结干料，其中胶凝材料外加，灰砂比为3%，具体配料方案如表3-11所示。

（2）搅拌。按顺序将各组干料基本组分倒入水泥砂浆搅拌机的搅拌锅内，开机搅拌，直至混合均匀。

（3）称量。将搅拌均匀的全尾砂固结干料盛入自制渗水实验装置，标记好初始液面位置，并以此为起点的开始实验时间。需说明的是，损失在搅拌锅内的干料经称量后为50g，按浓度算出这部分水的损失量。

（4）数据记录及处理。静置5h后全尾砂固结干料浆不再往下渗水，称量渗下水的重量，并标记最终料浆面位置；对比不同浓度、不同胶凝材料的渗水量，并由此计算渗出水占加入水总量的百分比。计算时，由于在搅拌锅内有50g的干料损失，加入水的重量应等于所称量水的总重量减去这部分水的损失量，水损失的重量按料浆的浓度可以计算出。

表3-11　全尾砂固结干料渗水试验配料方案

基本组分	全尾砂固结干料浓度/%		
	75	78	81
尾砂/g	750	780	810
水/g	250	220	190
胶凝材料/g	22.5	23.4	24.3

3.4.3.3　结果分析

将渗下水连同底瓶一起称重，记录数据，再称量底瓶空瓶的重量，将总重减去底瓶空瓶的重量即为渗水的重量，渗水实验结果见表3-12。由表3-12可知：

（1）对于掺加同一固结胶凝材料，全尾砂固结干料含水率越高（或料浆浓度越小），静置5h后渗出水量越大。

（2）对比同一浓度条件下不同胶凝材料的全尾砂固结干料的渗水试验结果，采用全尾砂固化剂的全尾砂固结干料的渗水量明显高于采用矿渣硅酸盐水泥的全尾砂固结干料的渗水量，这可能与全尾砂固化剂矿物材料掺量大、早期水化反应活性较弱有关。

表 3 – 12　　全尾砂固结干料渗水试验结果

料浆浓度/%	矿渣硅酸盐水泥			全尾砂固化剂 T. C – I			全尾砂固化剂 T. C – II		
	锅内水损/g	渗水量/g	渗水率/%	锅内水损/g	渗水量/g	渗水率/%	锅内水损/g	渗水量/g	渗水率/%
75	12.5	62.1	6.54	12.5	81.5	8.58	12.5	92.6	9.75
78	11.0	46.3	4.87	11.0	62.0	6.53	11.0	59.8	6.29
81	9.5	24.4	2.57	9.5	53.2	5.60	9.5	46.6	4.91

3.4.3.4　现场析水试验

考虑到西石门铁矿北区塌陷坑的实际情况以及全尾砂固结排放对井下开采的影响，在小型工业试验过程中，还专门设计了一个集水池，用于收集脱水后的全尾砂滤饼在固结过程中的析水。试验表明，经过滤机脱水处理后的全尾砂干料的含水率介于 15% ~ 25% 之间（即，固体重量浓度介于 75% ~ 85%）时，无明显析水现象。这主要因为：

（1）由于全尾砂中的细粒级颗粒含量较多，水在其中不易析出；

（2）脱水后的干料中含有胶凝材料（矿渣水泥），而胶凝材料的水化凝结固化需要水分，故经脱水处理后的全尾砂干料中的一部分水分作为水泥水化反应产物的化合水而不再析出；

（3）现场试验是在夏季进行，天气干燥导致全尾砂脱水后的干料水分蒸发大，故相对析出的水量减少。

3.4.4　固结体泥化试验

西石门铁矿主要采用无底柱分段崩落法开采，因矿体上覆岩层崩落而形成北区地表塌陷坑。为避免固结后的全尾砂遇水泥化后通过塌陷区域的裂隙而涌入井下，危及矿井安全生产，有必要对全尾砂固结体进行泥化试验。

3.4.4.1　试验方案

全尾砂取自五矿邯邢矿业西石门铁矿后井尾矿库，固结胶凝材料为矿渣硅酸盐水泥（P. S32.5），试验用水取自未经处理的城市自来水。

根据全尾砂固结排放的要求，以全尾砂浆固体重量浓度 80%（含水率为 20%）计，按表 3 – 13 中的配比方案进行全尾砂固结实验。将均匀混合后的全尾砂料浆制成 7.07cm × 7.07cm × 7.07cm 的试块，标准养护 28d 后进行固结体浸水实验。

表 3 – 13　　全尾砂固结试验配比

序　号	水泥掺量/%	含水率/%	全尾砂掺量/%
1	0.5	20	79.5
2	0.8	20	79.2

序　号	水泥掺量/%	含水率/%	全尾砂掺量/%
3	1.0	20	79.0
4	1.3	20	78.7
5	1.5	20	78.5
6	2.0	20	78.0
7	2.5	20	77.5
8	3.0	20	77.0

3.4.4.2　结果分析

将标准养护 28d 的全尾砂固结试块置于淡水中浸泡，观察水中的固结试块随浸泡时间增长是否出现泥化现象（见图 3 – 21 和图 3 – 22）。

图 3 – 21　全尾砂固结体泥化试验

（a）试块位置；（b）水中浸泡 1min；（c）水中浸泡 3min；
（d）水中浸泡 15min；（e）水中浸泡 30min；（f）水中浸泡 90min

图 3 – 22　全尾砂固结体泥化补充试验

（a）试块位置；（b）水中浸泡 10min；（c）水中浸泡 30min；

（d）水中浸泡 40min；（e）水中浸泡 50min；（f）水中浸泡 60min

图 3 – 21 是将所有配比的试块共同置于同一盛水容器中进行浸水实验，研究结果表明：

（1）矿渣水泥掺量为 0.3% 和 0.5% 的全尾砂固结试块入水即开始泥化，浸泡 30min 后基本上完全粉化成泥状；

（2）矿渣水泥掺量超过 1.8% 的全尾砂固结试块在水中浸泡 90min 依旧外形完整，未出现任何泥化的迹象；

（3）矿渣水泥掺量为 0.8%、1.0% 和 1.5% 的全尾砂固结试块在水中浸泡 3min 时可以发现有泥化的迹象，浸泡至 15min 和 30min 时已泥化明显，浸泡至 90min 时，因浸泡试块彼此之间的空隙较小，泥化发展情况受到抑制而不明显，故需进行单独的浸水实验研究。

矿渣硅酸盐水泥掺量分别为 0.8%、1.0%、1.3% 和 1.5% 的四种全尾砂固结试块共同置于同一盛水容器中进行浸泡（见图 3 – 22）。实验结果表明，水中浸泡 60min 后所有试块均已发生泥化。

综上所述，当矿渣硅酸盐水泥掺量超过 1.8% 时，全尾砂固结体基本不会发生泥化，即便是在有水流扰动的情况下亦不泥化；若水泥掺量低于 1.5% 时则全尾砂固结体遇水将发生泥化，且掺量越低泥化现象越严重，甚至在静水环境中也可能完全泥化；亦即，西石门铁矿全尾砂固结体遇水出现泥化的下限是矿渣硅酸盐水泥掺量为 1.8%，矿渣硅酸盐水泥掺量超过 1.8% 以上的全尾砂固结体则能较好地避免出现遇水泥化现象。

此外，研究还表明，虽然添加石灰能够提高全尾砂浆的 pH 值，这对提高陶瓷过滤机处理能力是有利的，但添加石灰后的全尾砂固结体遇水极易发生泥化。因此，若采用矿渣硅酸盐水泥作为胶凝材料固结全尾砂，建议生产中不宜添加石灰作为改良剂。

3.5 低温环境固结研究

全尾砂固结排放技术是在尾砂干式排放的基础上，通过加入少量的胶凝材料对尾砂进行胶结，经固结后形成具有一定固结强度的固结体，从根本上改变尾砂堆体的结构与力学性质，确保尾砂堆存的安全。然而，北方地区冬季寒冷的户外温度，不利于胶凝材料的水化凝结，甚至出现水化中止的现象。此外，固结体内多余水分在低温环境中还会结冰膨胀，破坏固结体的整体稳定性。因此，研究全尾砂固结体在低温环境（冬季）的水化固结机理以及尾砂固结堆体安全稳定性，完善固结排放系统冬季生产工艺，确保尾砂固结排放系统冬季正常运转和全年均衡生产，是一个亟待解决的问题，这对于推广应用全尾砂固结排放技术及工艺具有重要的现实意义。

3.5.1 低温环境固结机理分析

西石门铁矿全尾砂固结排放系统工艺流程为泵砂→添加胶凝材料→过滤脱水→固结排放，将排尾车间排放的全尾砂浆浓密到质量浓度为 40% ~45%，与适量胶凝材料（矿渣水泥）在搅拌桶进行搅拌均匀，经过滤脱水后的滤饼由皮带运输机送至塌陷坑露天排放。因此，有效实现水泥与全尾砂浆混合后的脱水固结是尾砂固结排放的核心技术与关键技术之一。

3.5.1.1 低温对水泥水化影响

根据硅酸盐水泥水化硬化机理可知，环境温度对水泥早期水化速率的影响较大，温度升高，水泥水化加速。在低温条件下，硅酸盐水泥及其组成矿物的水化机理与常温时相比并无明显差异。C_3S 的诱导期虽然延长，但以后仍有相当的水化速率，而受到影响最大的则是 $\beta - C_2S$。研究表明，硅酸盐水泥在 $-5℃$ 的环境温度下还能继续进行水化，但到 $-10℃$ 以下时，水化将趋于停止。

在严寒地区使用水泥时，其稳定性和耐久性在很大程度上取决于抵抗冻融循环的能力。水在结冰时，体积约增加 9%，因此硬化水泥浆体中的水结冰会使固结体内孔隙结构的孔壁承受一定的膨胀应力；若其超过浆体的抗拉强度，则会引起微裂等不可逆的结构变化，从而在冰融化后不能完全复原，所产生的膨胀仍有部分残留。再次冻融时，原先形成的裂缝又将因结冰而扩大，如此反复的冻融循环，导致更为严重的破坏。因此，正负温度交替的冻融循环破坏对全尾砂固结体的稳定性影响极大。

关于水泥品种与矿物组成对抗冻性能的影响，一般认为，硅酸盐水泥比掺加混合材水泥的抗冻性要好一些。增加熟料中的 C_3S 含量，可以改善其抗冻性能。前面的研究表明，矿渣硅酸盐水泥固结铁矿全尾砂的效果明显优于普通硅酸盐水泥，但因矿渣硅酸盐水泥中掺加数量较多的矿渣等混合材，其抗冻性能将下降。因此，以矿渣硅酸盐水泥作胶凝材料进行全尾砂固结排放时，有必要进一步研究低温环境对尾砂固结的影响。

此外，研究还表明：

（1）降低水灰比可以改善水泥浆体的抗冻性能。这是因为，水灰比提高，浆体内部的毛细孔增多且尺寸变大，使冻结的水量增加，抗冻性将明显下降。

（2）水泥浆体的抗冻性还与遭受冰冻前的养护龄期有关。硬化 24h 左右再受冻时的膨胀值可有大幅度降低；以后，随着水化进行，可冻结的水量逐渐减少，同时水中溶解的碱等盐类的浓度增加，冰点也要随龄期而下降，抗冻性得以提高。

（3）硬化浆体的充水程度对其冻融破坏亦有较大影响。充水程度低于某一临界值时，将不会发生膨胀危害。试验证明，当普通混凝土内充水孔隙占总孔隙的百分比，即充水程度小于 85% ~ 90% 时，一般不会发生冻害问题。

3.5.1.2   固结体冻害机理分析

全尾砂固结体经过搅拌、过滤脱水后之所以能逐渐凝结硬化，直至获得最终强度，是由于引入的胶凝材料（矿渣水泥）水化作用的结果；而水泥水化速率除与固结体本身组成材料和配合比有关外，还与外界环境温度密切相关。当环境温度升高时水化速率加快，强度增长亦加快；当温度降低到 0℃ 以下时，水泥水化速率受到抑制，而存在于固结体内的一部分水开始结冰，逐渐由液相（水）变为固相（冰），此时参与水泥水化反应的水量减少，水化作用减慢，强度增长相应变弱。若环境温度继续降低，当存在于固结体内的水完全冻结成冰，亦即完全由液相变成固相时，水泥水化作用基本停止，此时固结体的强度将不再增长。由于水变成冰后体积增大约 9%，同时产生约 2.5MPa 的膨胀应力，这个应力往往大于固结体内部形成的初始强度值，使固结体受到不同程度的破坏（即早期受冻破坏）。此外，当水变成冰后，还会在粗颗粒表面上产生颗粒较大的冰凌，削弱水泥与骨料（尾砂）的黏结力。当冰凌融化后，还会在固结体内部形成各种孔隙，从而降低全尾砂固结体的稳定性和耐久性。

国内外许多学者曾对冬季施工的水泥混凝土工程进行了大量的试验，试验结果表明：在受冻水泥混凝土发生水化作用停止之前，使水泥结构体达到一个最小临界强度（我国规定为不低于设计强度的30%），可以使固结体不遭受冻害，最终强度亦不受到损失。因此，对于低温环境的全尾砂固结体，延长固结体中水的液体形态，使之有充裕的时间与水泥矿物组分发生水化反应，达到固结体的最小临界强度以减少固结体中自由水的含量是防止固结排放的全尾砂固结体避免冻害的关键之一。在实际固结排放过程中，针对具体情况，可考虑采用蓄热保温和掺加防冻剂等方法来保证固结体中水的液态。防冻剂的主要作用在于降低拌和物的冰点，细化冰晶，使固结体在负温环境下能保持一定数量的液相水，使水泥矿物组分缓慢水化，改善固结体的微观结构，从而使固结体达到一个最小临界强度，待环境温度升高时强度持续增长并达到设计要求的强度。

3.5.1.3　低温防冻措施

当室外日平均气温连续5天稳定低于5℃时，全尾砂固结排放系统应采取低温环境保温措施，以及采取应对气温突然下降的防冻措施。借鉴建筑工程冬季施工混凝土的经验，低温环境下进行尾砂固结排放可考虑采用以下保温措施：

（1）蓄热保温。蓄热保温是采用简单的、封闭的皮带输送走廊或保温棚来保持经脱水后的尾砂滤饼在回填入塌陷区之前的温度以及由水化热产生的热量不易散去，并避免受外界环境低温的侵袭。蓄热保温措施简单易行且成本低廉。

（2）掺加防冻剂。在冬季施工混凝土的诸多防冻方法中，采用掺加防冻剂是比较简单而经济的方法，近年来已被广泛采用。相比电热法、蒸汽法、暖棚法、远红外线等加热措施，该法的设备投资、能源消耗、设备维修都可省去，也可以节约冬季施工费用。

防冻剂是外加剂的一种，主要是由减水组分、引气组分、防冻组分以及早强组分等组成，其中防冻组分是指一种使料浆在负温环境下不受冻害的化学物质。许多无机盐和若干有机物都具有防冻功能，其作用方式可以分成三类：一是与水有很低的共溶温度，具有能降低水的冰点而使固结体在负温下仍能进行水化作用的物质（如亚硝酸钠、氯化钠），但若用量不足或气温太低，仍会造成冻害；二是既能降低水的冰点，又能使含该类物质的冰的晶格构造严重变形，无法形成冻胀应力而破坏水化产物微观结构使固结体强度受损的物质（如尿素、甲醇），若其用量不足时，在负温下强度将停止增长，但若温度回升后对最终强度无影响；三是虽然和水溶液有很低的共溶温度，但不能使固结体中水的冰点明显降低，其主要作用在于直接与水泥发生水化反应而加速其凝结硬化，有利于固结体强度发展，这类物质包括氯化钙、碳酸钾等。

上述两种低温防冻措施，可以单独使用，亦可以同时使用。

3.5.2 邯郸地区冬季气温

根据我国《建筑工程冬季生产规程》（JGJ104—97）的规定，室外日平均气温连续5天稳定低于5℃即进入冬季生产；当室外日平均气温连续5天稳定高于5℃时解除冬季生产。根据建筑热工设计分区，我国大部分地区的工程生产中都有受低温气候不同时段长度的影响，其中华北地区每年大约有1/4~1/3的时间处于冬季施工期。

为论证西石门铁矿全尾砂固结排放工艺在低温（冬季）环境中运行的可行性，首先对邯郸地区冬季环境温度进行调研。受基础资料所限，仅收集到邯郸地区2004~2006年冬季的气温变化。其中，2004年12月~2005年2月和2005年12月~2006年2月的平均旬温度变化见图3-23和图3-24，邯郸地区2004~2006年详细冬季温度变化情况见附表。

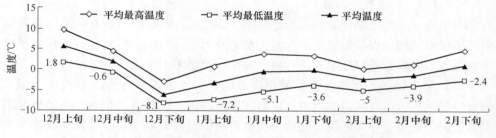

图 3-23 邯郸地区 2004 年 12 月~2005 年 2 月平均旬温度变化

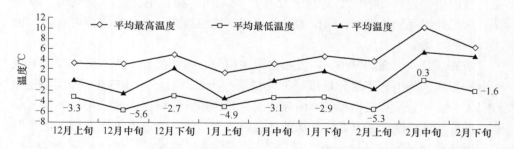

图 3-24 邯郸地区 2005 年 12 月~2006 年 2 月平均旬温度变化

根据当地气象部门提供的2004~2006年气象资料，邯郸地区冬季最低气温-7~-10℃，平均最低气温-5.3~-2.3℃，冬季日平均气温-1.3~2.4℃。根据附表还可知，邯郸地区全天温度均低于0℃（含0℃）的约占18.9%（共34天），而全天处于冻融状态（即日最高温度高于0℃，而日最低温度低于0℃）的约占71.7%（共129天）。这表明，邯郸地区冬季绝大多数时间是昼夜温度处于

0℃上下波动，因此本节应以低温环境下冻融循环对全尾砂浆固结影响的研究为主，恒冻条件下的固结研究为辅。

3.5.3 低温环境固结试验

3.5.3.1 原材料

（1）尾砂。取自西石门铁矿的全尾砂。

（2）胶凝材料。普通硅酸盐水泥（P.O 42.5，武安市新峰水泥有限责任公司）和矿渣硅酸盐水泥（P.S 32.5，武安市新峰水泥有限责任公司）。

（3）试验用水。采用未经处理的城市自来水。

（4）防冻剂。选用常用的水泥混凝土冬季施工防冻剂如 Na_2SO_4、尿素以及 JK - 16 等复合型防冻剂（北京建恺混凝土外加剂有限公司生产）。

3.5.3.2 实验仪器与设备

包括 JJ - 5 型水泥胶砂搅拌机、改进的 BC - 300D 型电脑恒应力压力试验机、HSBY - 60B 型标准恒温恒湿养护箱、普通天平、电子天平、7.07cm × 7.07cm × 7.07cm 试模、振动台、刮刀以及量筒等。

低温养护设备采用海尔卧式冷藏冷冻转换柜，其型号为 BC/BD - 203HCN，有效容积为 203L，冷冻能力为 18.5kg/24h（见图 3 - 25）。

图 3 - 25 海尔卧式冷藏冷冻转换柜低温冷冻全尾砂固结试块

3.5.3.3 实验设计

根据当地气象部门提供的资料，邯郸地区冬季最低气温 -10 ~ -7℃，平均最低气温 -5.3 ~ -2.3℃，冬季日平均气温 -1.3 ~ 2.4℃，由此设计实验室全尾砂固结体低温冷冻制度。

（1）恒冻冷冻制度。试块成型后静置 15min 后放入冰柜，冰柜温度在 -12 ~ -4℃，稳定温度 -10 ~ -2℃。在冷柜中冷冻 7d 后将试块从冰柜中取出、解冻后转入标准养护箱养护 7d 后拆模，每组取其中的 1 块试块测试 14d 的抗压强度；将每组余下的 2 块试块放入冰柜继续冷冻 4d 后取出、解冻，转入标准养护箱养护

3d 后，每组取其中的 1 块试块测试 21d 的抗压强度；将每组余下的 1 块试块再放入冰柜冷冻 4d 后取出、解冻，转入标准养护箱养护 3d 后测试试块 28d 抗压强度。

（2）循环冷冻制度。试块成型后静置 15min 后放入冰柜，冰柜温度在 -12 ~ -4℃，稳定温度 -10 ~ -2℃。每天上午九点将试块从冰柜中取出，室温条件下静置 4 ~ 6h，下午三点左右再置入冰柜，如此重复 12d 后将试块转入标准养护箱养护 3d 后拆模，每组取其中 1 块试块测试 14d 的抗压强度；将每组余下的 2 块试块放入冰柜继续冷冻，依旧每天上午九点将试块从冰柜中取出，室温条件下静置 4 ~ 6h，下午三点左右再置入冰柜，如此重复 6d 后将试块转入标准养护箱养护 1d 后取出，每组取其中的 1 块试块测试 21d 的抗压强度；将每组余下的 1 块试块再放入冰柜继续冷冻，依旧每天上午九点将试块从冰柜中取出，室温条件下静置 4 ~ 6h，下午三点左右再置入冰柜，如此重复 6d 后将试块转入标准养护箱养护 1d 后取出，测试各组试块 28d 的抗压强度。

3.5.3.4　结果分析

（1）未掺防冻剂。试验以普通硅酸盐水泥（P.O 42.5）和矿渣硅酸盐水泥（P.S 32.5）作为西石门铁矿全尾砂的固结胶凝材料，研究分析在不同砂浆浓度（75%、78% 和 81%）、不同水泥掺量（2%、3% 和 5%）条件下，全尾砂固结试块在低温环境（恒冻冷冻和循环冷冻两种制度）下不同养护龄期的单轴抗压强度发展变化。

图 3-26 为低温环境下养护的全尾砂固结试块的外观照片。由图 3-26 可知，低温（负温）环境下养护的全尾砂固结试块通常表现出体积略微膨胀，其中含水率高的试块尤为显著，甚至表面出现明显裂缝，这与试块内部多余的水分遇冷结冰而导致体积膨胀有关。

图 3-26　低温环境下养护全尾砂固结试块

未掺防冻剂条件下全尾砂固结体在低温养护环境下的单轴抗压强度发展如表 3-14 所示，标准养护条件是养护温度（20±1）℃、湿度不低于 95%。由表 3-14 可知：

1）在低温养护环境下，同龄期的全尾砂固结体的单轴抗压强度略有下降，这表明冬季寒冷的气候条件会对全尾砂固结产生一定的影响。

2）以矿渣硅酸盐水泥作为全尾砂胶凝材料的固结体在低温养护环境中的单轴抗压强度优于以普通硅酸盐水泥为胶凝材料的固结体，这与矿渣硅酸盐水泥更适宜铁矿全尾砂固结有关。

3）恒冻冷冻环境（即冬季最寒冷的时间段，全天最高温度仍低于0℃）对全尾砂固结体固结性能的影响明显比循环冷冻环境的影响严重。

4）适当提高全尾砂固结体中胶凝材料的掺量（灰砂比由3%提高到5%），或降低过滤脱水滤饼的含水量（固体重量浓度由75%提高到78%，甚至提高至81%），均有助于减缓低温环境对固结体强度发展的影响。

表3-14 未掺防冻剂的全尾砂固结体低温条件下抗压强度发展

胶凝材料	砂浆浓度/%	水泥掺量/%	标准养护 抗压强度/MPa			恒冻冷冻 抗压强度/MPa			循环冷冻 抗压强度/MPa		
			3d	7d	28d	14d	21d	28d	14d	21d	28d
P.O42.5	75	2	0.17	0.23	0.26	—	—	—	—	—	—
		3	0.19	0.26	0.29	0.12	0.20	0.14	0.23	0.27	0.23
		5	0.27	0.35	0.40	0.22	0.32	0.28	0.34	0.38	0.37
	78	2	0.23	0.29	0.32	—	—	—	—	—	—
		3	0.25	0.32	0.45	0.17	0.25	0.22	0.29	0.31	0.27
		5	0.32	0.38	0.60	0.27	0.41	0.33	0.44	0.49	0.56
	81	2	0.27	0.38	0.55	—	—	—	—	—	—
		3	0.30	0.40	0.61	0.29	0.37	0.36	0.40	0.42	0.41
		5	0.42	0.58	0.85	0.41	0.52	0.48	0.63	0.80	0.77
P.S32.5	75	2	0.29	0.33	0.38	—	—	—	—	—	—
		3	0.32	0.39	0.47	0.33	0.31	0.34	0.27	0.31	0.33
		5	0.34	0.46	0.68	0.39	0.47	0.48	0.47	0.55	0.62
	78	2	0.38	0.42	0.49	—	—	—	—	—	—
		3	0.39	0.51	0.84	0.34	0.27	0.31	0.57	0.62	0.73
		5	0.40	0.57	1.263	0.73	0.87	0.93	0.78	1.01	1.06
	81	2	0.42	0.56	0.60	—	—	—	—	—	—
		3	0.52	0.73	0.95	0.59	0.59	0.62	0.92	0.82	0.89
		5	0.59	0.90	1.52	0.88	0.93	1.04	0.81	0.96	1.17

（2）掺加防冻剂。以矿渣水泥（P.S32.5）作为西石门铁矿全尾砂的固结胶凝材料，分析研究在全尾砂浆浓度为78%、不同水泥掺量（3%和5%）条件下，掺加不同种类防冻剂（其掺量为胶凝材料用量的百分比）的全尾砂固结试块在低温养护环境下（恒冻冷冻和循环冷冻两种制度）不同养护龄期的单轴抗压强

度发展变化（见表 3 – 15）。由表 3 – 15 可知：

1）在相同料浆浓度和冷冻制度下，掺加防冻剂对低灰砂比（3%）全尾砂固结体的性能影响优于高灰砂比（5%）全尾砂固结体，这与高灰砂比（5%）全尾砂固结体单轴抗压强度受低温环境影响不显著有关。

2）在循环冷冻条件下，掺加防冻剂对全尾砂固结体物理力学性能不但没有改善效果，甚至出现单轴抗压强度劣化的现象，这表明在昼夜温差较大的冬季（白天温度不低于 0℃，而夜间温度不高于 0℃）不宜采用防冻剂。

3）在恒冻冷冻条件下，掺加防冻剂对低灰砂比（3%）的全尾砂固结体单轴抗压强度有较明显的改善效果，这表明在冬季最寒冷的时间段（即全天的温度均低于 0℃）适量掺加防冻剂有助于改善全尾砂固结体的固结性能。

表 3 – 15　掺防冻剂的矿渣硅酸盐水泥（P. S32. 5）全尾砂固结体抗压强度发展

胶凝材料	砂浆浓度/%	水泥掺量/%	防冻剂		恒冻冷冻			循环冷冻		
					抗压强度/MPa			抗压强度/MPa		
			种类	掺量/%	14d	21d	28d	14d	21d	28d
P. S32. 5	78	3	—	—	0.34	0.27	0.31	0.57	0.62	0.73
			NS	0.5	0.34	0.32	0.30	0.31	0.28	0.28
			NS	1.0	0.37	0.39	0.43	0.28	0.24	0.24
			尿素	0.5	0.43	0.43	0.43	0.28	0.27	0.31
			尿素	1.0	0.44	0.41	0.45	0.33	0.28	0.26
			NS + 脲	0.5 + 1.0	0.32	0.39	0.37	0.29	0.33	0.32
			NS + 脲	0.5 + 2.0	0.31	0.34	0.37	0.35	0.37	0.47
			NS + 脲	1.0 + 1.0	0.33	0.36	0.40	0.33	0.37	0.39
			NS + 脲	1.0 + 2.0	0.30	0.34	0.33	0.35	0.43	0.44
			JK – 16	2.0	0.31	0.34	0.39	0.24	0.31	0.31
		5	—	—	0.73	0.87	0.93	0.70	1.17	1.26
			NS	0.5	0.35	0.29	0.31	0.36	0.32	0.40
			NS	1.0	0.44	0.58	0.61	0.36	0.43	0.42
			尿素	0.5	0.46	0.55	0.62	0.39	0.39	0.43
			尿素	1.0	0.47	0.60	0.69	0.35	0.35	0.38
			NS + 脲	0.5 + 1.0	0.42	0.56	0.55	0.41	0.53	0.65
			NS + 脲	0.5 + 2.0	0.39	0.51	0.45	0.42	0.50	0.52
			NS + 脲	1.0 + 1.0	0.35	0.50	0.52	0.42	0.61	0.50
			NS + 脲	1.0 + 2.0	0.41	0.57	0.57	0.42	0.53	0.61
			JK – 16	2.0	0.45	0.47	0.58	0.39	0.43	0.36

续表 3 – 15

胶凝材料	砂浆浓度/%	水泥掺量/%	防冻剂		恒冻冷冻			循环冷冻		
					抗压强度/MPa			抗压强度/MPa		
			种类	掺量/%	14d	21d	28d	14d	21d	28d
P. S32.5	81	3	—	—	0.29	0.37	0.36	0.40	0.42	0.41
			JK – 16	2.0	0.42	0.46	0.57	0.37	0.33	0.34
		5	—	—	0.41	0.52	0.48	0.63	0.80	0.77
			JK – 16	2.0	0.56	0.64	0.65	0.53	0.57	0.67

综上所述，冬季的低温环境对全尾砂固结体固结性能有一定的影响，通过采取一定的保障措施可降低或缓解这一不利影响。这些保障措施包括：

1）降低全尾砂固结体内部多余水分的含量，通常其含水率不高于20%；

2）提高固结胶凝材料掺量，例如灰砂比由目前的3%提高到5%；

3）在冬季最寒冷的时间段可通过适量掺加防冻剂以改善低温环境下全尾砂固结体的固结性能；

4）尾砂固结排放生产作业设备采取必要的冬季保温措施（如加盖皮带运输走廊或保温棚，见图3 –27）。

图 3 – 27 全尾砂固结排放设备冬季保温

3.6 本章小结

本章主要对西石门铁矿全尾砂固结机理与配比设计规律进行研究。通过研究，可以得出以下结论：

（1）矿渣硅酸盐水泥对西石门铁矿全尾砂的固结效果明显优于普通硅酸盐水泥。在水泥掺量同为3%的条件下，矿渣水泥和普硅水泥两种全尾砂固结体

28d 的单轴抗压强度分别为 0.910MPa 和 0.712MPa。

（2）理论计算和经验类比确定，保持全尾砂固结堆体自立稳定、不垮塌所需的强度约为 0.4~0.5MPa。在固结材料配比方面，胶凝材料掺量为 2% 和 3% 时均能满足全尾砂固结的要求，但两者强度相差较大。例如，采用矿渣水泥时，掺 2% 矿渣水泥的全尾砂固结体 28d 的单轴抗压强度为 0.382MPa，而掺 3% 矿渣水泥的全尾砂固结体则为 0.910MPa。在实际应用中可根据矿山具体情况采用不同的配比满足不同的要求。例如，在塌陷坑的底部可以采用 3% 掺量的胶凝材料以提高其强度，而表层可采用 2% 掺量的胶凝材料以节省成本。

（3）矿渣硅酸盐水泥的改性实验研究表明，在使用混凝土工业常用的几种外加剂的过程中，只有 Na_2SO_4 对于全尾砂固结体的强度有所改善，而其他的外加剂如 Na_2CO_3、$KAl(SO_4)_2 \cdot 12H_2O$、烧石膏等对于强度的改善基本没帮助，Na_2SiO_3 作为矿渣的碱性激发剂，对于全尾砂固结体强度的改善效果也不明显，分析原因可能是因为全尾砂固结体中的细粒级尾砂的存在抑制了外加剂的作用，尾砂中的化学成分也可能参与了化学反应。

（4）结合矿渣水泥水化产物 XRD 分析和矿渣水泥固结全尾砂的 SEM 图片可知，矿渣硅酸盐水泥的水化过程分为熟料矿物的一次水化反应和矿渣微粉的二次水化反应。由于水化产物强烈的吸附、粘附作用而使浆体－尾砂颗粒界面粘结牢固，使体系形成一个理想的网络结构。

（5）全尾砂固结配比设计研究表明，为确保西石门铁矿地表塌陷区全尾砂固结效果和排放堆存安全，矿渣硅酸盐水泥的掺量为 2%~3%、新鲜固结体含水率低于 19%~22% 较为适宜。

（6）全尾砂固结体浸泡实验表明，当矿渣硅酸盐水泥掺量超过 1.8% 时，全尾砂固结体基本不会发生泥化，亦即西石门铁矿全尾砂固结体遇水出现泥化的下限是矿渣硅酸盐水泥掺量为 1.8%，矿渣硅酸盐水泥掺量超过 1.8% 的全尾砂固结体则能较好地避免出现遇水泥化现象。

（7）低温环境和冬季施工均会对全尾砂固结体强度发展造成不利影响，并提出了全尾砂固结排放的冬季施工保障措施：

1）降低过滤脱水滤饼的含水率，通常不高于 20%；

2）必要时提高胶凝材料掺量，由目前的灰砂比 3% 提高到 5%；

3）必要时掺加防冻剂；

4）生产设备采取保温措施。

4 尾砂高效脱水固结一体化技术研究

4.1 尾砂浓缩脱水技术

尾砂浓缩脱水是矿山尾砂处理的关键技术之一。选矿厂通常采用的尾砂脱水方法是重力沉降法，该方法浓缩效率差、产物浓度低。针对传统的重力沉降法存在的问题以及对尾砂脱水处理的新需求，近年来国内外积极探索新的尾砂浓缩脱水技术和工艺，并研发了相关的新型浓缩脱水设备，提高了尾砂浓缩效率、矿浆浓度、脱水速度并降低了作业成本。

（1）以水力旋流器为核心的联合浓缩流程。水力旋流器是采用离心沉降与重力沉降相结合的联合浓缩流程，综合了重力沉降和离心沉降的优点，既可提高浓缩脱水的速度和效率，又能保证溢流的澄清。采用这种方法的作业流程主要有"水力旋流器－浓密机串联流程"和"水力旋流器－浓密机闭路流程"两大类，前者主要用于提高尾砂浓缩效率，后者可以获得高浓度的浓缩产物。通过优化设备的结构和采用絮凝剂辅助脱水，还可以进一步提高浓缩产物的浓度。

1）水力旋流器－浓密机串联流程。该流程的特点是选矿厂尾砂首先经过一段旋流器获得高浓度底流；旋流器溢流给入常规浓密机进行细粒级的澄清浓缩，获得细粒浓缩产物和澄清的溢流。该流程充分利用了尾砂中不同颗粒沉降速度的差异而采用不同的浓缩设备，大大提高了尾砂浓缩效率，在选矿厂尾砂浓缩工艺改造和新选厂设计中均具有巨大的推广应用潜力。

2）水力旋流器－浓密机闭路浓缩流程。该流程由水力旋流器、分泥斗以及浓密机组成闭路流程。选矿厂尾砂给入水力旋流器，产出两种产品，沉砂送分泥斗进行脱泥，旋流器溢流与分泥斗的溢流一起送浓密机处理。在浓密机中加入絮凝剂，得到清的溢流和较稀的沉砂。浓密机的沉砂返回至旋流器给矿，经旋流器进一步提高浓度。系统最终浓缩产物为分泥斗排出的高浓度沉砂和浓密机排出的澄清溢流。实验结果表明，对于 $-44\mu m$ 占80%、浓度为28%的选矿尾砂，采用上述流程可以获得浓度为77%～78%的最终浓缩产物，适于作为采空区充填料使用。如果旋流器底流不经过分泥斗脱泥浓缩，其浓度也可以达到63%以上，旋流器底流的产率达到67%。由于大部分尾砂已经通过第一段旋流器得到分离，故浓密机的直径可以大大减小。根据实验结果计算，对于100t/h的尾砂量，需要的浓密机直径约为2m，分泥斗的直径约为3m。

（2）高效重力沉降脱水设备。高效重力沉降脱水设备研究的重点是通过优化设备的结构和采用絮凝剂辅助脱水，提高浓缩产物的浓度。有代表性的新型重力脱水设备主要有国外的 PPSM 型浓缩机和国内的深锥形浓缩机。

1）PPSM 型浓缩机。PPSM 型浓缩机是一种单段脱水装备，其机壳是一个锅底状的圆槽，上部有絮凝及给料井围绕中心竖轴，轴下部装有螺旋、耙板和紊动杆，槽底有排膏器。絮凝剂的合理加入、搅拌以及精心设计的给料井和澄清区对 PPSM 型浓缩机的溢流产量和质量至关重要。据介绍，在 PPSM 型浓缩机内几乎看不到浓密中常见的干涉沉降区，澄清是闪速的。该设备用于将稀矿浆快速浓密成膏状排放，并能将膏体延时储存，同时脱出清澈的溢流。该设备主要是为全尾膏体坑下回填而研制的，但在尾砂地表堆存、中间产品深度浓密、浸出后逆流洗涤方面也具有广阔的应用前景。

2）深锥浓缩机。NGS 型深锥浓缩机主要由深锥、给料装置、搅拌装置、控制箱、给药装置和自动控制系统等组成。矿浆首先进入消气桶处理，然后给入旋流给料桶，经过给料桶絮凝后的矿浆进入浓相沉积层，通过浓相沉积层的再絮凝、过滤、压滤作用，澄清的溢流水从上部溢流堰排出，下部锥底排出高浓度的底流。其主要特点：①采用絮凝剂增大颗粒的粒度，从而提高沉降速度；②严格控制深锥浓缩机浓相沉积层高度，是提高浓缩效果的决定因素之一；③作业条件的自动控制。试验和生产表明，该设备对金属矿山尾砂进行浓缩，尾砂浓度可达到 40%～70%，溢流中悬浮物含量小于 500×10^{-6}。与选矿厂普遍采用的普通浓密机相比，该类设备在外形上的显著特点在于其高度大，高度和直径的比值一般为 1.5～2.0。

（3）尾砂压滤。近年来，压滤脱水技术得到推广应用。压滤机主要用于黏度大、颗粒细的化工产品脱水和选矿厂精矿的脱水、黄金氰化洗涤作业等方面。由于其脱水效果好、适应性强、压滤脱水后尾砂的处理方式灵活，近年来在黄金矿山尾砂处理方面得到广泛应用，在冶金矿山尾砂处理中也有应用报道。例如，内蒙古的柴胡栏子金矿采用压滤机处理选矿厂尾砂，滤饼采用干式方法堆存。目前，压滤脱水技术存在的主要缺点是系统能耗大、处理成本高、单机处理能力偏低等。

压滤机在冶金和有色金属矿山尾砂脱水中应用较少，只是在制备全尾砂充填料或膏体尾砂的场合有一定的应用。这主要是由于压滤机的能耗和处理成本高于常规重力沉降浓缩，另外，单机的处理能力较低，难以在大规模的选矿尾砂浓缩脱水中推广。然而，当尾砂重力脱水困难，而要求尾砂料浆浓度较高时，压滤技术将是一种可行的选择。

（4）真空过滤机。全尾砂过滤脱水常用的设备是真空过滤机。其特点是借助真空泵所产生的真空度在滤布两侧产生压力差。固体颗粒在真空度的作用下被吸附在滤布上形成具有一定厚度的滤饼，而水分在真空度的作用下透过滤布成为滤液被排出。在卸料端，通过鼓风机所产生的压力差或用刮刀将滤饼从滤布上压出或刮下。

真空过滤机分为外滤式圆筒过滤机、内滤式圆筒过滤机及圆盘式过滤机三种。此外，还有磁性过滤机、折带式过滤机等。内滤式过滤机主要用来过滤既含有粗粒，又含有细粒的精矿，尤其是对于沉降速度较快的粗粒精矿，在过滤时能够使粗粒优先积聚在滤饼的最下层，使滤布表面形成一种粗粒"床层"，减少滤布的孔眼堵塞，提高滤液通过速度，从而可以提高过滤机的生产效率。由于磁铁矿精矿的"磁团聚"现象比较普遍，因此内滤式过滤机对于铁精矿的过滤获得比较普遍的应用。过滤没有预先浓缩的精矿时，也采用内滤式真空过滤机，但必须考虑备用。内滤机的缺点是操作管理不便，滤布更换也比较麻烦。外滤式真空过滤机比较适宜于处理细粒精矿，并且对产品水分要求较低时应用它是合适的。圆盘过滤机也适宜于过滤细粒物料及含泥质较多的物料，但是滤饼的水分比外滤式过滤机略高些。折带式过滤机，对于含泥质较多、黏度较大的细粒精矿，其过滤效率较其他类型的过滤机高，精矿产品的水分也较低。

（5）陶瓷过滤机。陶瓷过滤机作为新一代高效节能的固液分离机械，其外形及机理与盘式真空过滤机的工作原理相类似，即在压强差的作用下，悬浮液通过过滤介质时，颗粒被截留在介质表面形成滤饼，而液体则通过过滤介质流出，达到了固液分离的目的。

与盘式真空过滤机的不同之处在于过滤介质——陶瓷过滤板具有产生毛细效应的微孔，使微孔中的毛细作用力大于真空所施加的力，微孔始终保持充满液体状态，无论在什么情况下，陶瓷过滤板不允许空气透过。由于没有空气透过，固液分离时能耗低、真空度高，因而具有高效节能的优异性能。

陶瓷过滤机主要由转子、搅拌器、刮刀组件、料浆槽、分配器、陶瓷过滤板、真空系统、清洗系统和自动化控制系统等组成。同时，该机还具有过滤物含水率低、穿孔少、耐酸、耐腐蚀等特点，并可实现自动化操作，劳动强度低、安全性好、工作环境整洁。

真空陶瓷过滤技术及其工艺成熟，设备运行可靠，脱水过滤效果好，自动化水平高，操作维护简单方便。我国在 20 世纪 90 年代后期开始发展真空陶瓷过滤技术并取得长足进展，目前国产真空陶瓷过滤机性能已接近进口设备。真空陶瓷过滤机主要应用集中在锌精矿、铅精矿和铜精矿、磷精矿、硫铁矿等精矿脱水方面，也有应用陶瓷过滤机过滤分级尾砂的实验研究。例如，使用国产的 BST – 6 和 HTG – 1 陶瓷过滤机对凡口铅锌矿的分级尾砂进行过滤试验研究，将过滤的分级尾砂用于充填采矿。陶瓷过滤机存在的主要缺点是处理能力衰减很快，需要不断酸洗，且处理效率有待进一步提高，处理成本有待进一步下降。

4.2　全尾砂固结排放工艺模式

全尾砂固结排放工艺是将选厂的尾砂浆经浓缩过滤脱水后地面堆存或用于回填地表塌陷区。为防止全尾砂干料遇水泥化或重新液化，需添加 2% ~ 3% 的固结胶凝材料，而实现全尾砂固结排放的关键技术之一是将微量的固结胶凝材料均匀混入全尾砂中。因此，全尾砂固结排放工艺模式的合适与否将直接影响胶凝材料的掺量以及固结成本。

要实现在全尾砂中添加固结胶凝材料，有两种固结胶凝材料的混合方式可供选择：一是将全尾砂浆脱水后再与胶凝材料混合；二是将全尾砂浆与胶凝材料均匀混合后再进行脱水过滤。由此可形成两种全尾砂固结排放的工艺模式：

（1）先加胶凝材料的全尾砂固结排放工艺模式。其基本工艺流程是供砂→加料→搅拌→脱水→固结排放，即将矿山选厂排放的全尾砂浆经供砂管注入搅拌池并添加适量全尾砂固化剂进行均匀搅拌，搅拌后的混合料浆由过滤设备浓缩脱水形成干料，再经输送设备转排至矿山地表塌陷坑或其他适宜地点堆存。

（2）后加胶凝材料的全尾砂固结排放工艺模式。其基本工艺流程是供砂→脱水→加料→搅拌→固结排放，即将矿山选厂排放的全尾砂浆经供砂管注入过滤设备进行浓缩脱水，形成的干料与适量固结胶凝材料进行混合搅拌，搅拌后的混合料由输送设备转排至矿山地表塌陷坑或其他适宜地点进行堆存。

对于后加胶凝材料的全尾砂固结排放工艺模式，脱水浓缩后的全尾砂干料（质量浓度达到 78% ~ 80%）和固结胶凝材料等固体物料组成的混合料浆属于一种具有触变性质的标准分散体系。由于大量细粒级物料的存在，其表面积大大增加，只有在强力搅拌的作用下，才能使混合料浆中固体分散体系被"稀释"而变成具有流动性，并使胶结微粒分布均匀。因此，在这种工艺模式下，要实现充填物料的均匀混合，显然存在较大的技术难题：

1）全尾砂固结排放要求干料的固体重量浓度达到 78% ~ 80% 以上，只有在强力搅拌的作用下才能使混合料浆中固体分散体系被"稀释"而具有流动性；

2）为降低全尾砂固结排放成本，要求全尾砂固结料中固结胶凝材料的掺量为 2% ~ 3%，若要使少量胶凝材料微粒能均匀地分布于固结干料中，其技术难度较大，质量难以保证。

五矿邯邢矿业有限公司北洺河铁矿曾进行过后加胶凝材料的全尾砂固结排放试验，但固结效果不理想，主要表现在：一是水泥用量大；二是难以实现物料均匀混合，导致固结效果不理想。

经理论分析与相关实验验证，要实现将微量的固结胶凝材料均匀混入全尾砂中，应采用先将少量胶凝材料与全尾砂浆均匀混合后再进行脱水过滤与固结，即采用"供砂→加料→搅拌→脱水→固结排放"的先加胶凝材料的全尾砂固结排放工艺模式。要实现这一工艺过程，需解决水泥－全尾砂混合料浆的脱水过滤问题。由于混合料浆中掺加少量胶凝材料，胶凝材料水化产生的胶凝物质，若不能及时、有效地清洗，极易堵塞滤布或陶瓷过滤板的微孔，从而影响其使用寿命和处理能力。

4.3 全尾砂料浆脱水工艺研究

根据研究确定的"供砂→加料→搅拌→脱水→固结排放"的先加胶凝材料的全尾砂固结排放工艺模式，开展全尾砂－水泥混合料浆的脱水工艺实验研究，主要研究内容包括混合料浆的沉降性能与脱水效率。

4.3.1 全尾砂料浆沉降性能

水泥－全尾砂混合料浆是一种多相人工复合材料，其强度和变形受到料浆凝固前的沉降性质影响。在一定的区域中，不同粒径充填物料固体颗粒的沉降运动速度和方向是杂乱无章的，因而会产生相互干扰，降低了颗粒沉降速度，促使料浆在过滤机槽体内均匀分布，有助于提高脱水过滤的效率。当进行过滤物料排放时，料浆将会产生一定的离析现象，而且含水越多，粒径分布越不合理，料浆离析越严重，对固结体强度和稳定性的负面影响也就越大。

为满足西石门全尾砂浓缩－脱水－固结排放一体化技术的要求，研究全尾砂浆的沉降性能对改善和提高浆体的浓缩－脱水效率具有一定的影响。针对西石门铁矿全尾砂含泥量高、浆体脱水难的特点，对不同浓度的全尾砂浆和水泥－全尾砂混合料浆进行实验室沉降试验，根据测得的试验参数，得到各种情况下沉降参量的变化趋势线，分析了沉降参量随浓度、配比的变化规律。

4.3.1.1 全尾砂沉缩特性

（1）沉缩率。充填材料由于自重沉缩或者受压条件下产生沉缩后，缩小的体积与原体积之比，称为惰性材料的沉缩率，可用式（4－1）表示。自然堆积的松散惰性材料，特别是河砂，当加入水以后，体积立刻发生沉缩。由于水浸作用使得充填材料减少的体积和原体积之比，称为水浸沉缩率。

$$r = \frac{V_1 - V_2}{V_1} \times 100\% \tag{4-1}$$

式中 r——沉降率，%；

V_1——充填材料原体积，m^3；

V_2——充填材料沉缩后的体积，m^3。

（2）最大沉缩浓度。全尾砂料浆在静置沉缩时所能达到的最大浓度称为最大沉缩浓度。该浓度是充填料浆特性变化的临界点，最大沉缩浓度及其沉缩速度是尾砂脱水的重要参数。

一般用直径 200mm、高 1000mm 的有机玻璃沉缩筒进行沉缩试验，测定全尾砂料浆的最大沉缩速度。将搅拌均匀的全尾砂料浆注入沉缩筒内，记录某一面下降的高度和时间。沉缩停止时所能达到的浓度为最大沉缩浓度。

全尾砂沉缩的实质是一个沉降压缩过程，表现出三种状态特征：1）全尾分级，在沉降开始后的一段时间内，粗重颗粒快速下落，较细颗粒缓慢下移，更细的颗粒则悬浮于上部，浆面与液面界限浑浊不清。2）粗粒沉缩，粗颗粒沉降压缩到相互紧密接触的状态。3）细粒沉缩，悬浮于上部的细颗粒沉降压缩到颗粒紧密接触的状态，达到最大沉缩浓度。

全尾砂料浆的最大沉缩浓度主要取决于尾砂的密度与细度。密度越小，粒度越细，最大沉缩浓度越低。

（3）临界沉降浓度。根据全尾砂料浆中固体颗粒沉降与压缩时的特性，可以将料浆的沉缩分为固体颗粒的沉降过程和压缩过程。临界沉降浓度是料浆中固体颗粒由沉降转为压缩时的浓度。

对于低浓度全尾砂料浆，固体颗粒首先在水中快速沉降，达到一定浓度后固体颗粒开始逐渐压缩密实。浓度高于临界沉降浓度的高浓度料浆，固体颗粒只有压缩过程而无沉降过程。

固体颗粒在沉降过程中存在粗、细颗粒的分级特性。压缩过程的特点是没有粗、细颗粒的分选沉降，只是颗粒间隙减小和体积收缩，水被逐渐析出。

4.3.1.2　实验仪器与原材料

（1）实验仪器。实验室全尾砂浆沉降性能试验所采用的实验仪器包括量筒（1000mL）、普通天平（1000g）、漏斗、烧杯、自制泡沫塞子、秒表、照相机等。

（2）实验材料：

1）尾砂。取自西石门铁矿的全尾砂。

2）胶凝材料。包括武安市新峰水泥有限责任公司生产的普通硅酸盐水泥 P.O42.5 和矿渣硅酸盐水泥 P.S32.5，以及新型全尾砂固化剂 T.C - Ⅰ 和 T.C - Ⅱ。

3）试验用水。全尾砂浆配制用水采用未经处理的城市自来水。

4.3.1.3　实验设计

在搅拌后的最初阶段，混合料浆（全尾砂浆）通常处于亚饱和状态，由于固体颗粒毛细压力和自重作用而产生自然沉降。随着时间的延长，料浆体积逐渐减小，并产生沉降、压密、脱水的自然沉降过程。全尾砂浆沉降性能对水泥 - 全尾砂混合料浆的物理、化学性质具有较大影响。目前，西石门铁矿固结排放工段 18m 浓密机的底流浓度为 42% ~ 52%。根据中国矿业大学（北京）所提供的研究成果，确定水泥 - 全尾砂混合料浆中灰砂比约 3%。因此，设计全尾砂浆和混合浆体浓度分别为 42%、44%、46%、48%、50%、52%，灰砂比为 3%。

4.3.1.4 实验步骤

（1）计算料浆浓度为 42%、44%、46%、48%、50%、52%，灰砂比为 3% 的水泥、尾砂及水的重量。

（2）分别称取不同浓度所需要的水泥、尾砂的重量，量取所需水量。

（3）将称取的水泥、尾砂和水分别加入量筒，塞上塞子，充分晃动 5min，使得水泥、尾砂和水混合均匀，并记下最初的液面高度。

（4）每 30s 记录一次分界面的高度并且拍照，共记录 20min。

（5）按照不同的水泥尾砂比例称取所需物品，然后重复实验步骤（3）~（4）。

试验时将倒入试验容器的待测试料浆快速搅匀后让其自然沉降，由于在重力作用下料浆中的固体颗粒将会逐渐下沉，上部会渐渐析出清水，清水层高度的变化即可直观地反映料浆的沉降性（见图 4 - 1）。

图 4 - 1 全尾砂浆沉降性能试验

4.3.1.5 结果分析

利用全尾砂干砂与适量的自来水配制浓度为 40% ~55% 的全尾砂浆，pH 试纸测定砂浆的 pH 值约为 7 ~8，呈弱碱性；按灰砂比 3% 配制的相同浓度的水泥—全尾砂浆，pH 试纸测定砂浆的 pH 值约为 10。

（1）不同砂浆浓度对物料沉降速度的影响。西石门铁矿全尾砂浆沉降高度与沉降时间的关系如表 4 - 1 和图 4 - 2(a) 所示，水泥（P.O42.5）- 全尾砂混合料浆沉降高度与时间的关系见表 4 - 2 和图 4 - 2(b)。

表 4 - 1　不同浓度全尾砂浆沉降高度 - 时间关系

时间/s	沉降距离/mm					
浓度	42%	44%	46%	48%	50%	52%
0	0	0	0	0	0	0
30	2.0	2.0	1.0	1.0	2.0	0
60	4.0	4.0	2.5	2.0	3.5	1.0
90	6.0	6.0	3.5	3.5	4.0	2.0
120	7.5	7.0	5.0	5.0	4.5	3.0
150	8.5	8.0	6.5	5.5	6.0	4.0
180	10.0	9.0	7.5	6.0	6.5	5.0
210	11.5	11.0	9.0	7.0	7.5	5.0
240	12.5	14.5	10.5	8.0	8.5	5.0
270	14.0	16.0	11.5	9.5	9.5	6.0
300	15.0	16.0	13.0	10.5	10.5	7.0
330	16.0	17.5	14.0	11.0	11.5	8.0
360	17.0	19.0	15.0	12.0	12.0	9.0
390	18.5	20.5	16.5	13.0	12.5	10.0
420	20.0	22.0	18.0	14.5	13.0	11.0
450	21.0	23.5	19.5	15.5	14.0	12.0
480	22.5	25.0	21.0	17.0	15.0	13.0
510	24.0	26.5	22.0	18.0	15.5	14.0
540	25.0	28.0	23.0	19.0	16.0	15.0
570	26.5	29.5	24.5	20.0	16.5	16.0
600	27.5	31.0	26.0	21.0	17.0	17.5
660	30.0	34.0	28.5	24.0	18.5	20.0
720	33.0	37.0	31.0	26.0	20.5	23.0
780	35.5	40.0	33.5	28.0	22.0	25.0
840	38.0	43.0	36.0	30.0	23.0	28.0
900	41.0	46.0	38.5	32.0	24.0	31.0
960	43.0	49.0	41.5	34.0	26.0	33.5
1020	45.0	53.0	44.0	36.0	28.0	37.0
1080	47.0	56.0	46.5	38.0	29.0	40.0
1140	49.5	59.0	49.5	41.0	31.0	43.5
1200	52.0	62.5	52.0	44.0	32.5	47.0

表4-2 不同浓度全尾砂混合料浆（水泥掺量3%）沉降高度-时间关系

时间/s	沉降距离/mm					
	42%	44%	46%	48%	50%	52%
0	0	0	0	0	0	0
30	14	6	10	9	9	6
60	26	20	19	16	15	12
90	37	30	28	22	21	17
120	49	40	37	29	27	22
150	60	50	46	36	32	27
180	73	60	55	43	39	33
210	84	69	64	49	44	38
240	96	77	72	55	50	43
270	105	85	80	60	55	48
300	114	92	87	65	60	52
330	121	98	93	70	65	56
360	126	103	98	74	69	61
390	130	108	102	79	73	64
420	134	112	106	83	77	68
450	137	117	110	87	81	72
480	141	121	114	91	84	75
510	145	125	118	93	89	78
540	148	129	122	94	91	81
570	150	132	124	95	92	82
600	151	133	125	95.5	92	83
660	153	135	127	96	93	84
720	154	136	128	97	94	85
780	155	137	129	98	95.5	85.5
840	155.5	138	130	99	95.5	86
900	156	138	130	99	96.5	86
960	156	138	130	99	96.5	86
1020	156	138	130	99	96.5	86.5
1080	156	138	130	99	96.5	86.5
1140	156	138	130	99	96.5	86.5
1200	156	139	131	99	96.5	87

由表4-1、表4-2和图4-2可知：

1）随着全尾砂浆浓度增大，料浆沉降速度减缓。这是因为，全尾砂浆浓度增大，颗粒沉降所受到的干扰程度增大，因此颗粒的静态沉降速度减小，这有助于提高圆盘真空过滤机过滤效率。

2）全尾砂浆的沉降高度－时间关系曲线显著不同。掺加3%的普通硅酸盐水泥（P. O42.5）－全尾砂混合料浆的沉降速度明显快于全尾砂浆的沉降速度，并在10min左右沉降基本停止；而全尾砂浆在20min时还处于加速沉降阶段，这可能与水泥的水化有关。这是因为水泥、尾砂与水拌和后，水泥熟料矿物开始水化，生成的水化产物与全尾砂浆中沉降速度较慢的细粒物料之间产生絮凝，形成絮团，导致混合料浆沉降速度加快。

根据全尾砂固结排放工艺，全尾砂浆与适量水泥混合后再进行料浆脱水，水泥的添加将导致全尾砂料浆沉降速度加快。为了防止料浆沉淀而影响脱水效率，要求过滤机槽体下部应设有搅拌装置，在滤盘之间不间断地搅拌混合料浆。

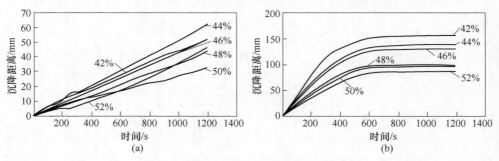

图4-2　不同浓度全尾砂料浆沉降高度－时间关系曲线
（a）全尾砂浆；（b）掺加3% P. O42.5的全尾砂料浆

（2）水化程度对物料沉降速度的影响。在一定时间内，随着水化时间的延长，水泥－全尾砂混合料浆中水泥水化程度增强，被水化产物包裹的细粒物料增多，形成相对较大的絮团，从而导致料浆体系内物料整体沉降速度增加。

以矿渣硅酸盐水泥（P. S32.5）为例，按料浆浓度为44%和48%、灰砂比为3%，各配制三组水泥－全尾砂混合浆体。其中，A组为配制完成后立即测量物料沉降速度；B组为配制结束后用玻璃棒搅拌10min后开始测量料浆沉降速度；C组则在搅拌20min后再开始测量料浆沉降速度。不同水化程度的水泥（P. S32.5）－全尾砂浆沉降关系曲线如图4-3所示。由图4-3可知：

1）水化时间对水泥－全尾砂料浆的沉降速度有影响。亦即，未水化充分的混合料浆（A组）和水化较充分的混合料浆（C组）的沉降速度均大于水化不充分的混合料浆（B组），这与水泥水化进程有关。

2）在混合料浆浓度为48%时，为减缓混合料浆的沉降，提前加入水泥的最佳时间在10min左右，这也与西石门铁矿固结排放工段的工艺流程相吻合，同时能够提高真空过滤机的过滤效率。

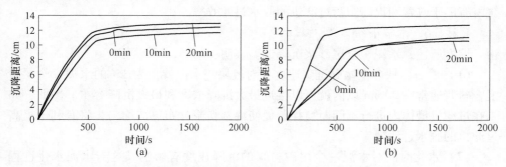

图4-3 不同水化程度的水泥-全尾砂料浆的沉降关系曲线

(a) 全尾砂料浆浓度44%；(b) 全尾砂料浆浓度48%

（3）不同胶凝材料对物料沉降速度的影响。胶凝材料种类不同，其水化活性各有所异。因此，掺加不同的胶凝材料对水泥-全尾砂浆的物料沉降速度具有不同的影响。如果胶凝材料水化活性低、初凝时间长，那么添加胶凝材料后，细颗粒物料增加，级配发生变化，物料沉降受干扰程度增大，整体沉降速度减小；反之，则胶凝材料、尾砂与水拌和后，立即发生水化反应，同时与浆体中沉降速度较慢的细粒物料产生絮凝，形成絮团，沉降速度加快。

现分别以普通硅酸盐水泥（P.O42.5）、矿渣硅酸盐水泥（P.S32.5）以及中国矿业大学（北京）研制的新型全尾砂固化剂T.C-Ⅰ和T.C-Ⅱ配制灰砂比为3%、质量浓度为48%的浆体，研究不同胶凝材料对水泥-全尾砂浆的物料沉降速度的影响。料浆按比例配制后，搅拌10min，然后进行沉降实验，其实验结果如图4-4所示。

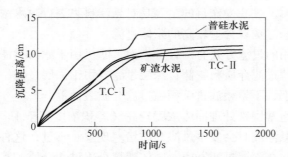

图4-4 不同胶凝材料对水泥-全尾砂浆的物料沉降速度的影响

由图4-4可知：全尾砂固化剂T.C-Ⅰ、T.C-Ⅱ与矿渣硅酸盐水泥（P.S32.5）对水泥-全尾砂浆的物料沉降规律相似而与普通硅酸盐水泥差异较大，这是因为全尾砂固化剂与矿渣硅酸盐水泥的矿物组成和水化产物相近的结果。由全尾砂固化剂 T.C – Ⅰ 、T.C – Ⅱ 与矿渣硅酸盐水泥（P.S 32.5）配制的水泥 – 全尾砂料浆的沉降速度明显低于由普硅水泥配制的料浆，而混合料浆沉降速度的减缓将有助于改善和提高圆盘过滤机的脱水过滤效率。

4.3.1.6　本节小结

综上所述，水泥 – 全尾砂浆沉降试验表明：

（1）西石门铁矿全尾砂沉降速度相对较快，水泥掺量为 3% 的水泥 – 全尾砂混合料浆通常在 20min 以内就可以接近最大沉降浓度和最大沉降容重。因此，如果在过滤机槽体内进行不间断搅拌，促使混合料浆分布更加均匀，将有利于提高过滤机的脱水过滤效率。

（2）水化时间对水泥 – 全尾砂料浆的沉降速度有影响，这与水泥水化进程有关。在混合料浆浓度为 48% 时，为减缓混合料浆的沉降，提前加入水泥的最佳时间在 10min 左右。

（3）当胶凝材料早期水化活性偏低（如矿渣水泥和全尾砂固结剂）以及当全尾砂料浆质量浓度为 48% ~ 50% 时，混合料浆的沉降速度相对较慢，这有助于过滤机的脱水过滤。对于全尾砂固结排放工艺而言，这既满足现场浓密机底流浓度 48% 左右（长沙矿冶研究院的 18m 浓密机作为过滤前的浓缩，将过滤机的给矿浓度提高到 50% ~ 55%），同时处于圆盘真空过滤机最佳处理浓度范围（经清华大学实验，认为圆盘过滤机脱水过滤的最佳给料浓度为 45% ~ 50%）。

4.3.2　脱水过滤设备选择

4.3.2.1　概述

脱水过滤是固液分离的重要组成部分，它是利用过滤介质或多孔膜截留液体中的难溶颗粒。过滤时，先由滤布等介质表面截留悬浮颗粒，而后由逐渐增厚的滤饼继续截留颗粒。过滤操作目的主要是对悬浮料浆进行脱水浓缩及回收固体颗粒，并主要用于悬浮颗粒含量较高的浆体过滤。

在实际中使用的过滤方式有两种：表面过滤机用于滤饼过滤，其中固体以滤饼的形式沉积在薄过滤介质料一侧；深层过滤器用于深层过滤，其中固体颗粒沉积在过滤介质内部，不希望滤饼沉积在过滤介质表面上。

表面过滤机通常用来处理固体浓度较高（容积浓度高于 1%）的悬浮液，因为在处理低浓度悬浮液时会发生过滤介质堵塞现象。不过，这种现象可以通过使用助滤剂来解决。在深层过滤器中，固体颗粒小于过滤介质的孔隙，因此这些颗粒可进入较长而弯曲的孔隙，在重力、扩散等机制作用下，被收集于其中，并在分子力和静电力作用下附着在介质上面。深层过滤一般用于净化，即从很稀（例如容积浓度小于 0.1%）的悬浮液中将细颗粒分离出来。两种过滤方式的过滤机制如图 4 – 5 所示。

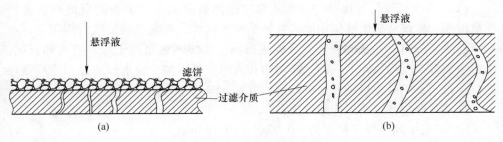

图 4 – 5　过滤机制示意图

(a) 滤饼过滤机制；(b) 深层过滤机制

过滤理论的研究所涉及的问题比较复杂。例如，仅就过滤阻力而言，不仅与过滤介质（滤布或陶瓷板）的物理性质，孔隙形状、大小和密度、滤布的表面粗糙度、膨胀率和破损率等诸多因素有关，而且在很大程度上也与滤布表面滤饼层的阻力大小有关，而这种阻力又取决于料浆的性质、滤液的温度、滤饼的疏松程度以及内部结构情况，诸如物料颗粒的尺寸、形状、在滤饼内的相互位置、滤饼的空隙率、孔径和孔道的弯曲情况等。另一方面，决定滤饼特性的绝大部分因素又同施加于过滤机的压力有关。因而，过滤机的测算是很难找到确切的理论公式的。迄今为止，对工业上应用的真空过滤机的预先计算和合理操作仍然主要依靠模拟试验和实际生产中取得的经验数据。

脱水过滤设备是一种量大面广的通用机械，广泛应用于矿山、冶金、化工、轻工、医药、环保等领域。在许多生产过程中，过滤设备是关键设备之一，其技术水平的高低，质量的优劣，对实现现代化工艺生产的先进性具有重大意义。合理利用资源和加强环境保护已成为全球日益迫切的要求，特别是随着矿产资源的日益枯竭和所开采矿石的日益"贫、细、杂"化，从而使"细、泥、黏"等类难过滤物料越来越多，这些物料过滤脱水难、效率低的问题也越来越严重。可用于矿山全尾砂浆浓缩脱水的设备主要有水力旋流器、高效浓密机（可添加絮凝剂）、筒式或盘式过滤机、陶瓷过滤机等。其中，筒式或盘式过滤机的生产与应用比较成熟，不需要进行室内实验；高效浓密机需要添加絮凝剂，增加生产成本，并且回水中含有少量的絮凝剂，作为选矿用水时会对浮选指标产生不良影响；水力旋流器通常适宜于对尾砂的初选分级。

4.3.2.2　圆盘真空过滤机

盘式真空过滤机是一种固液分离设备，是利用真空作为过滤动力，对浆体进行固液分离。该机采用滤盘滑撬导向、变速搅拌、反吹风卸料、自动集中润滑等先进技术，是一种性能优异、使用可靠的脱水设备，是为铁精矿、有色金属精矿脱水工作而特别设计的新型盘式真空过滤机，也适于洗煤选矿、非金属矿、化工、环保等作业。

（1）工作原理与工作条件。盘式真空过滤机是由多个单独的扇形片组合的圆盘构成。滤扇从矿浆液体中脱离并转至脱水区后，在真空的抽吸力作用下，水不断与滤饼分离，并从滤液管及分配头排出，滤饼因脱水而干燥。进入卸料区，滤饼由刮刀或反吹风卸下，落入排料槽和运输胶带。整个脱水作业过程连续循环进行。盘式真空过滤机最佳给矿料浆浓度在 35% ~ 65%。

盘式真空过滤机的工作条件为：

1）矿浆中固体颗粒粒度为 −0.038 ~ −0.147mm；

2）矿浆应为无腐蚀性，若处理腐蚀性物料时，需特殊设计；

3）矿浆温度范围 10 ~ 50℃；

4）最佳矿浆浓度 35% ~ 65%（金属矿物）或 20% ~ 40%（煤和其他轻质物料）。

（2）主要结构。主要由槽体、主轴传动装置、导料及卸料装置、左右分配头、搅拌装置、滤布清洗装置、自动集中润滑装置、给矿系统和自动电控系统等部分组成（见图 4 −6）。

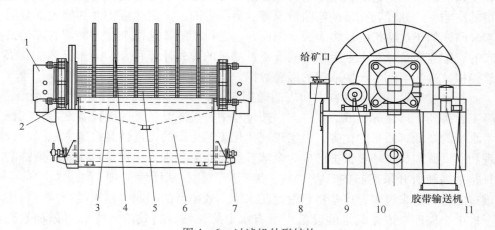

图 4 −6　过滤机外形结构

1—分配头；2—轴承；3—导料及卸料装置；4—滤盘；5—主轴；6—槽体；
7—搅拌装置；8—给矿装置；9—搅拌传动；10—主轴传动；11—集中自动润滑系统

1）过滤盘。圆盘真空过滤机配有 8 个过滤圆盘，每个过滤圆盘上安装 20 片滤扇。滤扇 1 上套有滤布袋 2，通过固定装置 3（螺杆 + 螺母）和压板 4 将滤扇及滤布固定在主轴的滤液管上，构成圆形滤盘（见图 4 −7）。滤扇由高强度工程塑料制成，表面平整，波浪能顺畅通过，制作滤布袋的材质及规格是影响过滤效果的主要因素，应根据过滤物料的性质选择。

2）主轴及配气装置。主轴与配气装置是过滤机的主要工作部件。主轴主要是由主轴 21、滤液管 11、滤盘插座 9、摩擦盘 5 等组成。中心轴由一厚壁钢管制

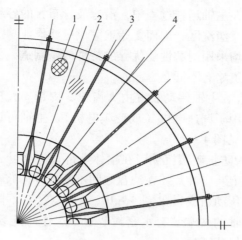

图 4 - 7　过滤盘

1—滤扇；2—滤布袋；3—固定装置；4—压板、胶条

成，具有足够的刚性和强度承受扭矩和弯矩（见图 4 - 8）。20 根滤液管成环状均布在中心轴的圆周上，滤扇的头部插入滤液管的滤扇插座 9 上，滤液在真空泵的抽吸作用下，经滤液管从配气装置排出机外。

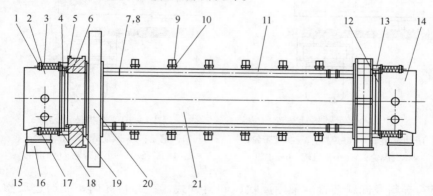

图 4 - 8　主轴及配气装置

1—短螺杆；2—左分配头；3—弹簧；4—左分配盘；5—摩擦盘；6—主轴承座；7—胶管；
8，15—管箍；9—滤扇插座；10—O 型圈；11—滤液管；12—右分配盘；13—销轴；14—右分配头；
16—橡胶套；17—压块；18—长螺杆；19—轴瓦；20—大齿轮；21—主轴

　　配气装置是控制过滤机作业过程的关键部件，由左右两个分配头 2 及 14 构成。分配头下部设有滤液出口与真空管路相连，顶部装有真空表，以便观察真空度的大小。分配头体和分配盘 4 及 12 通过联接螺栓固定在一起。

　　主轴支撑在轴承 6 上，由大齿轮 20 及其传动装置驱动运转。分配头通过销轴 13、螺杆 1 和 18 等悬挂在轴承座上，并通过弹簧与主轴压紧，从而保证分配盘与摩擦片的密封。在主轴运转过程中，沿滤液管布置的各组滤扇依次通过吸附区、干燥区、卸料区及清洗区，周而复始地完成过滤作业。

分配盘和摩擦盘均采用耐磨性能优异的特种铸铁制造，使用寿命长，密封性好，左右分配盘的气道略有不同。

3）主轴传动装置。主轴传动装置由大齿轮、皮带、大皮带轮、小齿轮、减速器等组成，由于使用了调速电机（或变频电机），主轴可进行无级调速，以满足不同工况的要求（见图4-9）。

4）搅拌装置。为防止矿浆沉淀，在槽体下部设有桨叶式搅拌装置，搅拌轴与主轴平行，搅拌轴上装有叶片，在滤盘之间不断搅拌矿浆。搅拌轴的驱动装置由电机、减速器、链传动组成（见图4-10），可以针对不同性质的物料选择不同的搅拌转速。搅拌轴的两端装有水密封装置，工作时连续注入压力为0.02～0.03MPa的清水，以保证密封。

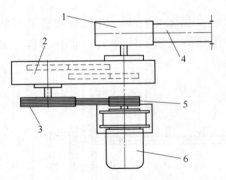 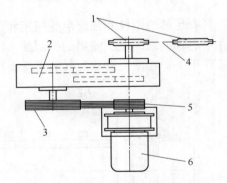

图4-9　主轴传动装置　　　　　图4-10　搅拌传动装置
1—小齿轮；2—减速器；3—大皮带轮；　　1—链轮；2—减速器；3—大皮带轮；
4—大齿轮；5—小皮带轮；6—电机　　　　4—链条；5—小皮带轮；6—电机

5）导料及卸料装置。采用反吹风卸料方式，在卸料区内，先通过反吹风将滤布鼓起，滤饼在重力作用下从滤盘上卸下。这种联合卸料方式具有较高的卸饼率。反吹风通过分配头、分配盘和滤液管导入滤扇内，反吹风风压为0.02～0.03MPa，风量按每平方米过滤面积0.2～0.5m³/min确定。

6）滤布清洗装置。为防止滤布堵塞，安设滤布清洗装置，主要由进水总管、分管及喷嘴等组成，当管路中通往压力清水时，水流沿管路经喷嘴高速喷淋滤布，达到清洗滤布的目的。清洗周期视物料性质而定，通常每工作200h清洗滤布一次，每次60min，要求水压0.6MPa。清洗时应将槽体内矿浆排空。

7）自动集中润滑装置。润滑装置由多点干油泵、输油管、油嘴等组成。该装置可对圆盘过滤机的大部分润滑点定时进行强制润滑，润滑的时间及时间间隔由时间继电器设定并控制，故能实现自动集中润滑，保证各个工作部位正常运转。不适合自动润滑的部分仍采用人工加油方式进行润滑。

8）自动控制装置。该装置详细说明见"操作规程"部分。

9）槽体。槽体为圆盘过滤机的支承件及矿浆的容器，由钢板焊接而成，冶金用设备的槽体底部采用耐磨涂层进行保护，且槽体上设有保证一定液位高度的矿浆溢流口、矿浆排放口、滤饼排出口等。

10）给矿装置。由给料槽和给料管构成，与现场的给矿系统连接即可实现向槽体内连续给矿。

4.3.2.3 陶瓷过滤机

由于陶瓷过滤机对过滤介质适应性强，而且滤板采用微孔陶瓷，具有耐温、耐腐蚀、微孔孔径可选择等优良性能，广泛用于环保、化工、矿山选矿、污水处理、医药、食品、煤炭、冶金等行业。陶瓷过滤机工作原理独特，脱水过滤效率高，但工业应用时间较短。因此，需要对陶瓷过滤机用于西石门铁矿水泥－全尾砂浆脱水过滤进行可行性研究。

（1）陶瓷过滤机工作原理。陶瓷过滤机是一种基于毛细效应原理、技术较为成熟的脱水设备，其关键部件是由氧化铝烧结材料制作的陶瓷过滤盘。过滤盘独特之处在于产生均匀的微孔，这些特殊的微孔可形成毛细作用的效果。按照开尔文定律，对应某一微孔直径，表面张力在微孔里产生毛细效应：

$$\Delta P = \frac{4\tau\cos\theta}{D} = \rho g h \qquad (4-2)$$

式中 ΔP——毛细作用压力，kPa；

τ——表面张力，水温 20℃时为 0.07N/m；

θ——润湿角（0，$\cos\theta = 1$）；

D——毛细管直径，μm；

ρ——液体密度，水的密度为 1000kg/m³；

g——重力加速度，9.81m/s²；

h——管内水柱高度，m。

毛细作用迫使微孔内的水位升高，陶瓷过滤机过滤盘微孔的毛细作用迫使水流过微孔。由于水与亲水的烧结氧化铝微孔之间的表面张力作用，孔径使当时微孔不会脱出所含的水，微孔中毛细作用大于真空所施加的力，使微孔保持充满液体状态。滤盘的突出特点是空气不能透过滤盘，滤盘所起到的唯一作用就是固液分离。陶瓷滤盘特殊的微孔形成了毛细作用的效果，毛细管的毛细水柱具有自动封闭作用，阻止空气通过，避免了真空损失，从而产生只允许液体通过的近乎绝对的真空。当滤盘浸没到矿浆槽中时，在没有外力的情况下，毛细作用立即开始了脱水过程。矿浆中的固体颗粒堆积在滤盘表面上，脱水连续进行，滤液不断地排出，直至排完为止。滤液借助 1 台小型真空泵从过滤机排出，由于无需维持气流通过滤盘，故能耗极低，1 台非常小的真空泵就是所需的唯一真空源。

（2）陶瓷过滤机工作流程。陶瓷过滤机工作流程分为四个阶段、包含四个分区：滤饼形成阶段（真空区）、滤饼干燥阶段（干燥区）、滤饼卸料阶段（卸料区）、清洗阶段（反冲洗区），其具体工作流程见图 4 – 11 所示。

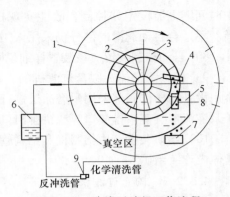

图 4 – 11　陶瓷过滤机工作流程
1—转子；2—滤室；3—陶瓷过滤板；
4—滤饼；5—料浆槽；6—真空桶；
7—皮带输送机；8—超声装置；9—滤泵

1）滤饼形成阶段。在真空力的作用下，真空区内的料浆所含的固体颗粒被吸附在陶瓷过滤板上，形成滤饼，滤液经过陶瓷过滤板微孔由滤室、分配阀到达真空桶。

2）滤饼干燥阶段。滤饼在干燥区时继续在真空力的作用下脱出滤液并经滤室、分配阀到达真空桶。

3）滤饼卸料阶段。滤饼经过脱水区后，进入卸料区，卸料是靠两块刮刀来完成。在每组陶瓷板的两侧固定装有两块刚玉刮刀，通过固定在筒体上的陶瓷板的自转，将两面的物料自动刮下，通过输送机带走。

4）清洗阶段。脱出滤液水从分配器到达真空桶后，由滤泵抽出。一部分滤液水通过水路系统回到分配器反冲洗区反冲清洗陶瓷过滤板进行重新回用，另一部分滤液水也可利用。

（3）影响陶瓷过滤机产能因素：

1）料浆温度。通常，温度越高液体的黏度越小，越有利于提高过滤速度，降低滤饼或沉渣的含湿量。因此，适当提高温度，既能降低料浆的黏度又能提高处理量。温度过高，则会提高对设备的要求，增大附加成本。

2）料浆浓度。料浆浓度可以改变悬浮液的性质，因为许多悬浮液浓度达到一定值后，其黏度不再是恒定值，属于非牛顿流体性质，特别是超过一定浓度的悬浮液、胶体溶液、高分子溶液与牛顿的假设有相当大的差异。对细微颗粒的悬浮液，低浓度料浆滤饼阻力大于高浓度料浆的滤饼阻力，提高料浆浓度可以改善过滤性能。例如，陶瓷过滤机用于过滤硫精矿，矿浆浓度对滤板吸矿厚度影响显著，以每日工作 20h 计，根据不同浓度条件下陶瓷过滤机处理矿量（见表 4 – 3）可知，矿浆浓度以大于 65% 为宜、超过 70% 效果更佳。全尾砂脱水过滤工艺可通过调整高效浓密机的溢流位来提高全尾砂浆的浓度，但料浆浓度过高会对后续的搅拌产生一定影响。

表 4 – 3　矿浆浓度与过滤产量的关系

矿浆浓度/%	55	60	65	70	75
单位均重/kg·min^{-1}	20118	20190	27103	45100	47130
日处理量/t·d^{-1}	29017	30114	38912	64812	68412

3）料浆 pH 值。pH 值能影响全尾砂颗粒的电势，进而影响其流动性。陶瓷过滤机的过滤介质为多孔陶瓷材料，具有分布均匀、孔径很小的微孔。当微孔保持畅通时，外界施加一定的压差，水就能沿着微孔顺利地通过。然而，在处理矿浆时，总有一些与微孔孔径大小相当的颗粒，进入微孔致使微孔堵塞，时间一长，滤板表面就会出现褐黄色不能再吸附精矿颗粒的斑点，其主要成分是氧化铁及氢氧化物。在生产过程中发现，当把石灰加入矿浆，将 pH 值调整到 10 以上时，矿浆中的 Fe^{2+} 水解成 $Fe(OH)_2$，沉淀附着在精矿颗粒或其他固体上。$Fe(OH)_2$ 氧化生成的二氧化铁将随其附着物而被带走，避免生成游离态的氧化铁堵塞微孔。因此，根据全尾砂浆性质，改变其 pH 值可有效地提高陶瓷过滤机的产能。

4）料浆粒度。全尾砂浆的粒度分布和矿物组成对陶瓷过滤机的产能和滤板的清洗效果有很大影响。尾砂细度越高、矿浆越黏，对过滤产生的负面影响则越大。细泥比表面积越大，表面未饱和键键力越大，表面电荷越强，所形成的表面水化膜越厚，导致颗粒亲水性越强，使尾砂颗粒脱水就越困难。

5）料位高低。随着陶瓷过滤机槽体的料位增高，陶瓷过滤板在真空区内的吸浆时间增长，吸浆厚度增大，因此产能增加。然而，相应的干燥时间就会相对缩短，滤饼含水量会适当增大。因此，选择最佳料位，能保证产能和滤饼含水量达到要求。

6）主轴转速。陶瓷过滤机转子转速慢时，陶瓷板处在滤饼形式阶段的时间长，形成的滤饼厚度就大；转子转速快时，处在滤饼形成阶段的时间就短，形成的滤饼厚度就小。然而，单位时间的吸浆厚度与主轴转速减小并非呈简单的线性关系，而是抛物线关系。同时，随主轴转速减小，吸浆厚度增大，也会影响滤饼的含水率。

BST 陶瓷过滤机设有高、中、低三档转速。在通常生产状态下，矿浆浓度在 60% ~75% 时，使用高档位，这样可提高处理产量而且能保证水分达到期望值；当矿浆浓度小于 60% 时，应使用中档位，这样能保证形成足够的滤饼厚度；而低档一般用于清洗过程和安装、更换滤板时调节位置。在实际生产过程中，产量、水分与转速的关系见表 4 – 4。因此，在实际生产过程中，应根据处理的物料，选择合理的设备工作参数，以保证得到较高的生产能力、较低的产品含水率和良好的节能效果。

表 4 – 4　主轴转速与产量水分的关系

转速档位	单位时间均重/kg·min⁻¹	单位面积产量/t·m⁻²·h⁻¹	水分/%
低	16.43	0.66	9.43
中	35.84	1.43	9.80
高	37.95	1.52	9.81

7）搅拌转速。陶瓷过滤机吸浆机理实际上是颗粒在真空力的作用下做运动，搅拌转速较快会影响细颗粒的吸浆。对易沉降料浆应提高搅拌转速，一方面可以防止料浆沉降，另一方面易于颗粒的吸附。对于一般黏性物、不易沉降物、粒径较细物，一般搅拌转速变慢；对于砂性物、易沉降物、粒径较粗物，一般搅拌转速变快。

8）真空度。一般情况下，真空度高，真空吸力大，产能高。一方面，选择极限真空度高的真空泵可提高产能，目前陶瓷过滤机配套了二级真空系统来提高真空度；另一方面，选择动力脱排方式，通过滤液泵来协助提高真空度。

9）微孔间隙。物料粒径及分布与陶瓷过滤板微孔相匹配，虽然陶瓷过滤板孔径越大越易吸浆，但易引起陶瓷过滤板堵塞；选择相同陶瓷过滤板孔径而透水率高的陶瓷过滤板，透水率高吸浆性能较好。

10）清洗。针对颗粒有可能堵塞陶瓷过滤板表面微孔，或少部分细颗粒进入陶瓷过滤板内部微孔而引起堵塞，影响产能，应及时做好清洗工作。

4.3.2.4　设备比较与选择

（1）圆盘真空过滤机。圆盘真空过滤机有效使用面积大，而单位面积占地少，是大量处理尾砂优先选用的固液分离设备之一。圆盘真空过滤机的主要特点：

1）耐磨锦纶单丝或双层复丝滤布使脱水率提高且不易堵塞，延长使用寿命。

2）滤布自动清洗装置，保持了其良好的脱水效果。

3）无专门的酸洗装置，操作方便。

（2）陶瓷过滤机。相对于传统的真空内滤式过滤机能耗大，滤饼水分高；压滤机过滤效率低，故障率高，日常维护量大，滤布消耗量大等问题，陶瓷过滤机由于摒弃传统的脱水方法，充分利用毛细作用原理，大大提高了过滤性能。其主要特点有：

1）较高的处理能力和生产效率。1 台 CC – 45 陶瓷过滤机日处理能力与 5 台 XYZ – 20 压滤机的日处理能力相当，而且陶瓷过滤机只需 1 名操作人员，5 台压滤机则至少需要 3 人。使用陶瓷过滤机，所生产的滤饼含水量低，滤液清澈透明，固体含量很小（仅为 0.004% ~ 0.006%），反冲洗水和回水可利用，安全环保，无须再处理即可直接排放。

2）节能效果明显。与其他过滤系统相比，陶瓷过滤机脱水过滤能耗节省约90%左右。由于基于毛细作用，陶瓷过滤机整个系统减少了压缩空气的用量，实际负荷只有 17kW 左右；而为了维持 5 台压滤机正常工作仅压缩空气就需要250kW 的动力，仅此一项陶瓷过滤机就比真空或压滤系统节能 90% 以上。

3）日常维护量小且简单易行。由于整个系统实现了自动化控制，以及过滤盘结构简单，运动部件少，几乎不依赖或完全摆脱了某些维护项目（如滤布等），因此整个系统的日常保养与维护十分简单、方便且费用低。

4）操作环境良好。传统的过滤机由于存在缺陷，给操作人员带来了繁重的操作和安全问题，陶瓷过滤机很好地解决了这一问题。陶瓷过滤机无需压缩空气，解决了空气污染问题，创造了一种无污染的生产环境。

（3）设备选择。圆盘真空过滤机和陶瓷过滤机均是性能优良的固液分离设备。圆盘真空过滤机的最大优点在于一次性投资小、备件和维护费用低；而陶瓷过滤机最大优点在于处理能力大、能耗低。

全尾砂固结排放工艺是将全尾砂浆与胶凝材料混合后，经由过滤设备脱水，再将脱水后的干料固结堆存。实现水泥 – 全尾砂混合料浆的高效、低成本的过滤脱水是该系统的关键技术之一。胶凝材料的引入，与水接触后将发生水化反应，生成具有胶凝作用的水化产物。在固液分离过程中，若不能及时、合理、有效地清洗过滤脱水设备，势必影响设备的使用寿命。圆盘真空过滤机虽然处理能力和单位能耗方面不及陶瓷过滤机，但其滤布价格却较陶瓷过滤板便宜许多，相对使用更换成本较低。因此，在实际生产过程中，应对此两种脱水过滤设备进行技术经济比较，择优选用。

4.3.3　全尾砂浆脱水工艺试验

为了能够达到全尾砂固结排放的要求并能提高生产作业效率，应首先将来自西石门铁矿选矿厂排尾车间排放的重量浓度约为 40% 的全尾砂浆进行浓缩处理，使全尾砂浆浓度达到脱水所需的最佳浓度。为此，需要进行全尾砂浆浓缩脱水性能与技术的研究，获得西石门铁矿全尾砂浆"浓缩—脱水—固结—排放"的工业化可行方案，从而解决其固结排放的问题。

实验室选用陶瓷过滤机作为水泥 – 全尾砂混合料浆的固液分离设备，通过改变陶瓷过滤板的浸泡时间和脱水时间，研究全尾砂混合料浆脱水工艺，并获得西石门铁矿全尾砂浆的最佳浓缩脱水处理能力。

4.3.3.1　原材料

（1）尾砂。取自西石门铁矿后井尾矿库的全尾砂。

（2）胶凝材料。包括普通硅酸盐水泥（P. O32.5，三河市燕郊新型建材有限公司生产的"钻牌"普通硅酸盐水泥）和矿渣水泥（P. S32.5，河北武安市中国华冶水泥厂生产的"邯武"牌矿渣硅酸盐水泥)。

(3) 试验用水。取自未经处理的城市自来水。

4.3.3.2 仪器设备

全尾砂浆脱水过滤设备选用实验室用小型陶瓷过滤机,设备组成与滤板性能参数见表4-5和表4-6,其外形结构见图4-12。其他实验设备与仪器包括计时秒表、分析天平、电子天平、刮刀、干燥箱以及量筒等。

表4-5   小型陶瓷过滤机试验用装置组成

序号	名　称	规　格
1	小型陶瓷过滤板Ⅰ	10cm×10cm
2	小型陶瓷过滤板Ⅱ	10cm×10cm
3	旋片式真空泵	10cm×10cm
4	真空瓶及手动球阀	2X-4B
5	真空橡胶管	ϕ25mm×1800mm,壁厚10mm
6	压力表	Y60-0.1~0MPa

表4-6   小型陶瓷过滤板参数

名称	体基孔径/μm	体基抗折强度/N	膜层孔径/μm	膜层厚度/μm	膜层耐磨度/μm·min⁻¹
Ⅰ号板	16~20	4160	1.8	0.45~0.55	<100
Ⅱ号板	16~20	4160	2.3	0.45~0.55	<100

图4-12   实验室用小型陶瓷过滤机

4.3.3.3 实验方法

由于试验所用全尾砂在实验室放置过程中失水,导致每次的全尾砂含水率不同。因此,在每次试验之前,要测定全尾砂的含水率,并且在试验过程中加水调整尾砂浓度至西石门铁矿选矿厂尾砂浆排放浓度（约40%）。

实验室试验过程分为浸泡、脱水、卸料三步骤，通过人为改变陶瓷过滤板的浸泡时间和脱水时间来模拟大型陶瓷过滤机的工作流程，以确定最佳浸泡时间、脱水时间和卸料时间之间的关系，试验过程如图4-13所示。

(a)

(b)

(c)

图4-13　小型陶瓷过滤机实验室脱水工作流程
(a) 浸泡；(b) 脱水；(c) 卸渣

（1）浸泡。将陶瓷过滤板竖直放入配制好的料浆中，打开陶瓷过滤机，读取当前的真空度并记录。实验过程中，避免陶瓷过滤板与料浆桶壁接触，以免影响浸泡效果。在浸泡过程中要不断搅拌料浆，防止其沉淀而降低浓度。

（2）脱水。待陶瓷过滤板在全尾砂浆中全浸泡时间达到试验设计要求，将其取出并在空气中静置。

（3）卸料。待陶瓷过滤板静置时间达到试验设计要求，利用刮刀在试验设计时间内对陶瓷过滤板表面的尾砂滤饼进行刮除。

将卸料所得的尾砂渣称重、烘干、再称重，计算出小型陶瓷过滤机全尾砂脱水处理能力。经反复实验室试验，获得以陶瓷过滤机为过滤设备的西石门铁矿全尾砂浆的最佳浓缩脱水处理能力，为进行下一步的小型工业试验提供设计依据。

4.3.3.4　结果分析

实验室配制的全尾砂浆浓度为40%，由全尾砂浆浓缩脱水试验原始数据计算得到陶瓷过滤机浓缩脱水处理能力（见表4-7和表4-8）。由表4-7可知：

（1）采用实验室用小型陶瓷过滤机对西石门铁矿全尾砂浆进行浓缩脱水实验，在入料浓度为40%、滤饼含水率约20%、真空度控制在0.098~0.1MPa的条件下，得出全尾砂浆的浓缩脱水处理能力为276.68~510.09kg/(m² · h)，平均为393.39kg/(m² · h)。若考虑实验室条件的制约，小型工业性试验时陶瓷过滤机的处理能力将有所提高，故可按500kg/(m² · h)的能力来设计小型工业试验系统。

（2）实验室试验结果与当初预计的处理能力相比偏低，这可能与尾砂的密度较轻有关，目前正在调整参数做进一步的试验。在实际工业试验和生产过程中，可以适当调整全尾砂浆的入料浓度，以提高陶瓷过滤机的产率。

表4-8主要研究了添加胶凝材料（P. S32.5）对陶瓷过滤机全尾砂浆脱水能力的影响。由表4-8可知：在全尾砂浆浓度为40%的情况下，不添加胶凝材料的全尾砂浆过滤脱水处理能力为342.6~480.0kg/(m² · h)，添加3%的矿渣硅酸盐水泥（P. S32.5）则水泥-全尾砂浆过滤脱水处理能力达到552.0~763.2kg/(m² · h)，提高产能近一倍。因此，在全尾砂浆中适量添加胶凝材料有助于提高陶瓷过滤机的过滤脱水处理能力，这可能与胶凝材料的遇水发生水化反应产生絮凝状的水化产物，以及引入胶凝材料起到重介质作用有关。

表4-7　陶瓷过滤机全尾砂浆脱水处理能力

序号	滤饼水分/%	真空度/MPa	处理量/kg · m⁻² · h⁻¹	干砂量/kg · m⁻² · h⁻¹
5-2	18.98	0.099	341.49	276.68
6-1	20.41	0.1	582.17	463.35
6-2	19.34	0.1	420.30	339.01
7-1	21.31	0.098	374.40	294.62
7-2	19.28	0.0999	561.60	453.32
7-3	19.42	0.099	432.00	348.11
8-1	21.16	0.098	612.41	482.82
8-2	18.94	0.0985	629.28	510.09
8-3	19.72	0.0985	460.80	369.93

表 4 – 8　添加胶凝材料对陶瓷过滤机全尾砂浆脱水能力的影响

尾砂浓度/%	水泥掺量/%	浸泡时间/s	脱水时间/s	滤饼水分/%	真空度/MPa	处理量/kg·m⁻²·h⁻¹
		15	21	16.05	0.0980	394.67
40	0	15	21	17.78	0.0980	480.00
		15	21	20.45	0.0980	381.33
		15	25	19.38	0.0990	424.20
40	0	15	25	19.25	0.0990	402.00
		15	25	20.14	0.0980	342.60
		15	21	17.59	0.0990	758.00
40	3	15	21	18.04	0.0990	680.00
		15	21	18.04	0.0990	646.67
		15	25	17.61	0.0990	763.20
40	3	15	25	18.26	0.0990	552.00
		15	25	18.07	0.0990	614.40
		13	21	17.64	0.0980	628.24
40	3	13	21	17.33	0.0980	635.29
		13	21	17.43	0.0980	603.53

4.3.3.5　实验小结

实验室试验获得的陶瓷过滤机处理能力偏低，经研究与分析，主要与以下几方面因素有关：

（1）与环境温度有关系。由于试验是在冬季进行，液体的黏度相对较大，通常温度越高液体的黏度越小，越有利于提高过滤速度，降低滤饼或沉渣的含水量。因此，在今后试验中可适当提高环境温度，以降低料浆黏度，从而提高处理能力。

（2）与料浆浓度有关系。料浆浓度可以改变悬浮液的性质，因为许多悬浮液浓度达到一定值后，其黏度不再是恒定值。对细微颗粒的悬浮液，低浓度料浆滤饼阻力大于高浓度料浆的滤饼阻力。因此，提高浓度可以改善陶瓷过滤机的过滤性能。在今后的试验中可适当提高料浆浓度，从而提高处理能力。

（3）与搅拌有关系。在试验的浸泡过程中，由于采用人工搅拌，许多尾砂颗粒（尤其是粒径较大的粗颗粒）在陶瓷过滤板浸泡过程中，尚未被吸附就已沉淀至池底，导致实际脱水的料浆浓度降低，不能够真实模拟现场情况。因此，在今后的试验中可采用机械搅拌料浆或者运输料浆。

（4）与料浆 pH 值有关系。pH 值能影响颗粒的电势，进而影响其流动性，根据物料性质改变 pH 值可有效提高过滤处理能力。在今后的试验中，应对全尾砂料浆的 pH 值进行测定，调整至适宜的 pH 值以提高陶瓷过滤机的处理能力。

4.4 固结排放工业试验

全尾砂固结排放小型工业试验的目的是在实验室阶段研究的基础上，综合考虑西石门铁矿矿区的实际情况，在确保北区塌陷坑排尾安全的前提下，确定全尾砂固结排放的工艺流程，为 60 万吨/年尾砂固结排放系统建设提供设计依据。此外，随着小型工业试验和研究工作的不断进展，还可以优化和完善全尾砂固结配比设计规律，逐步降低胶凝材料的用量，从而进一步降低固结排尾成本。

4.4.1 工艺系统设计

4.4.1.1 工艺系统方案

西石门铁矿全尾砂固结排放系统的工艺流程主要包括供砂、加料搅拌、浓缩脱水、固结排放和取样检测等环节（见图 4 - 14）。图 4 - 15 为全尾砂固结排放小型工业试验系统的实体结构。

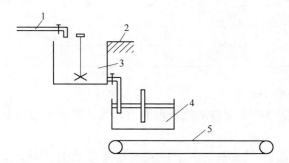

图 4 - 14　西石门铁矿固结排放小型工业试验工艺流程
1—供砂管；2—加料平台；3—搅拌桶；4—过滤机；5—皮带

图 4 - 15　西石门铁矿尾砂固结排放工业试验系统（以陶瓷过滤机为例）

（1）供砂。在排尾站浓密池底流出口处增设一台小型砂浆泵，通过两英寸（1in=2.54cm）管将浓度为40%的全尾砂浆泵送至浓密池附近的试验场地，向搅拌桶供砂。

（2）加料搅拌。将固结胶凝材料（水泥）加入尾砂浆中，利用搅拌桶进行均匀混合，混合后的料浆进入过滤机进行浓缩脱水。

（3）浓缩脱水。分别采用盘式真空过滤机或陶瓷过滤机对水泥-全尾砂料浆进行过滤脱水处理，控制脱水后滤饼的含水率为20%~25%，脱水后的固结干料直接卸到下部的皮带运输机上。

（4）尾砂固结。将过滤脱水后的固结干料，通过皮带运输机送往指定地点进行堆放并完成固结，若有多余的水将会析出。

（5）尾砂排放。将终凝后的全尾砂固结料，通过卡车运送到指定地点排放并继续完成后期的水化和固结。

（6）取样检测。检测内容包括砂浆浓度、料浆脱水后干料的含水率、料浆固结后固结体的强度、料浆固结过程中可能的析水量等。

4.4.1.2 试验系统布置

考虑到尾砂供给和其他试验条件的便利，全尾砂固结排放小型工业试验的地点选择在排尾站附近。试验系统布置见图4-16和图4-17。

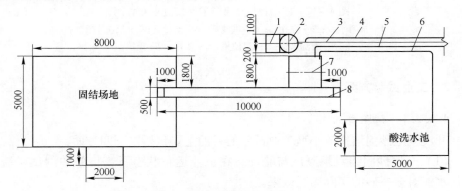

图4-16 固结排尾小型试验系统平面布置图

1—加料平台；2—搅拌桶；3—供砂管；4—回砂管；5—反洗水管；
6—酸洗水管；7—盘式（陶瓷）过滤机；8—皮带

全尾砂固结排放小型工业试验主要设施包括：

（1）试验材料库房兼人员工作间。由排尾站提供，占地面积40m^2。

（2）固结排放系统。包括搅拌机、陶瓷过滤机（盘式过滤机）、皮带运输机等。

（3）固结尾砂析水场地。考虑3天的处理量，占地面积40m^2。

（4）固结尾砂排放场地。需要考虑五种胶凝材料配比，若排尾站场地空间不足，可用卡车运送到北区塌陷坑排放。

（5）陶瓷过滤机清洗用水。即反洗和酸洗水，由排尾站提供。

（6）系统用电。由排尾站接入，设计功率 10kW/h。

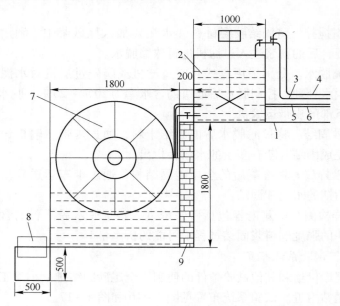

图 4 - 17　固结排尾小型试验系统立面布置图

1—加料平台；2—搅拌桶；3—供砂管；4—回砂管；5—反洗水管；

6—酸洗水管；7—过滤机；8—皮带；9—挡墙

4.4.2　工业试验方案

4.4.2.1　试验目的

开展全尾砂固结排放小型工业试验的目的主要包括以下四方面：

（1）全尾砂固结效果测试与验证。在工业运行状态下，检验并测试矿渣硅酸盐水泥对全尾砂的实际固结效果。

（2）全尾砂浓缩脱水效果测试与验证。在工业运行状态下，检验和测试盘式过滤机（或陶瓷过滤机）对全尾砂浆浓缩脱水的实际效果。

（3）优化并完善全尾砂固结排放工艺。通过工业试验，验证全尾砂固结排放工艺的可行性，并结合试验结果进行工艺参数优化。

（4）为全尾砂固结排放系统设计提供依据。小型工业试验研究的最终目的是要提出西石门铁矿北区塌陷坑全尾砂固结排放系统的设计方案，因而围绕这一目标及相关要求开展工作。

4.4.2.2　工艺参数

全尾砂固结排放小型工业试验的主要工艺参数包括：

（1）处理能力。由于试验所用盘式过滤机（或陶瓷过滤机）均从生产厂家租用，陶瓷过滤机生产厂家只能提供 $1m^2$ 的实验设备，因而有关参数均围绕这一设备确定，其处理能力按 $500kg/(m^2 \cdot h)$ 计算。

（2）固结配比。固结胶凝材料配比考虑五种情况，其材料消耗见表4-9。

（3）滤饼含水率。全尾砂浆的入料浓度控制在40%，加入固结胶凝材料后经搅拌制备成混合料浆，混合料浆脱水过滤后的滤饼含水率控制在 20%~25%。

表4-9　五种胶凝材料配比的材料消耗

项目名称	单位	胶凝材料掺量/%				
		1.0	1.5	2.0	2.5	3.0
$1m^3$ 陶瓷过滤机处理能力	kg/h	500	500	500	500	500
单位胶凝材料消耗	kg/h	6.33	9.55	12.82	16.13	19.48
试验时间	d	6	6	6	6	6
处理尾砂	t	72	72	72	72	72
胶凝材料消耗	t	0.9115	1.3752	1.8461	2.3227	2.8051
胶凝材料消耗总量	t	9.2606				
胶凝材料费用	万元	0.23				

4.4.2.3　工艺流程

全尾砂固结排放现场小型工业试验工艺流程如图4-18所示。试验系统是从现有的二段浓密机分流底流至搅拌桶，在搅拌桶中加入固结胶凝材料（矿渣硅酸盐水泥），经充分搅拌后注入圆盘过滤机（或陶瓷过滤机）过滤。过滤后的滤饼堆存固化，并制备试块，测定全尾砂固结体的单轴抗压强度。分流的浓密机底流固体重量浓度为 40%~45%，脱水过滤后的滤饼固体重量浓度达到 75%~80%，测定不同水泥掺量条件下的固结体的抗压强度。

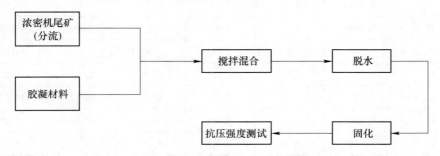

图4-18　全尾砂固结排放现场小型工业试验流程

由于受全尾砂固结排放小型工业试验阶段的生产条件所限，无法配套自动控制和检测的计量仪器仪表。为了准确计量并取得可靠的试验结果，采用人工控制的方式进行试验，具体过程如下：

（1）向搅拌桶内加全尾砂浆至 0.8m 位置后停止放砂，在放砂的同时开动搅拌机进行搅拌。停止放砂后打开回砂管的阀门向浓密池排空供砂管内的尾砂，以防止供砂管道堵塞。

（2）在搅拌桶内取样，检测全尾砂浆浓度，并按照配比设计要求添加胶凝材料。由于胶凝材料掺量很少，故采用人工投料的方式，加料搅拌 5min 后即可向陶瓷过滤机放浆。上一桶料浆放完后，接着进入下一个制浆循环，如此反复，直到完成预定的尾砂处理量。不同全尾砂浆浓度和不同胶凝材料配比条件下，每一桶砂浆的胶凝材料添加量见表 4-10。为便于试验顺利开展，采用由高水泥掺量的配比向低水泥掺量的配比依次试验。

（3）启动盘式过滤机（或陶瓷过滤机）进行脱水过滤，脱水过滤后的固结干料卸至运输皮带上。由于放砂制浆时间较短，过滤机可以实现连续工作。陶瓷过滤机每工作一个班（8h）后，需要进行酸洗，以确保其脱水效率，延长陶瓷过滤板使用寿命。

（4）开动皮带输送机，将过滤脱水后的干料通过皮带运输机送往固结场地固结和析水。固结要求达到终凝之后，一般为一天。

（5）将固结析水后的干料，通过汽车送往露天排放场地堆放并继续固结。按胶凝材料（水泥）掺量的不同分别堆放，以便于长期观测不同胶凝材料掺量条件下的全尾砂固结效果。

表 4-10　胶凝材料掺量对照表　　　　　　　（kg）

尾砂浓度 /%	砂浆密度 /t·m⁻³	胶凝材料掺量/%				
		1.0	1.5	2.0	2.5	3.0
35	1.2466	3.47	5.24	7.03	8.84	10.68
36	1.2555	3.59	5.42	7.27	9.15	11.05
37	1.2644	3.72	5.61	7.53	9.48	11.45
38	1.2736	3.85	5.81	7.80	9.81	11.85
39	1.2827	3.98	6.00	8.06	10.14	12.25
40	1.2922	4.11	6.20	8.32	10.47	12.65
41	1.3016	4.24	6.40	8.59	10.80	13.05
42	1.3113	4.38	6.61	8.87	11.16	13.48
43	1.3210	4.52	6.82	9.15	11.52	13.91
44	1.3310	4.66	7.03	9.44	11.87	14.34
45	1.3410	4.80	7.24	9.72	12.23	14.77

4.4.2.4　质量控制

为确保全尾砂固结排放效果，需要对相关试验数据进行控制和检测。这些数据包括全尾砂浆的浓度、料浆脱水后滤饼的含水率（量）、固结体单轴抗压强度、料浆固结过程中的析水量等，并纪录过滤机脱水过滤的时间。

（1）全尾砂浆浓度检测。每次向搅拌桶放砂完毕后，要求进行砂浆浓度检测，以便确定胶凝材料添加量。通常采用浓度壶进行检测。

（2）滤饼含水率测定。对脱水过滤后的滤饼进行取样，经过称重、烘干再称重，测定其水分含量，以确定是否满足脱水要求。

（3）固结体单轴抗压强度测定。对脱水过滤后的全尾砂干料进行取样，用标准试模（7.07cm×7.07cm×7.07cm）制作成型，测试固结体3d、7d和28d的单轴抗压强度。每班取样一次，每次三组共九块。

（4）固结体析水量检测。通过测试析水池内的水量，计算过滤脱水后的滤饼在固结过程中的析水情况。

（5）记录过滤机的脱水过滤时间，并对照尾砂处理量，计算过滤机处理能力。

尾砂固结排尾有关数据记录见表4－11。

表4－11　尾砂固结排尾试验记录表

日期与时间	砂浆浓度/%	处理砂量/t	材料配比/%	材料消耗/kg	脱水时间/h	脱水水分/%	析水检测/kg	强度取样/组
...								
...								

4.4.3　小型工业试验

根据全尾砂固结排放工业试验方案，在西石门铁矿排尾站进行固结排放小型工业试验，进一步完善工艺流程与各项技术参数。

4.4.3.1　工业试验过程

全尾砂固结排放小型工业试验的总体工艺流程为供砂→加料搅拌→过滤脱水→固结→排放和取样检测。其具体工艺流程如下：

（1）供砂。在排尾站浓密池底流出口处增设一台小型砂浆泵，通过两英寸（1in＝2.54cm）管将浓度为40%的全尾砂浆泵送至浓密池附近的试验场地，并向搅拌桶供砂。

（2）加料搅拌。将固结胶凝材料（矿渣水泥）加入全尾砂浆中，并利用搅拌桶进行均匀搅拌（见图4－19），混合后的水泥－全尾砂料浆进入过滤机。

（3）浓缩脱水。采用盘式过滤机（或陶瓷过滤机）对水泥－全尾砂料浆进行过滤脱水处理（见图4－20），脱水后的干料浓度达到75%～80%，直接卸到运输皮带上。

 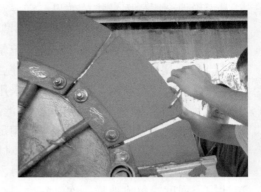

图 4 – 19 加料搅拌   图 4 – 20 陶瓷过滤机浓缩脱水

（4）尾砂固结。将过滤脱水后的全尾砂干料，通过皮带运输机送往临时堆场暂时堆放和固结，并观察固结体固结与析水情况（见图 4 – 21）。

（a）   （b）

（c）   （d）

图 4 – 21 脱水后的尾砂堆放固结

（a）各组试样固结尾砂全景；（b）固结材料配比大于 1.8% 的固结尾砂；
（c）固结材料配比小于 1.8% 的固结尾砂；（d）相关人员进行现场交流讨论

（5）尾砂排放。将完成终凝的全尾砂固结体，通过卡车或其他的运输设备送往指定地点排放并继续完成水化固结。

（6）取样检测。检测来料的砂浆浓度、料浆脱水后干料的含水率、料浆固结后的强度、料浆固结过程中的析水量等。

4.4.3.2　试验数据记录

西石门铁矿全尾砂固结排放小型工业试验共分三个阶段进行。第一阶段使用的是江苏省宜兴非金属化工机械厂生产的一台 $1m^2$ 陶瓷过滤试验用机进行固结脱水；第二阶段使用的是山东烟台过滤机厂生产的一台 $1m^2$ 陶瓷过滤试验用机进行固结脱水；第三阶段则使用江苏宜兴生产的盘式过滤机进行全尾砂浆固结脱水。盘式过滤机型号 GPT2000 - 1，滤布（无纺布）面积 $5.0m^2$ ，真空度 0.06 ~ 0.08MPa。拟设析出尾砂固体重量浓度为80%（即干料含水率为20%）。

三个阶段所获得原始数据分别见表4-12~表4-14。

表4-12　西石门铁矿尾砂固结第一阶段试验记录

日期与时间	砂浆浓度/%	水泥掺量/%	材料消耗/kg	滤饼厚度/mm	脱水水分/%	处理量/kg·m⁻²·h⁻¹	真空度/MPa
2008 - 07 - 06，16：30 ~ 18：15	32	3.0	14.0	1.65	26.61	136.49	0.08
2008 - 07 - 07，08：40 ~ 11：00	40	3.0	18.0	2.33	23.51	178.43	0.08
2008 - 07 - 09，15：30 ~ 18：00	40	3.0	18.0	3.50	21.74	216.00	0.08
2008 - 07 - 11，08：30 ~ 11：00	37	2.5	13.5	3.34	22.67	281.74	0.08
2008 - 07 - 11，16：00 ~ 18：00	37	2.5	13.5	4.18	22.82	359.37	0.08
2008 - 07 - 12，09：00 ~ 10：00	28	2.5	9.5	3.04	25.00	252.94	0.08
2008 - 07 - 12，17：00 ~ 18：00	34	2.5	10.5	2.95	22.31	238.54	0.08
2008 - 07 - 14，15：40 ~ 17：40	37	2.0	10.0	5.28	22.37	458.92	0.092
2008 - 07 - 15，08：50 ~ 10：30	45	2.0	12.8	5.08	18.75	456.89	0.092
2008 - 07 - 15，10：30 ~ 11：50	40	2.0	11.5	5.08	—	—	0.092
2008 - 07 - 15，15：30 ~ 17：00	44	2.0	13.5	2.91	22.35	435.66	0.092
2008 - 07 - 16，08：20 ~ 10：00	43	2.0	13.0	3.69	21.50	391.73	0.092
2008 - 07 - 16，16：30 ~ 18：00	36	2.0	10.5	2.99	21.30	371.23	0.092
2008 - 07 - 17，08：30 ~ 10：10	40	1.5	9.0	3.58	21.30	360.98	0.092
2008 - 07 - 17，15：35 ~ 17：15	38	1.5	8.3	2.93	22.45	358.78	0.092
2008 - 07 - 18，08：30 ~ 10：20	40	1.5	9.0	5.44	20.40	389.78	0.092
2008 - 07 - 18，15：30 ~ 17：10	47	1.5	11.0	5.79	17.71	454.58	0.092
2008 - 07 - 19，08：45 ~ 10：30	38	1.5	8.0	3.90	22.26	286.69	0.092
2008 - 07 - 19，15：35 ~ 17：05	39	1.0	5.5	3.38	18.37	240.55	0.092

续表 4 – 12

日期与时间	砂浆浓度 /%	水泥掺量 /%	材料消耗 /kg	滤饼厚度 /mm	脱水水分 /%	处理量 /kg·m⁻²·h⁻¹	真空度 /MPa
2008 – 07 – 20，08：30 ~ 10：00	45	1.0	7.0	5.06	19.31	424.98	0.092
2008 – 07 – 20，16：00 ~ 18：00	45	1.0	7.0	3.85	18.70	265.68	0.092
2008 – 07 – 21，08：40 ~ 10：10	47	0.5	3.6	4.43	20.86	378.00	0.092
2008 – 07 – 21，15：30 ~ 16：25	42	0.5	3.0	4.14	19.87	342.36	0.092
2008 – 07 – 22，08：35 ~ 10：50	45	0.5	3.5	3.64	20.50	302.94	0.092
2008 – 07 – 22，15：30 ~ 16：00	39	0.5	3.0	—	—	—	—
2008 – 07 – 22，16：00 ~ 17：20	49	—	—	3.21	19.83	421.02	0.092
2008 – 07 – 23，08：30 ~ 10：00	42	1.0	6.0	3.10	20.33	352.92	0.092
2008 – 07 – 23，15：27 ~ 17：15	36	1.5	7.5	2.60	24.18	290.68	0.092
2008 – 07 – 24，08：28 ~ 9：40	39	2.0	11.0	3.11	21.78	312.65	0.092
2008 – 07 – 26，15：28 ~ 17：30	41	0.4	4.5	3.50	23.17	207.14	0.092
2008 – 07 – 27，08：50 ~ 10：10	45	0.3	3.5	4.30	19.68	230.77	0.092
2008 – 07 – 27，15：45 ~ 17：15	37	0.4	4.0	3.12	21.02	166.89	0.092
2008 – 07 – 28，08：25 ~ 10：12	40	1.3	7.5	4.07	20.97	220.06	0.092
2008 – 07 – 28，16：00 ~ 17：20	36	1.8	9.0	4.43	22.07	235.94	0.092
2008 – 07 – 29，08：37 ~ 10：35	44	0.3	2.0	4.00	16.11	220.06	0.092
2008 – 07 – 29，15：40 ~ 17：25	36	2.2	11.0	4.58	23.05	246.65	0.092

表 4 – 13　西石门铁矿尾砂固结第二阶段试验记录

日期	时 间 段	浓度 /%	水泥含量 /%	每0.51m³ 水泥掺量/kg	转动频率 /Hz	真空负压 /MPa	饼厚 /mm	处理量 /kg·m⁻²·h⁻¹	含水率 /%	备　注
2008 – 9 – 13	8：25 ~ 9：17	41	2.0	5.7	15.00	0.092	10		20.5	
	9：21 ~ 11：55	39	2.0	5.5	15.00	0.092	7	288	20.6	
	15：20 ~ 16：46	39	0.0	0.0	15.00	0.09	4			
2008 – 9 – 14	8：30 ~ 8：48	41	2.0	5.8	20.00	0.094	6.5	378	21	
	15：04 ~ 16：15	41	2.0	5.75	21.00	0.094	6.67	270	20	
2008 – 9 – 15	8：00 ~ 10：00	43	2.5	7.7	20.09	0.097	7.46	558	~20	
	09：06 ~ 11：00	35.5	2.5	6.0	20.05	0.097	4.78	348	~20	
	11：20 ~ 12：00	35.5	2.5	6.0	20.05	0.097				
	15：28 ~ 15：40	35	1.8	9.0	16.08	0.090	7.58	324	21	
	15：48 ~ 16：30	38	1.8	9.0	16.08	0.097	7.608	351	20	

续表 4 – 13

日期	时 间 段	浓度/%	水泥含量/%	每 0.51m³ 水泥掺量/kg	转动频率/Hz	真空负压/MPa	饼厚/mm	处理量/kg·m⁻²·h⁻¹	含水率/%	备　注
2008 – 9 – 16	08：40～09：17	35	1.8	4.5	16.05	0.092	7.173	306	18.7	
	9：20～10：05	35.5	1.8	4.5	16.05	0.092	7.093	270	18.7	
	10：05～10：55	39	1.8	5.0	16.05	0.09	6.413	252	21	在周期和真空负压一定时测试陶瓷板衰减率
	11：18～12：00	36	1.8	4.5	16.05	0.098	5.433	189	20	
	12：50～14：30	35	1.8	4.5	16.05	0.098	2～3	73.5	20	
	16：40～17：22	31	2.0	8.0	16.05	0.098	6.287	279	20	用石灰代替水泥
	17：22～18：05	36	2.0	5.0	16.05	0.098	6.22	301.793	20	
2008 – 9 – 17	8：27～9：12	30	2.00	4	16.05	0.094	5.353	225	19	
	9：14～10：18	37.5	2.00	5.25	16.05	0.094	6.047	225	18	
	10：23～10：50	30	2.00							料浆浓度未测将原浆调至40%
	10：50～12：20	40	2.00	4.7	16.05	0.094	5.64	207	20.6	
	15：10～16：05	46	2.00	8.25	16.05	0.092	10.79	432	16.7	
	16：40～17：22	38	2.00		16.05	0.097	6.06	252		
2008 – 9 – 18	8：24～9：15	39	2.00	6	20.05	0.095	6.84	378	21	
	9：56～11：24	38	2.00	5.5	20.05	0.096	4.74	225	23	
	11：46～12：20	40	2.00		20.05	0.096				
	15：10～16：25	42	0	0	20.08	0.097	4.307	189	15	
	16：35～17：18	38	2.00	5.25	20.08	0.097	4.24	207	18.7	
2008 – 9 – 19	8：26～9：08	37	1%石灰	石灰 2.5kg + 水泥 2.5kg	20.08	0.098	5.567	279	17.5	复合外加剂:石灰 + 水泥
	9：27～10：55	37	1%石灰	石灰 2.5kg + 水泥 2.5kg	20.08	0.098	4.833	261	～20	搅拌桶
	15：13～16：30	40	1%石灰	石灰 2.7kg + 水泥 2.7kg	20.08	0.098	6.213	270	～20	
2008 – 9 – 21	8：38～8：11	41	2.00	6	20.54	0.096	7.773	441	～20	连续试验测衰减度
	9：08～10：00	43.5	2.00	6.5	20.54	0.096	6.987	378	～20	
	10：05～10：38	43.5	2.00	4(0.3m³)	20.54	0.096	6.338	342	～20	
	15：34～16：10	38	2%石灰	石灰 5.25kg + 水泥 2.7kg	20.08	0.096	5.873	306	～20	在 2% 水泥的基础上另加 1% 的石灰
	16：14～17：00	37	2%石灰	石灰 5kg + 水泥 2.5kg	20.08	0.096	5.627	288	～20	
	17：12～17：35	38	2%石灰	石灰 3.25kg + 水泥 1.75kg(0.3m³)	20.08	0.096	5.488	288	～20	

日期	时 间 段	浓度/%	水泥含量/%	每0.51m³水泥掺量/kg	转动频率/Hz	真空负压/MPa	饼厚/mm	处理量/kg·m⁻²·h⁻¹	含水率/%	备　注
2008 -9 -22	8：33 ~10：20	44	2.00	6.5	23.02	0.097	7.167	423	~20	
	15：25 ~16：00	38.5	2.00	5.5	20.67	0.097	6.907	405	~20	
	16：10 ~17：00	37	2.00	5	20.75	0.097	5.653	306	~20	
2008 -9 -23	8：30 ~9：05	40	2.00	5.5	20.09	0.097	6.413	378	~20	
	9：11 ~10：00	40	2.00	5.5	20.09	0.097	5.393	288	~20	
	15：22 ~16：05	40	2.00	5.5	20.09	0.097	6.02	351	~20	清洗利用废酸
2008 -9 -24	9：05 ~10：00	35	2.00	5	20.05	0.094	6.987	342	~20	
	15：33 ~15：43	35	2.00	5	16.07	0.096	6	252	~20	在同一桶尾砂的基础上测试三次（调整主轴周期）
	15：47 ~15：57				20.06	0.096		252		
	15：59 ~16：09				12.08	0.096		180		

表 4 – 14　西石门铁矿尾砂固结第三阶段试验记录

日期	时间	砂浆浓度/%	转速/r·min⁻¹	水泥掺量/%	统计时段/min	称重/kg	单位产量/kg·m⁻²·h⁻¹	备　注
2009 -4 -27	15：30	22						人为配制高浓度尾砂浆
	16：55	38	600	2.5	4	157.5	378.0	
	14：30	35	600	2.5	7	264	362.1	
2009 -4 -28								常规设备检修
2009 -4 -29	15：30	44	600	1.5	5	226	433.92	
	15：55	44	600	1.5	5	173	331.2	
	16：30	45	600	2.0	5	256	490.56	人为将31%尾砂浆浓度调高到45%
	17：45	45	600	1.8	5	245	469.44	
2009 -4 -30								泵坏了，停工检修
2009 -5 -1	16：15	42	600	1.5	5	186	357.12	
	16：55	45	600	1.5	5	250	480	
	17：35	36	600	2.0	5	120	230.4	汽水分离器损坏，跑浆

日期	时间	砂浆浓度/%	转速/r·min⁻¹	水泥掺量/%	统计时段/min	称重/kg	单位产量/kg·m⁻²·h⁻¹	备 注
2009 - 5 - 2	10：20	47	600	1.5	5	231	442.56	人为调高浓度
	17：15	46	600	2.0	5	248	475.2	
2009 - 5 - 3	8：30	47	600	3.0	5	241	462.72	
	15：30	41	600	3.0	5	300	576	
	16：15	41	600	2.5	5	285	547.2	
	17：40	38	600	2.0	5	250	480	
2009 - 5 - 4	8：30	28	600	3.0	5	166	318.72	
	9：55	23	600	3.0	5	136	260.16	
	16：15	39	600	2.0	5	221	424.32	
	17：10	39	600	2.5	5	241	462.72	
	18：00	37	600	3.0	5	243	466.56	
2009 - 5 - 5	9：40	23	600	3.0	5	140	268.8	
	15：35	33	600	2.0	5	198	380.16	
	16：25	33	600	3.0	5	230	441.6	
	17：15	32	600	2.5	5	213	408.96	
2009 - 5 - 6	15：40	32	600	2.0	5	200	384	
	17：05	36	600	2.5	5	215	412.8	
2009 - 5 - 7	16：30	37	600	3.0	5	250	480	含水量21%
	16：55	35	600	2.0	5	163	312.96	含水量24%

4.4.3.3 处理能力分析

（1）尾砂浓度对处理能力的影响。第一阶段使用的是江苏省宜兴非金属化工机械厂生产的一台 1m² 陶瓷过滤试验用机进行混合料浆的过滤脱水。从第一阶段的原始试验数据中选取具有代表性的数据进行分析可知（见表 4 - 15），随着水泥 - 全尾砂混合料浆浓度的增加，陶瓷过滤机的处理能力增大，其中最小处理能力为 240.55kg/(m²·h)，最大处理能力为 456.89kg/(m²·h)，脱水过滤后的干料平均含水率为 20% 左右。

通过对第一阶段现场试验数据进行回归分析，陶瓷过滤机处理能力 q 和水泥 - 全尾砂混合料浆浓度 v 之间呈现如下关系（见图 4 - 22）：

$$q = 1.875v^2 - 131.53v + 2583.9 \qquad (4 - 3)$$

表 4-15   第一阶段试验全尾砂浆浓度与处理能力关系

试验时间	浓度/%	处理能力/kg·m⁻²·h⁻¹	干砂量/kg·m⁻²·h⁻¹	真空度/MPa
2008 - 07 - 23，15：27 ~ 17：15	36	290.68	220.39	0.092
2008 - 07 - 19，08：45 ~ 10：30	38	286.69	222.87	0.092
2008 - 07 - 19，15：35 ~ 17：05	39	240.55	196.36	0.092
2008 - 07 - 18，08：30 ~ 10：20	40	389.78	310.25	0.092
2008 - 07 - 17，08：30 ~ 10：10	41	360.98	284.09	0.092
2008 - 07 - 21，15：30 ~ 16：25	42	342.36	274.32	0.092
2008 - 07 - 16，08：20 ~ 10：00	43	391.73	307.53	0.092
2008 - 07 - 15，15：30 ~ 17：00	44	435.66	338.28	0.092
2008 - 07 - 15，08：50 ~ 10：30	45	456.89	371.23	0.092

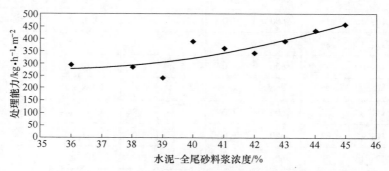

图 4-22   第一阶段试验处理量与尾砂浓度关系

第二阶段使用的是山东烟台过滤机厂生产的一台 $1m^2$ 陶瓷过滤试验用机进行水泥 - 全尾砂混合料浆的过滤脱水。从第二阶段原始数据中选取具有代表性的数据进行分析可知（见表 4-16），随着水泥 - 全尾砂混合料浆浓度的增大，陶瓷过滤机的处理能力总体上亦呈上升之势；过滤机的处理能力多处于 250 ~ 400kg/（ m^2 ·h）之间，其中最大处理能力为 432kg/（ m^2 ·h），最小处理能力为 324kg/（ m^2 ·h），脱水过滤后的干料平均含水率约为 20%。

表 4-16   第二阶段试验全尾砂浆浓度与处理能力关系

试验时间	浓度/%	处理能力/kg·m⁻²·h⁻¹	干砂量/kg·m⁻²·h⁻¹	真空度/MPa
2008 - 09 - 15，15：28 ~ 15：40	35	324	255.96	0.09
2008 - 09 - 15，15：48 ~ 16：30	38	351	280.80	0.097
2008 - 09 - 23，08：30 ~ 9：05	40	378	302.4	0.097
2008 - 09 - 14，08：30 ~ 8：48	41	378	298.62	0.094
2008 - 09 - 22，08：33 ~ 10：20	44	423	338.40	0.097
2008 - 09 - 17，15：10 ~ 16：05	46	432	359.86	0.095

通过对第二阶段现场试验数据进行回归分析，陶瓷过滤机处理能力 q 和水泥–全尾砂混合料浆浓度 v 之间呈现如下关系（见图 4 – 23）：

$$q = 10.286v - 37.286 \qquad (4-4)$$

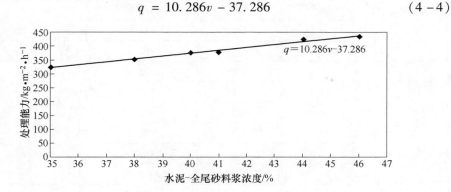

图 4 – 23　第二阶段试验处理量与尾砂浓度关系图

第三阶段试验采用江苏宜兴生产的盘式过滤机进行全尾砂浆的脱水过滤试验。为与第一阶段试验的结果进行对比，表 4 – 17 和表 4 – 18 分别列出了盘式过滤机和陶瓷过滤机的处理能力。经比较可知（见图 4 – 24），盘式过滤机的处理能力大大高于陶瓷过滤机，在水泥–全尾砂料浆浓度为 35% ~ 45% 时，盘式过滤机的处理能力均超过 400kg/（m² · h），而陶瓷过滤机的处理能力则低于400kg/（m² · h），并且盘式过滤机没有酸洗等环节，故最终确定选用盘式过滤机进行全尾砂浆浓缩脱水。考虑到小型工业试验与实际生产运行的差异，建议60 万吨/年尾砂固结排放系统设计时处理能力按 400kg/（m² · h）计算。

表 4 – 17　盘式过滤机处理能力计算

浓度范围/%	砂浆浓度/%	水泥掺量/%	单位产量/kg · m⁻² · h⁻¹	平均产量/kg · m⁻² · h⁻¹
	23	3.0	260.16	
<30	23	3.0	268.80	312
	28	3.0	318.72	
	32	2.5	408.96	
30 ~ 34	32	2.0	384.00	403
	33	2.0	380.16	
	33	3.0	441.60	
	35	2.0	313.00	
35 ~ 37	36	2.5	412.80	418
	37	3.0	466.56	
	37	3.0	480.00	

浓度范围/%	砂浆浓度/%	水泥掺量/%	单位产量/kg·m⁻²·h⁻¹	平均产量/kg·m⁻²·h⁻¹
38 ~ 40	38	2.0	480.00	455
	39	2.0	424.32	
	39	2.5	462.72	
41 ~ 45	41	3.0	576.00	499
	41	2.5	547.20	
	44	1.5	433.92	
	45	2.0	490.56	
	45	1.8	469.44	
	45	1.5	480.00	
>45	46	2.0	475.20	468
	47	3.0	462.72	

表 4 - 18　陶瓷过滤机处理能力计算

浓度范围/%	砂浆浓度/%	水泥掺量/%	单位产量/kg·m⁻²·h⁻¹	平均产量/kg·m⁻²·h⁻¹
30 ~ 34	30.0	2.0	225.00	252 （干重 202）
	31.0	2.0	279.00	
35 ~ 37	35.0	2.0	342.00	276 （干重 221）
	35.0	2.0	252.00	
	35.0	2.0	252.00	
	35.0	2.0	180.00	
	35.5	2.5	348.00	
	36.0	2.0	301.79	
	37.0	2.0	306.00	
	37.5	2.0	225.00	
38 ~ 40	38.0	2.0	252.00	300 （干重 240）
	38.0	2.0	225.00	
	38.0	2.0	207.00	
	38.5	2.0	405.00	
	39.0	2.0	288.00	
	39.0	2.0	326.00	
	39.0	2.0	378.00	
	40.0	2.0	207.00	
	40.0	2.0	378.00	
	40.0	2.0	288.00	
	40.0	2.0	351.00	

浓度范围/%	砂浆浓度/%	水泥掺量/%	单位产量/kg·m⁻²·h⁻¹	平均产量/kg·m⁻²·h⁻¹
41 ~ 45	41.0	2.0	378.00	399（干重 320）
	41.0	2.0	441.00	
	43.5	2.0	378.00	
	43.5	2.0	342.00	
	44.0	2.0	423.00	
>45	46.0	2.0	432.00	432（346）

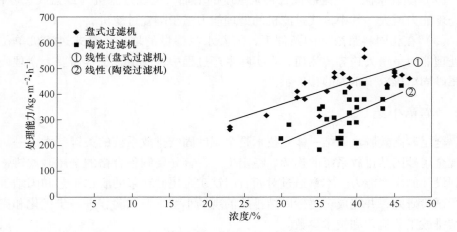

图 4 – 24　盘式过滤机和陶瓷过滤机处理能力散点和趋势线对比图

（2）水泥掺量对处理能力的影响。在相同的水泥 – 全尾砂料浆浓度条件下，不同水泥掺量对盘式过滤机处理能力的影响见表 4 – 19。由表 4 – 19 可知：在相同料浆浓度的条件下，随着水泥掺量的增加，盘式过滤机单位面积处理能力呈增大趋势。这是因为，随着水泥掺量增加，相应的水泥水化产物增多，亦即被水化产物包裹的细粒物料增多，形成相对较大的絮团，更有利于过滤机的脱水过滤。

表 4 – 19　水泥掺量对盘式过滤机处理能力的影响分析　　（kg/（m²·h））

水泥掺量/%	水泥 – 全尾砂料浆浓度/%				
	32	33	39	41	45
1.5	—	—	—	—	480
1.8	—	—	—	—	469
2.0	384	380	424	—	491
2.5	409	442	463	547	—
3.0	—	—	—	576	—

　　提高水泥－全尾砂混合料浆的水泥掺量，虽然将使盘式过滤机的处理能力加大，但是固结排放成本随之亦将增加，并且水泥掺量增加而导致水化胶凝产物的增多还将影响盘式过滤机滤布的使用寿命。因此，在实际生产过程中，应结合工程需要，合理确定全尾砂固结排放中水泥的掺加量。

4.4.3.4　实验小结

　　（1）陶瓷过滤机的初始处理能力高，但随着脱水过滤的进行，处理能力下降较快，平均处理能力较低；而盘式过滤机虽装机功率较高、能耗大，但脱水过滤效果较好、处理能力大。

　　（2）随着水泥－全尾砂混合料浆浓度的增加，陶瓷过滤机（或盘式过滤机）的处理能力增大，其中盘式过滤机的处理能力强于陶瓷过滤机。

　　（3）在相同料浆浓度的条件下，随着水泥掺量的增加，盘式过滤机单位面积处理能力呈增大趋势。然而，在实际生产过程中，应结合工程需要，合理确定全尾砂固结排放中水泥的掺加量。

4.5　本章小结

　　全尾砂高效脱水固结一体化技术是全尾砂固结排放系统的关键技术之一。要实现全尾砂固结排放系统的连续、稳定生产，首先要制备合格的全尾砂滤饼，并达到设计的生产能力。本章通过对西石门铁矿全尾砂料浆的脱水工艺和固结工艺进行试验研究，并完成全尾砂固结排放的现场小型工业试验，进一步优化和完善固结排放工艺流程和技术参数。

　　（1）西石门铁矿全尾砂沉降速度相对较快，水泥掺量和水化时间对其沉降速度均有影响。例如，水泥掺量为3%的水泥－全尾砂混合料浆通常在20min以内就可以接近最大沉降浓度和最大沉降容重，这就要求能在过滤机槽体内进行不间断搅拌，促使混合料浆分布更加均匀，将有利于提高过滤机的脱水过滤效率。若混合料浆浓度为48%时，为减缓混合料浆的沉降，提前加入水泥的最佳时间在10min左右。

　　（2）由于水泥－全尾砂混合料浆中含有胶凝水化产物，在固液分离过程中，若不能及时、合理、有效地清洗过滤脱水设备，势必影响设备的使用寿命。圆盘真空过滤机虽然处理能力和单位能耗方面不及陶瓷过滤机，但其滤布价格却较陶瓷过滤板便宜许多，相对使用更换成本较低。因此，在实际生产过程中，应对此两种脱水过滤设备进行技术经济比较，择优选用。

　　（3）尾砂固结排放的关键技术之一是将2%~3%的固结胶凝材料均匀混入全尾砂中，而实现这一技术关键的有效途径是将少量胶凝材料与全尾砂浆均匀混合后再进行脱水过滤与固结。要实现这一工艺过程，需解决水泥－全尾砂混合料浆的脱水过滤问题。由于混合料浆中掺加少量胶凝材料，胶凝材料水化产生的胶凝物质，若不能及时、有效地清洗，极易堵塞滤布或陶瓷过滤板的微孔，从而影响其使用寿命和处理能力。

（4）西石门铁矿全尾砂固结排放系统的工艺流程主要包括供砂、加料搅拌、浓缩脱水、固结排放和取样检测等环节。

（5）开展全尾砂固结排放小型工业试验的目的是：

1）在工业运行状态下，验证矿渣硅酸盐水泥对全尾砂的实际固结效果；

2）选择适宜且满足全尾砂固结排放工艺的过滤脱水设备（盘式过滤机或陶瓷过滤机）；

3）优化并完善全尾砂固结排放工艺；

4）为全尾砂固结排放系统设计提供依据。

（6）全尾砂固结排放小型工业试验表明：

1）陶瓷过滤机的初始处理能力高，但随着脱水过滤的进行，处理能力下降较快，平均处理能力较低；而盘式过滤机虽装机功率较高、能耗大，但脱水过滤效果较好、处理能力大。

2）随着水泥－全尾砂混合料浆浓度的增加，陶瓷过滤机（或盘式过滤机）的处理能力增大，其中盘式过滤机的处理能力强于陶瓷过滤机。

3）在相同料浆浓度的条件下，随着水泥掺量的增加，盘式过滤机单位面积处理能力呈增大趋势。然而，在实际生产过程中，应结合工程需要，合理确定全尾砂固结排放中水泥的掺加量。

5 60万吨/年尾砂固结排放系统建设与生产

全尾砂固结排放工艺可分为干式固结和湿式固结。湿式固结排放是在尾砂浆浓度相对较低（60%~68%）的条件下，通过加入胶凝材料进行固结排放，其胶凝材料消耗量较大；干式固结排放是在干式排放的基础上，通过加入少量的胶凝材料对尾砂进行固结，避免了干状尾砂堆体泥化和扬沙。干式固结排放比干式排放的效果更好，且更加安全，但由于胶凝材料的使用，使得运营费用相对较高。结合西石门铁矿的实际情况并经过综合考虑，尤其是考虑北区塌陷坑排尾的安全问题，选择干式固结排放方式，将来在条件许可的情况下，可以逐步降低胶凝材料的用量，甚至达到干式排放，从而进一步降低固结排尾成本。

5.1 固结排放系统规模确定

5.1.1 确定原则

西石门铁矿现采用尾矿库堆存选厂尾砂，目前面临现有尾矿库容不足的困难。全尾砂固结排放系统建设的目的是减少输送至尾矿库的排放量，同时对地表的采矿塌陷区进行回填。通过全尾砂固结排放系统建设项目的实施，实现在整个西石门铁矿的生产服务期内，不再新建尾矿库的目的。因此，全尾砂固结排放系统的建设规模需要根据西石门铁矿的剩余服务年限及尾矿库的剩余库容来确定，同时还需要考虑到选厂生产上的衔接。

5.1.2 尾矿库剩余库容与可排尾的塌陷区容量

5.1.2.1 尾矿库剩余库容

截至2013年12月底，西石门铁矿剩余地质储量1531万吨，若以表内采矿损失率与贫化率基本相等计算，将采出表内矿量1531万吨，再考虑预计的残采矿量500万吨。按照平均湿选比3:1、尾矿库尾砂干容重1.48t/m³计算，若西石门铁矿剩余服务年限内将新增的尾砂全部排入尾矿库内，则尾矿库的剩余容积需要1000万立方米。若再考虑尾矿库内的上层水面所需占用的库容，则需尾矿库剩余容积将超过1100万立方米。

根据西石门铁矿提供的资料，尾矿库设计有效库容为1790万立方米。截至2013年底，现役的后井尾矿库剩余库容为263万立方米。显然，若按2013年的尾砂排放能力推算，若不新增尾矿库库容，将有近737万立方米的尾砂将面临无处可堆的窘境。因此，解决西石门铁矿今后尾砂排放问题是矿山生产接续的当务之急。

5.1.2.2　可供排尾的塌陷区容量

目前，西石门铁矿北区塌陷坑实测容积为80万~100万立方米，中区塌陷坑实测容积500万~600万立方米。现役的后井尾矿库和地表塌陷区（北区和中区）总共可以排放的干尾砂量约1000万立方米。因此，采取一定的技术措施，在不影响矿山井下采矿安全的前提下，利用矿山现有的地表塌陷坑进行尾砂固结排放，扩大塌陷坑的尾砂堆存量，基本上可以解决西石门铁矿今后的尾砂堆存问题。

5.1.3　生产运行现状

西石门铁矿2010~2015年的生产计划见表5-1，精矿产量严格按计划生产。由于大量残矿回收，原矿量品位波动较大，实际产量与计划量偏差较大，尾砂量以湿选比3.0~3.2计算为宜。

表5-1　西石门铁矿2010~2015年年生产计划

项　目	单位	2010年	2011年	2012年	2013年	2014年	2015年
自产铁矿石	万吨	200.01	175.00	175.00	160.00	150.00	150.00
铁精矿	万吨	75.29	65.00	65.00	62.00	57.00	57.00
外购矿	万吨	20.00	45.00	45.00	60.00	70.00	70.00

西石门铁矿选厂现实行错峰运行，每天上午7~11点停机，或最多转两个系列。正常情况下，每月29日停车检修，其他时间均正常运行。2010年9月~2011年2月期间选厂球磨机运行情况见表5-2。由表5-2可知，选矿厂停车较频繁，但停机后尾砂输送系统不停。磨机平均生产能力为114t/h，选比为2.64，单系列尾砂量为76t/h。

表5-2　球磨运行时间统计

月　份	原矿量/t	总台时/h	平均台时量/t·h⁻¹	三系列运行时间/h	三系列时间利用率/%	两系列运行时间/h	两系列时间利用率/%
2010年9月	196845	1710	115	365.5	54.8	285.0	42.7
2010年10月	193430	1805	107	542.0	85.0	89.5	14.0
2010年11月	196854	1714.5	115	435.0	67.8	200.0	31.2
2010年12月	190886	1604.5	119	355.5	56.7	266.5	42.5
2011年1月	193976	1637.5	118.5	470.5	79.7	118.5	20.1
2011年2月	180456	1630	111	410.0	67.0	197.5	32.3
平　均	192074.5	1683.6	114	430.0	68.0	193.0	30.6

根据长沙矿冶研究院调研，西石门铁矿选矿厂分级机溢流粒度为 − 0.074mm 的占 61% ~ 65%，尾砂粒度组成如表 5 − 3 所示。浓密机的一段底流浓度实测为 23.4%，二段底流平均浓度为 43.2%（见表 5 − 4）。选厂尾砂输送系统总砂泵站配隔膜泵 3 台，隔离泵 1 台，其中隔膜泵（沈阳冶金机械有限公司生产，型号为 SGMB160/5）技术参数和现尾砂输送管道情况如表 5 − 5、表 5 − 6 所示。

表 5 − 3　现场尾砂筛析结果　　　　　　（%）

取样时间	10 − 27 − 8：00	10 − 28 − 17：00	10 − 28 − 19：00	平均
+ 0.147mm	10.0	8.5	9.9	9.5
+ 0.074 ~ − 0.147mm	15.9	13.9	14.3	14.7
+ 0.043 ~ − 0.074mm	13.7	14.8	15.8	14.8
+ 0.038 ~ − 0.043mm	6.6	6.7	4.5	6.0
− 0.038mm	53.8	56.0	55.5	55.1

表 5 − 4　浓密机二段底流浓度实测结果

时　　刻	2010 − 10 − 31 浓度/%	2010 − 10 − 23 浓度/%
13：20	37.1	—
14：20	36.9	—
15：20	35.1	—
16：20	40.3	31.9
17：20	30.3	—
18：20	35.6	34.4
19：20	35.5	—
20：20	35.5	31.2
21：20	34.8	—
22：20	36.3	37.1
23：20	28.2	—
0：20	30.2	44.2
1：20	31.0	—
2：20	33.7	38.8
4：20	34.9	—
6：20	32.6	37.5

表 5 - 5 隔膜泵技术参数

项　　目	单　　位	指　　标
排出压力	MPa	5
吸入压力	MPa	≥0.1
流量	m³/(h·台)	160
主电机型号		JR157 - 8
电压	kV	6
功率	kW	320
同步转速	r/min	735

表 5 - 6 选矿厂现尾砂输送管道情况

项　　目	单　　位	指　　标
管径	mm	内径250，外径273
材质		16Mn
尾砂输送距离	km	13
管道高差	m	156
正常工作压力	MPa	3.7 ~ 4.1
最大压力	MPa	5.2

5.1.4　北区塌陷坑尾砂固结排放系统规模

　　要利用地表采矿塌陷区和尾矿库共同进行排尾，以达到不再建设尾矿库的目的，则西石门铁矿共有三个尾矿排放场所可依次利用，但需要规划好其衔接顺序。可先由尾矿库和北区塌陷坑共同进行排尾，再是尾矿库单独进行排尾，然后中区塌陷坑单独排尾。北区塌陷坑回填结束后尾矿库尚有一定库容，在北区固排回填设备向中区搬迁及中区固结排放厂房建设过程中，可向尾矿库单独排尾，以保证生产过渡时间的正常排尾工作。因此，首先在北区塌陷区修建尾砂固结排放厂房，实施北区塌陷坑与后井尾矿库同时排尾；然后尾矿库单独排尾并进行中区塌陷坑固结排放系统建设，在后井尾矿库排满闭库后，实施中区塌陷坑单独排放。北区塌陷坑固结排放系统的规模不可过大，规模过大则投资高，但服务期短；同时在技术上，若规模不合适，则可能造成现有尾砂输送系统和固结排放尾砂分流输送系统的衔接困难。

　　2013 年，西石门铁矿选厂实际原矿处理量为 221 万吨/年，选比约为 3.2:1，精矿产量约 68 万 ~ 72 万吨/年，尾砂量约 100 万立方米/年。今后，西石门铁矿进入残矿回收阶段，生产规模、精矿产量将发生变化，但磨机生产能力基本不变，主要还是运行时间的变化。考虑到选矿厂尾砂的分流衔接，北区塌陷坑尾砂固结排放系统的处理能力为 80t/h 较合适。采用这样的设计规模有利于选矿厂的尾砂分流，在选矿厂缺水时，选矿厂可以一个系列进行生产，其尾砂全部向北区塌陷坑输送；在选矿厂不缺水时，可以三个系列进行生产，尾砂同时向尾矿库和塌陷坑排放。

北区塌陷坑的容积约为 100 万立方米，而塌陷坑年排尾量在 60 万吨，排入塌陷区的固结尾砂的重量浓度按 78% 计，干矿密度按 2.8t/m³，其浆体密度为 2.006t/m³，年排尾体积量为 30~35 万立方米，服务年限可达到 3.0 年以上（根据生产的组织方式不同而变化）。此外，因为尾砂固结排放方式与尾矿库湿排方式不同，固结排放的尾砂可堆存至地表以上一定高度，故实际堆存量将更大。

综合考虑西石门铁矿尾砂产量、选厂工艺流程、现尾矿库库容以及北区塌陷坑接纳尾砂排放能力等因素，拟建的北区塌陷坑全尾砂固结排放系统的处理能力为 60 万吨/年，折算成单位时间排放能力为 80t/h（年作业 330d），并以此为依据进行全尾砂固结排放系统的总体工艺方案设计。

5.2　尾砂固结排放系统建设

西石门铁矿北区塌陷坑 60 万吨/年尾砂固结排放系统于 2011 年开工建设，2012 年 5 月建成并进入试生产阶段。固结排放系统主要包括供砂管路、固结材料仓、搅拌桶、盘式过滤机、排尾皮带等设施。

5.2.1　系统设计概述

在中国矿业大学（北京）前期科研成果的基础上，五矿邯邢矿业有限公司委托长沙矿冶研究院有限责任公司完成对西石门铁矿北区塌陷坑全尾砂固结排放系统的初步设计。

5.2.1.1　设计原则

西石门铁矿北区塌陷坑是井下采用无底柱分段崩落法采矿后，地表陷落后形成的地面凹陷。北区塌陷坑正底部以下虽然不再进行采矿活动，但其周边目前仍在开采，且塌陷坑下部还存在残留巷道与其他采矿作业面或巷道相通，雨雪季节塌陷区的汇水可能通过岩体的裂隙进入其他作业面或巷道。因此，西石门铁矿北区塌陷坑固结排尾系统设计应遵循两条原则：一是在进行地表塌陷坑的尾砂排放时，必须确保安全，保证塌陷坑内的尾砂不会对井下生产和周围环境造成危害；二是所建成的全尾砂固结排放系统既要能够满足西石门铁矿当前尾砂排放的要求，同时又能够为五矿邯邢矿业有限公司其他矿山的尾砂处理提供借鉴，从而可以最大限度地发挥全尾砂固结排放系统的示范作用。

基于上述原则，回填到塌陷坑的尾砂必须经过彻底脱水，且含水率需达到雨季自然原土的含水率水平。为了提高尾砂堆体的屈服应力（黏聚力），需加入水泥或其他固结胶凝材料，对尾砂进行固结处理，改变尾砂松散性质，使之具有一定的黏结力，即使遇到采动影响或其他突发事件的情况下，也不会出现危险或意外。

5.2.1.2 设计内容

西石门铁矿北区塌陷坑全尾砂固结排放系统的设计内容主要包括：

（1）北区塌陷坑全尾砂固结排放系统的工艺设计。

（2）北区塌陷坑全尾砂固结排放系统的设备选型。

（3）固结排放系统的厂址选择。

（4）拟定基本的操作规程和控制策略。

（5）进行全项目的工程概算。

5.2.1.3 技术参数

根据室内实验和小型工业试验的结果，按照全尾砂固结排放年处理能力60万吨的总体要求，确定如下设计参数（见表5-7）。

表5-7 尾砂固结排放系统（60万吨/年）主要技术参数

序 号	技 术 指 标	单 位	参 数
1	尾砂处理能力	t/h	80
2	供砂浓度	%	36~40
3	固结材料掺量	%	2~3
4	固结材料用量	t/h	1.6~2.4
5	盘式过滤机单位处理能力	kg/(m²·h)	400
6	尾砂脱水后的浓度	%	75~80

5.2.1.4 工艺系统

为了实现对全尾砂的固结排放，拟在北区塌陷坑附近建设全尾砂固结排放系统。选厂排尾车间的尾砂浆通过泵送至该系统，经过脱水过滤处理后排放至塌陷坑固结。为了最大限度地降低排尾费用，排尾工艺应力求简单、可靠、合理。因此，总体排尾工艺流程为尾砂泵送、胶凝材料添加、浓缩脱水、尾砂固结和尾砂排放。主要工艺过程如下：

（1）尾砂泵送。从选厂排尾车间将浓度为36%~40%的全尾砂浆泵送至北区塌陷坑附近的固结排尾工段，尾砂单位排放能力为80t/h。

（2）胶凝材料添加。根据实验室研究结果，将胶凝材料加入到全尾砂浆中，通过搅拌桶进行搅拌，使得胶凝材料与全尾砂浆充分混合均匀。

（3）浓缩脱水。采用盘式过滤机对添加了胶凝材料的全尾砂浆进行浓缩脱水处理,脱水后的干料重量浓度达到 75% ~ 80% 。

(4) 尾砂固结排放。将脱水过滤后的全尾砂固结干料,通过皮带输送机输送到露天坑内堆排并固结。

根据设计要求,现阶段西石门铁矿排尾是北区塌陷坑固结排尾和尾矿库湿排同时进行,势必彼此互相影响,故必须设计好衔接方案。选厂尾砂供给系统共有不分流集中排放方式和分流排放方式两个方案可供选择。

A　不分流集中排放方式

向尾矿库的输送和向北区固结排放系统的输送均为批量输送。由于选矿厂是三个系列和两个系列交替运行,三个系列运行的时间稍长,因此固结排放系统的设计规模需按三个磨机同时运行的尾矿量配置。此种解决方案将导致固结排放系统的设备处理能力增大,固结排放系统设计处理能力为 228t/h。

不分流集中排放方案的优点: (1) 尾砂固结排放系统与向尾矿库输送的输送系统互不产生影响; (2) 尾矿的输送浓度和目前的输送浓度保持不变。其缺点是固结排放系统投资较大,服务期短。北区塌陷坑实测容积量为 80 万立方米,可固结排放尾矿约为 125.11 万吨,而计算固结排放系统处理能力为 228t/h,服务期限仅为 229d。或者,固结排放系统的处理能力若按 60 ~ 80t/h 配置,选厂按不分流集中排放方式,这会导致向尾矿库的输送系统及固结排放系统频繁启动和停车,这需要经常排空管道内的矿浆,操作管理复杂和运行成本增加,或导致管道堵塞,在冬天则可能导致管道冻结。

B　分流排放方式

塌陷区固结排尾系统设计规模为 80t/h,满足选矿厂一个系列生产时全部尾矿的排放要求。选矿厂两个系列生产时,单独向尾矿库排尾;三个系列生产时,向尾矿库和北区塌陷区同时排尾。此方案的优点是可以降低固结排放系统投资,延长服务年限;其缺点是因分流输送必将降低尾矿输送浓度,选矿厂新水耗量增加;同时输送至固结排放系统浆体浓度降低,影响过滤机的效率。另外,分流后不仅输送到塌陷区的矿浆浓度降低,而且浓度更不稳定。因此,尾砂料浆脱水过滤前需增加必要的浓密设施。

根据前期研究成果,给入过滤机的浆体浓度较低时,过滤机的脱水过滤效率将大幅降低。为解决因分流排尾时,输送至固结排放系统的浆体浓度降低和普通浓密机的底流浓度不稳定对过滤机效率的影响,该方案考虑在排放厂房附近对脱水过滤前的尾矿浆体进行再浓缩,新增的浓缩环节既可起到过滤前的缓冲作用,稳定流程,又可将矿浆浓度提高到 50% ~ 55% ,提高过滤机的效率。

综合考虑,设计拟采用方案 2,即选用选厂尾矿分流排放方式。选矿厂按三个系列生产时,每系列原矿处理量为 114t/h,选比为 3,总尾矿量为 228t/h,矿浆流程如图 5 - 1 所示;若按两个系列生产,每系列原矿处理量为 114t/h,选比为3，总尾矿量为152t/h，矿浆流程如图5-2所示。

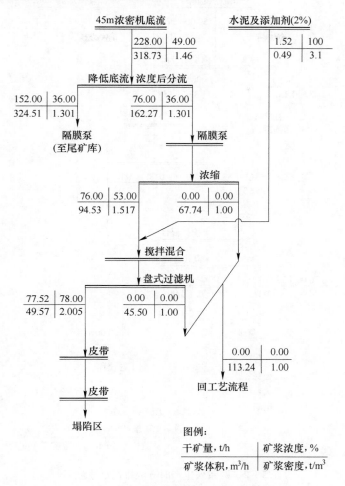

图5-1　三系列生产时分流排尾砂浆流程

5.2.1.5　浆体脱水

选矿厂45m浓密机的底流浓度极不稳定，再加上尾矿分流后，输送至固结排放系统的浆体浓度更低且不稳定，必将影响过滤机的作业效率。提高过滤机的作业效率，降低运行成本的有效措施就是多浓缩、少过滤，将给入过滤机的尾矿浆体浓度尽可能提高后再进行过滤，减少通过过滤机的水量，则过滤机的作业效率将大幅提高。另外，塌陷区过滤前的分矿箱容积较小，对流程的稳定能力不足，需要采用中间浓缩储存矿浆，起缓冲作用，以提高系统的稳定性。塌陷区回填的整个生产过程中，不可向塌陷区排出湿的浆体，排到塌陷区的尾砂必须是添加固结胶凝材料后的滤饼（干料），所有污水及流程波动过程中过滤机的溢流全部通

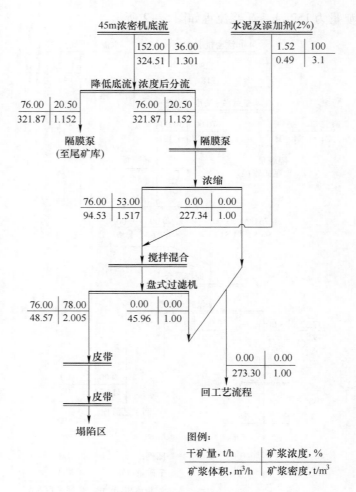

图 5 - 2　两系列生产时分流排尾砂浆流程

过污水泵循环到浓密机，形成闭路。若中间浓缩应用絮凝剂，则循环到中间浓缩浓密机，否则循环到选矿厂二段浓缩 45m 浓密机。过滤机停机后需排空，所有过滤机排出的全部矿浆也需通过污水泵循环到浓密机。若不采用中间浓缩，则需采用大型搅拌桶作为过滤前的缓冲。

　　马鞍山矿山研究院固液分离实验室对铜兴矿业公司尾矿盘式真空过滤机过滤实验研究表明，过滤机的给矿浓度对过滤机的过滤系数具有很大影响，给矿浓度为 55% 时的过滤系数是给矿浓度为 45% 时的过滤系数的 1.64 倍。项目前期研究结果亦表明，对于西石门铁矿全尾砂浆，取过滤机给矿浓度超过 45%～50% 时的过滤系数为 468kg/(m² · h)（见表 5 - 8 中方案 2），低浓度时过滤机的过滤系数约为 292.5kg/(m² · h)（见表 5 - 8 中方案 1）。拟选用 60m² 的圆盘过滤机，不同给矿浓度下的过滤机选型见表 5 - 8。

表 5 - 8　过滤机选型

指　标	单位	方案 1	方案 2
过滤机给矿浓度	%	36	45~50
过滤系数	kg/m² · h	292.5	468
60m² 过滤机处理量	t/台	17.55	28.08
过滤作业处理量	t/台	80	80
过滤机台数	台	4.55	2.84
最少运行的过滤机	台	5	3
过滤机装机台数	台	6	4

　　为进一步讨论采用浓缩 - 过滤方案的可行型，对采用中间浓缩 - 过滤的流程以及只采用过滤的流程进行经济比较。方案 1（采用 1 台 18m 浓密机→1 台 3m 搅拌桶→3 台 60m² 过滤机）和方案 2（采用 1 台 6m 搅拌桶→5 台 60m² 过滤机）综合比较见表 5 - 9，中间浓缩方案为最优方案，故推荐中间浓缩方案。实际上，即便将来的中区排放尾砂，为保证系统稳定，矿浆不能进入塌陷区，中间浓缩仍是需要的，而且由于中区的运行时间长，采用中间浓缩可以降低固排系统整体的费用，可在北区对此方案进行验证。北区的中间浓缩浓密机为全钢结构，将来可以移到中区复用。

表 5 - 9　用与不用中间浓缩的投资及电费综合比较表

项　目	单位	设备	方案 1	方案 2	说　明
运行电机功率	kW	浓密机	6		
		渣浆泵	55		
		搅拌桶	18.5	55	
		过滤机	13 × 3 = 39	13 × 5 = 65	
		真空泵	132 × 3 = 396	132 × 5 = 660	
总功率	kW		514.5	780	
装机功率差	kW			多 265.5	
年耗电	10⁴kW · h			多 168.22	按负荷率 0.8 计
电费差	万元/年			多 84.11	按每千瓦时 0.5 元计
服务年限 3 年耗电费	万元			多 252.33	
设备投资	万元	浓密机主机	90		
		浓密机壳体	95		
		浓密机电控	50		
		渣浆泵	11		
		搅拌桶	8	40	
		过滤机	165	275	

项　目	单位	设备	方案 1	方案 2	说　明
设备总投资	万元		419	315	
厂房	m²		630	810	
厂房面积差	m²			多 180	
厂房投资	万元			多 36 万元	按 2000 元/m² 计
基础	万元		30	6	
投资差	万元		多 92		
投资和电费差	万元		少 160.33		

5.2.2　系统总图建设

5.2.2.1　建造地点选择

西石门铁矿 60 万吨/年尾砂固结排放系统主要包括供砂管路、固结材料仓、搅拌桶、盘式过滤机、排尾皮带等设施。根据长沙矿冶研究院有限责任公司提交的设计方案，西石门铁矿北塌陷区全尾砂固结排放系统主体设施为直径 18m 浓密机、过滤厂房、控制室和变电室。由于中间浓缩浓密机的集中载荷较大，需在较小的面积内承载较大的载荷。为便于向塌陷区排尾，塌陷区全尾固结排放系统主体设备均建于塌陷区边缘。因此，固结排放系统建造地点是整个项目的关键之一，建造地点的选择按以下原则：

（1）地质条件比较稳定，以确保承受载荷后不发生塌陷或不均匀的沉降，保证作业人员及设施的安全。

（2）过滤厂距塌陷区尽量近，缩短滤饼的输送距离。

（3）建造地点地势尽量高，使滤饼从高向低送，可减少推土机作业时间，并且可以增加塌陷区的堆存容积，延长其服务年限。

经反复现场踏勘，结合地表地形图和 +160m 水平中段的采掘平面图，有两处可用于塌陷区尾砂固结排放系统建设（见图 5 - 3）：一处是塌陷区南面的北区斜井口旁；另一处位于塌陷区东南角。兹将两处优缺点对比如表 5 - 10 所示。从减少投资和缩短滤饼输送距离考虑，北区塌陷坑全尾砂固结排放系统建造地点宜选择在北区塌陷坑的南面，即选择方案 1。

表 5 - 10　北区全尾砂固结排放系统建造地点比较

项　目	方案 1	方案 2
地点	塌陷区南面原民选厂处	塌陷区东南角
稳定性	在 2009 年圈定的移动界线内、靠近塌陷界线；下面存在矿柱，较稳定	在 2009 年圈定移动界线上、但在圈定塌陷界线外，较稳定

项　目	方案1	方案2
地表标高	282m，较低	298.25m，较高
距塌陷区中心距离	约150m	约300m
给矿输送距离	较近	稍远
对现有设施影响	基本无影响	占用部分现有简易公路，需改道
滤饼输送	后期需向上输送	后期为水平输送
堆存量	较少	较大
服务时间	较短	较长

5.2.2.2　管道线路选择

西石门铁矿北区全尾砂固结排放系统主要服务于北区塌陷坑的回填。如图5－3所示，西石门选厂至塌陷区的管道线路以线路2为最短，但这条线路地形起伏，也没有现成的道路，通过塌陷区的线路又长，而线路1所示线路地势平坦，又可以依现有的简易土路布线，通过塌陷区的管道也不长，而且过塌陷区的管道在现有的道路上，较为稳定，施工方便。因此，选择线路1所示路线为选厂至北区固结排放系统的矿浆输送管道的布置线路。

5.2.2.3　主体工程建设

系统主体工程主要包括18m浓密机、过滤机厂房和皮带输送机。

（1）中间浓缩的18m浓密机建在北区塌陷坑的南面，在过滤机厂房的东侧，占地314m²，平土标高＋298.4m，为全高架设计；基础为整板基础，设备为全钢结构，承重结构采用钢柱加交叉支撑体系，抗震等级为四级（见图5－4）。

（2）过滤厂房（带变电室和配电及控制室）建于18m浓密机西侧，主体结构采用钢框排架结构，墙面和屋面采用彩色夹芯板，占地630m²，平土标高＋298.4m，总高度15.8m，抗震等级为四级（见图5－5）。

（3）电控室紧靠过滤厂房布置，占地108m²。

（4）皮带输送机建在塌陷区南侧边缘地带。

北区塌陷坑现有简易公路与西石门铁矿选矿厂相通，除局部需修建简易公路外，不另行修建道路。

5.2.3　滤前浓密系统建设

5.2.3.1　系统水循环

为实现塌陷区尾砂固结排放工业化，确定全尾砂固结排放工艺试验流程为尾砂泵送→胶凝材料添加→浓缩脱水→尾砂固结与排放。整个固结排放系统由选矿厂的尾砂分流输送、塌陷区的中间浓缩、固结料添加、脱水过滤及干料（滤饼）

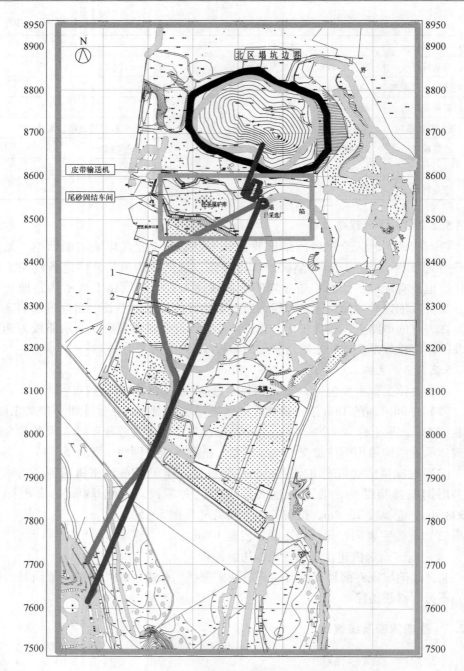

图 5 - 3　西石门铁矿北区塌陷坑尾砂固结排放系统布置

输送等环节组成。选矿厂排出的尾砂浆经 45m 浓密机浓缩后,通过一台隔膜泵输送一个磨机系列的尾砂至北区塌陷坑附近的 18m 浓密机,18m 浓密机的底流通过

图 5-4 18m 浓密机

图 5-5 过滤机厂房

渣浆泵送至脱水过滤前的给料搅拌桶，固结料（水泥）通过散装罐车运至塌陷区并泵入固结料（水泥）仓内存储备用。料仓内的固结料通过仓底的定量给料系统送入脱水过滤前的给料搅拌桶与尾砂浆混合，混合后的尾砂浆给入圆盘真空过滤机，经过滤机过滤后的滤饼通过皮带输送机转运至塌陷坑。整个系统由选矿厂内的尾砂分流泵送系统、北区塌陷坑附近的过滤前矿浆浓密系统、固结料添加系统、圆盘过滤机脱水过滤系统、皮带输送系统等组成。

塌陷区排尾系统规模为 80t/h，满足选矿厂一个系列生产时全部尾砂的排放要求。若选矿厂三个系列生产时，同时向尾矿库和北区塌陷坑同时排尾。西石门铁矿全尾砂固结排放设计矿浆流程如图 5-1 所示。若输送到过滤前浓密机的矿浆重量浓度 36%，则干矿量为 76t/h，矿浆量为 162.27m³/h；排到塌陷区的矿浆量为 49.57m³/h。结合图 5-1，返回工艺流程的水为 113.24m³/h。

5.2.3.2 尾砂分流与矿浆输送

（1）尾砂分流输送泵。按图 5-1 分流泵输送流量为 162.27m³/h，输送浓度为 36%，尾砂分流取料口设在隔膜泵站的一台隔膜泵出口管道上，这台隔膜泵既可向后井尾矿库输送亦可向塌陷区输送，关闭向后井尾矿库的管道闸门，打开向北区的管道闸门，即可停止向后井尾矿库的输送而改向塌陷区输送尾砂。

（2）尾砂分流输送路线。隔膜泵上的分流管，沿现有至后井尾矿库的管线平行布置约 100m，然后转向北偏东方向，跨越小河沿水沟至北塌陷区斜井口旁，然后绕道至塌陷区浓密机。因浆体输送管道口径较小，支柱最大间距为 9m，若河套中采用支柱则支柱数量过多，故河套上建管道桥架，河套中设两个支柱，河套宽约 100m。

输送距离为 1500m，输送高差 22m（输送至浓密机顶部），按经验临界流速约为 1.8 ~ 2.0m/s，输送速度定为 2.4m/s。

$$D = 2\sqrt{\frac{Q}{3600 \cdot \pi \cdot v}} = 2\sqrt{\frac{162.27}{3600 \times 3.14 \times 2.4}} = 0.154(\text{m})$$

式中 D——输送管内径，m；

    v——矿浆流速，m/s，$v = 2.4$m/s；

    Q——矿浆流量，$Q = 162.27$m³/h。

取输送管道内径为 160mm。

5.2.3.3   滤前浓缩系统

（1）尾砂固结排放系统过滤前浓密机选型依据。长沙矿冶研究院对邯邢地区玉石洼铁矿尾砂进行过系统的沉降实验，实验结果如图 5 - 6 ~ 图 5 - 8 所示。

（2）尾砂固结排放系统过滤前浓密机选型。进入塌陷区过滤前浓密机的干矿量为 76t/h，因尾砂中含极细粒，应用 40g/t 絮凝剂。参考其他物料实验结果，浓密机面积负荷可达 300kg/m² 时，选用 1 台 18m 浓密机。现场所使用浓密机为 HRC18 型浓密机，由长沙矿冶研究院设计提供，功率 5.5kW，总重 130t，直径 18m。18m 浓密机建在北区塌陷坑的南面，过滤机厂房的东侧，设备为全钢结构（见图 5 - 4）。

絮凝剂用量为：$76 \times 40 = 3040(\text{g/h}) = 3.04(\text{kg/h})$

絮凝剂采用两段稀释，一段稀释到浓度 0.2% ~ 0.3%，二段稀释后浓度为 0.03%。絮凝剂系统型号为长沙矿冶研究院研制的 HRC - XNJ - P - 5。

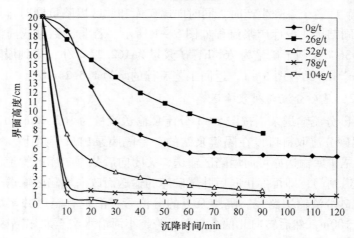

图 5 - 6   初始浓度 20%，不同絮凝剂用量的沉降实验曲线（$T = 26.5℃$）

（3）过滤前浓密机的底流输送。工艺基础数据：浓密机的底流浓度为 50%，底流流量为 108.58m³/h，输送管道平面长 50m，加上弯头折合长及立管长约

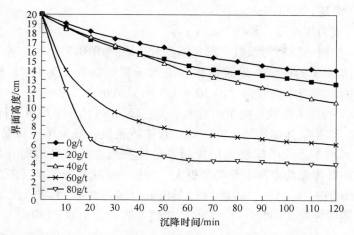

图 5-7 初始浓度 26%，不同絮凝剂用量的沉降实验曲线（$T = 28℃$）

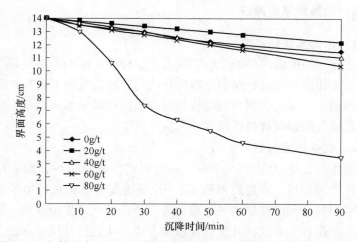

图 5-8 初始浓度 31%，不同絮凝剂用量的沉降实验曲线（$T = 28℃$）

100m，输送速度为 1.8m/s。

$$D = 2\sqrt{\frac{Q}{3600 \cdot \pi \cdot v}} = 2\sqrt{\frac{108.58}{3600 \times 3.14 \times 1.8}} = 0.146(\text{m})$$

输送清水所需的泵总水头：

$$H = \Delta H + f\frac{L}{D} \cdot \frac{v^2}{2g} = 9 + 0.017 \times \frac{100}{0.146} \cdot \frac{1.8^2}{2 \times 9.8} = 10.92(\text{m})$$

式中 H——输送清水总水头，m；

ΔH——位置水头，过滤机前搅拌桶入口和浓密机排矿口的高差 $\Delta H = 9\text{m}$；

L——管道折合总长，输送管平面长 50m，加上弯头等折合长度 $L = 100\text{m}$；

D——输送管道内径，$D = 0.146\text{m}$，取 $D = 0.150\text{m}$；

　　　　v——流速，$v = 1.8\text{m/s}$；

　　　　g——重力加速度，$g = 9.8\text{m/s}^2$；

　　　　f——达西摩擦阻力系数，对普通钢管，取 $f = 0.017$。

　　对于浓度 50% 的矿浆，矿浆扬程和清水扬程的扬程比为 0.7，故输送浓度 50% 的矿浆的泵的清水扬程为：$10.92 \div 0.7 = 15.6(\text{m})$。

　　再取 10% 的富余系数，则泵的总水头为：$15.6 \times 110\% = 17.16(\text{m})$。

　　实际上，这是浆体输送的计算。对于膏体浓密机，底流浓度极易超过 55%，输送阻力要大很多，除了需要采用控制系统控制流变外，采用离心泵输送底流时，底流泵的扬程和功率富余量必须更大。按长沙矿冶研究院的工程案例，输送泵型号应为 100ZJ – I – A36，转速 1480 转/min，装机功率 55kW，配 2 台，1 工 1 备，采用变频器控制。100ZJ – I – A36 渣浆泵参数：流量 $Q = 130\text{m}^3/\text{h}$、清水扬程 $H = 49.5\text{m}$。

5.2.4　固结材料添加系统建设

5.2.4.1　添加系统组成

　　为使排入到塌陷区的尾砂遇水时不致泥化，排放前需加入一定量的水泥或其他胶凝材料。为使固结胶凝材料和尾砂混合均匀，固结胶凝材料按比例加入过滤前的给料搅拌桶中。因此，固结胶凝材料添加系统由散装水泥运输车、料仓、干粉定量进料系统、调浆搅拌桶等组成。

5.2.4.2　设备选型与建设

　　因固结料掺加比例仅为 2% ~ 3%，固结料的添加量很少，而固结料需输送到过滤前的尾砂搅拌桶，输送高差约 8m。若采用皮带输送机和电子皮带秤输送和计量，固结料料仓和搅拌桶水平距离须为 25m，必须建皮带通廊。因此，采用螺杆输送机、皮带秤和斗式提升机联合输送方式，斗式提升机紧靠过滤前的尾砂搅拌桶布置，负责垂直输送；水泥仓配置在过滤前给矿搅拌桶旁，和搅拌桶存在一水平距离，采用螺杆给料机控制水泥给量，计量皮带负责水泥干粉计量并进行水平输送，配置比较紧凑。螺杆给料机采用变频驱动。

　　(1) 散装水泥运输。按尾砂处理能力为 80t/h 计，固结料用量为尾砂处理量的 2% ~ 4% 计，则固结料用量为 1.6 ~ 3.2t/h，每天水泥消耗量为 38.4 ~ 76.8t。散装水泥由水泥厂运至塌陷区工地并泵入水泥料仓。

　　(2) 固结材料仓。尾砂处理量为 80t/h，固结料掺量按尾砂处理量的 2% ~ 4% 计，固结料用量为 1.6 ~ 3.2t/h，固结料料仓按连续工作 24h 不断料设计，水泥堆密度按 1.6t/m³，料仓容积为：

$$\frac{3.2 \times 21}{1.6} = 48(\text{m}^3)$$

固结料料仓布置于过滤机厂房外，呈锥形，直径3m，采用通用水泥仓。

（3）干粉定量进料系统。干粉定量进料系统由螺旋给料机（见图5-9(a)）和计量皮带组成，螺杆给料机为变频器调速，螺杆给料机直接装在料仓的下料管道上，计量皮带装在螺杆给料机的下面，计量皮带为固定转速。固结料仓配一套干粉定量进料系统。

（4）斗式提升机。因需提升的水泥量很少，故采用最小型号的斗式提升机（见图5-9(b)），型号TD160，功率4kW。

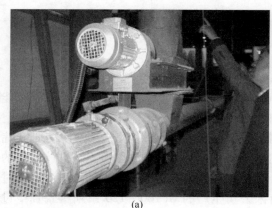

(a)   (b)

图5-9 固结材料添加系统

(a) 螺旋给料机；(b) 斗式提升机

（5）混合料浆搅拌。设计采用矿浆搅拌桶，搅拌桶直径3m，料浆驻留时间为10~12min（见图5-10）。

图5-10 搅拌桶

固结材料添加系统主要设备明细见表5-11。

表 5 – 11　固结材料添加系统主要设备

序号	名称	型号	数量/台	功率/kW	备　注
1	固结料仓	50m^3	1		
2	螺杆给料机	LS1500 – 1500	1	2.2	变频调速
3	计量皮带	DELX0528	1	1.5	
4	斗式提升机	TD160	1	4.0	
5	矿浆搅拌桶	ϕ3m	1		

5.2.5　脱水过滤系统建设

5.2.5.1　系统设备选型

全尾砂固结排放系统的处理能力为 60 万吨/年，换算成小时尾砂处理能力为80t/h。按前所述，推荐流程为中间浓缩 – 过滤流程，选用 60m^2 的盘式真空过滤机，其处理能力为 24t/h，故正常生产需要 3 台设备。根据长沙矿冶研究院的工程实践，长期运行时，过滤机的生产能力变化较大，故作为固结排放系统的骨干设备，建议仍配置 4 台过滤机，在生产过程中 3 台工作，1 台备用。圆盘过滤机选择江苏无锡同至人机械设备有限公司生产的 GPT60 – 120 系列盘式真空过滤机（见图 5 – 11），其主要技术参数如表 5 – 12 所示。

GPT60 – 120 盘式真空过滤机系统主要有 GPT60 – 120 重型盘式真空过滤机主机 4 台、配套 2BEC42 型真空泵 4 台、强制排液系统 4 个（含罐和密封水箱）和风包 4 个等组成。

图 5 – 11　GPT60 – 120 型盘式真空过滤机

表 5 - 12　GPT60 - 120 型盘式真空过滤机主要技术参数

序号	指　　标	单位	数　　值
1	过滤面积	m²	64
2	滤盘直径	mm	2600
3	滤盘数量	个	8
4	外形尺寸（长×宽×高）	mm	5565×3290×3190
5	设备自重	t	15.9
6	主轴电机功率	kW	5.5
7	主轴转速（无级调速）	r/min	0.1～1
8	搅拌装置电机功率	kW	7.5
9	搅拌转速（无级调速）	r/min	22～11

5.2.5.2　圆盘真空过滤机组成

GPT60 - 120 型盘式真空过滤机是一种固液分离设备，是利用真空作为过滤动力，对浆体进行固液分离。该机采用滤盘滑撬导向、变速搅拌、反吹风卸料、自动集中润滑等先进技术，是一种性能优异、使用可靠的脱水设备，是为铁精矿、有色金属精矿脱水工作而特别设计的新型盘式真空过滤机，也适于洗煤选矿、非金属矿、化工、环保等作业。

圆盘真空过滤机组成主要由槽体、主轴传动装置、导料及卸料装置、左右分配头、搅拌装置、滤布清洗装置、自动集中润滑装置、给矿系统和自动电控系统等部分组成（见图 5 - 12）。

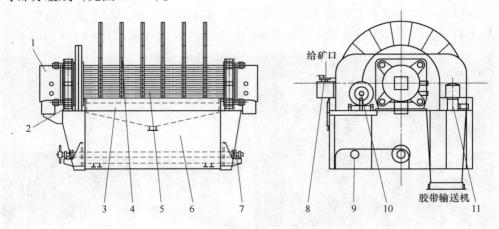

图 5 - 12　过滤机外形结构

1—分配头；2—轴承；3—导料及卸料装置；4—滤盘；5—主轴；6—槽体；7—搅拌装置；
8—给矿装置；9—搅拌传动；10—主轴传动；11—集中自动润滑系统

5.2.6　固结尾砂输送与排放

采用皮带输送机将混合后的尾砂滤饼向塌陷区输送，过滤机下布置一条固定皮带输送机，将滤饼输送到过滤厂一端，再通过与过滤机下皮带垂直的皮带将滤饼输送到过滤厂外，再通过长距离皮带转运到塌陷区。

5.2.6.1　系统设计

根据系统的尾砂处理能力，选用宽1.2m的强力皮带。开始排尾时只布置三条皮带，随着固结排尾的进行，需要增加三条水平移动皮带。为使移动皮带移动灵活，过滤厂外不布置轨道，仅修移动道路。因移动空间受限，水平移动皮带机运行一段时间后需做加长改造。室外后期增建的皮带需作专门的设计，中间可以分节。

将浓缩过滤及混合系统建在北塌陷区的一角，排尾从塌陷区边缘开始，布置几个排放点，采用皮带输送，将混合后的干料排至塌陷区。每个排放点排出一定尾砂后用推土机向塌陷区中心推平，自塌陷区边缘逐步向中心排放。

虽尾砂经固结后排放，但尾砂固结需一定的养护时间，雨天滤饼直接排到塌陷区，经雨水冲刷后仍有泥化可能。因此，在塌陷区应设一简易雨篷，下雨时固结尾砂先排入雨篷中，固化后再用推土机推入塌陷区。雨天作业时，为加速尾砂固结，需提高水泥掺量。根据前期研究成果，水泥掺加量可提高到3%。考虑雨季情况，设计尾砂的临时堆存场地满足三天尾砂堆放要求，三天的排尾量约为5760t，滤饼体积为3681m³，设尾砂的堆积厚度为2m，则堆场的面积为1840m²。设计堆场宽为30m，长为60m。

5.2.6.2　系统建设

（1）胶带输送机。固结排放工段现共设3段皮带，1号皮带安装在圆盘过滤机下料口，用于收集过滤机生产的滤饼并转入2号皮带（见图5-13（a）），2号

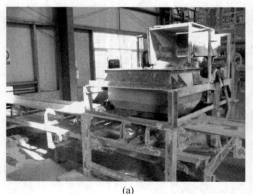

（a）　　　　　　　　　　　　　　　（b）

图5-13　胶带输送机
（a）1号和2号皮带；（b）3号皮带

皮带通往塌陷区并连接3号皮带，由3号皮带直接将滤饼排入塌陷区内。其中，3号皮带应当灵活摆动，并经常性地进行摆动，使得排放尾砂在塌陷坑边缘均匀分散，水分得到充分蒸发，以利于减少坑底渗水（见图5-13(b)）。

（2）转排设备。尾砂固结后由松散体变成固结体，黏聚力增加，自立性增强，3号皮带端部出现锥形的固结尾砂堆体（见图5-14(a)），需要配备铲运机、挖掘机等转排设备。

(a)   (b)

图5-14 转排设备
(a) 锥形固结尾砂堆体；(b) 铲运机

此外，雨天需移动皮带和推土机配合作业，才能在临时堆场内堆到需要的高度，减少堆场面积。临时堆场设在塌陷区内，待排入一定的尾砂后推平再建。

5.2.7 检测控制系统建设

（1）系统集中管理（SCADA）系统。SCADA系统是一个通过人-机界面和可编程序控制器（PLC）组成的网络系统，每个设备或仪表现场由一个独立的PLC控制，并将数据传输到主控制计算机。对于远距离的通信，该网络系统提供光纤通讯进行相互联系，基于人-机界面的主控制计算机位于尾砂固结排放厂房内的集中控制室，便于整个系统操作员观测工艺过程和进行系统的监控。

位于尾砂固结排放系统厂房内的集中控制室的SCADA系统监视和控制整个生产系统，应具有以下功能：1）系统的连锁启动和停车控制；2）系统的工艺参数检测传感；3）系统的泵的转速控制；4）系统的阀门的阀位控制；5）系统有关的液位控制；6）相关的视频监控。

在固结排放尾砂系统过滤厂设集中控制室，集中控制室设上位工控机和下位机。总共有四个下位机，下位机均为PLC，此4个PLC分别是：1）用于浓密机底流浓度及流量控制、浓密机加药量控制、过滤机给矿箱内液位及过滤机槽体内液位控制的PLC；2）絮凝剂系统标配的小型PLC；3）盘式真空过滤机系统的

PLC；4）皮带秤标配的小型 PLC。上位机管理此 4 个 PLC，提供历史数据储存和报表打印，上位机是系统的人机界面。

一个非标配置的下位机用于浓密机、搅拌桶的控制，其检测量包括浓密机的底流浓度、底流量、浓密机内存矿量、过滤机给料搅拌桶的液位，其连续控制输出信号是浓密机底流泵的变频器控制信号，控制浓密机的底流排量。该 PLC 还包含其他的系统启动和停车连锁控制，此 PLC 构成一个操作柜，具有触摸屏，为全触屏操作。另一个非标配置的下位机用于过滤机系统及螺杆给料机的控制，控制各台过滤机、真空泵、过滤机的给矿电动阀，螺杆泵的变频器，另外也检测料仓的料位，该 PLC 亦构成一个操作柜，具有触摸屏，为全触屏操作。

基于人 - 机界面的主控制计算机是监视和控制整个系统的 SCADA 系统的核心组成部分，主控制计算机采用两个中央处理单元，组成冗余结构以提高 SCA-DA 系统的可靠性。无论什么时候，以一个单元为主，控制输送工艺过程，第二个单元是备用设备，一旦主机发生故障，另一台主机立即投入工作。

（2）尾砂分流及矿浆输送量的检测控制。向塌陷区的输送泵为隔膜泵，固定输送流量。

（3）尾砂固结排放系统过滤前浓密机的检测控制。采用流量计检测浓密机的底流流量，长沙矿冶研究院的非辐射浓度计检测浓密机的底流浓度，压力传感器检测浓密机的存矿量，变频器调节底流泵的流量。

（4）过滤系统检测控制。采用超声波界面计检测过滤机前给料搅拌桶的液位，过滤机给料搅拌桶的液位信号反馈到浓密机底流泵的流量控制，过滤机的给矿管道上安装电动调节阀，调节过滤机的给矿量。此外，每套过滤系统由供应商提供含转盘电机变频器和搅拌电机变频器的本地控制柜各 1 个。

（5）固结材料添加系统的检测控制。固结材料的定量给料是通过下述环节调定的，料仓下部安装有变频调速的给料螺杆进料机，螺杆进料机为变频驱动，进料量可以连续可调。螺杆进料机的出料给到计量皮带上，计量皮带将水泥输送到斗式提升机的进料口，由斗式提升机送到搅拌桶。料仓上部安装一个干粉料位计。

（6）混合及排尾输送系统的检测控制。固结材料和尾砂的混合在搅拌桶内完成，搅拌桶内装液位计。移动皮带安装有马达，配滚轮。塌陷区排尾点设置视频头监控。

5.3　尾砂固结排放工艺优化

5.3.1　固结排放工艺流程

西石门铁矿北区塌陷坑全尾砂固结排放工艺流程为：全尾砂泵送→胶凝材料添加→浓缩脱水→尾砂固结与排放（见图 5 - 15）。

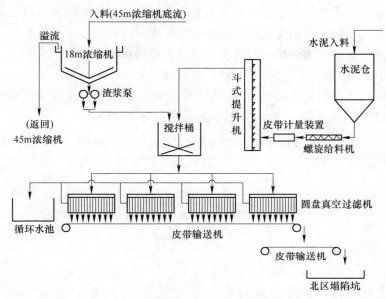

图 5 - 15 西石门铁矿北区塌陷坑全尾砂固结排放系统

（1）全尾砂泵送。自排尾车间将浓度约36%～40%的全尾砂浆泵送至北区塌陷坑固结排放系统，尾砂的单位排放能力为60t/h。

（2）胶凝材料添加。将胶凝材料（矿渣硅酸盐水泥 P. S 32. 5）按一定比例（约2%～3%）加入全尾砂浆中，经搅拌桶搅拌，使胶凝材料与尾砂浆充分混合均匀。

（3）浓缩脱水。采用盘式过滤机对掺加适量胶凝材料的尾砂料浆进行过滤脱水，脱水后的滤饼含水量20%～25%（即，滤饼固体重量浓度达到75%～80%）。

（4）尾砂固结排放。将过滤脱水后的全尾砂滤饼，通过皮带运输机输送至塌陷坑堆排并固结。

要使尾砂固结排放系统正常运行及最终产品达到要求，首先要保证从排尾车间泵送一定浓度和流量（160m³/h）的矿浆，同时维持浓密机底流→搅拌桶→过滤机→塌陷区过程中的物料平衡，并通过水泥给料机实现2%～3%的水泥配比。

5.3.2 主要设备及其性能

固结排放工段主要设备包括浓密机、水泥给料机、搅拌桶、圆盘真空过滤机、真空泵和皮带运输机。

5.3.2.1 18m浓密机

浓密机主要是由圆形浓缩池和耙式刮泥机两大部分组成，浓缩池里悬浮于矿浆中的固体颗粒在重力作用下沉降，上部则成为澄清水，使固液得以分离，沉积于浓缩池底部的矿泥则由耙式刮泥机连续地刮集到池底中心排矿口排出，而澄清水则由浓缩池上沿溢出。耙式旋转支架通过止推轴承支撑在固定支架上，并用轴连接耙架，工作时，由于耙架的回转而使旋转支架相应地转动。

现场所使用浓密机为 HRC18 型浓密机，由长沙矿冶研究院设计提供，功率 5.5kW，总重 130t，直径 18m，主要技术参数见表 5-13。

表 5-13　HRC18 型浓密机主要技术参数

部　件	名　称	参　数
槽　体	处理能力/t · h^{-1}	30~0
	内径/m	18
	高度/m	10.45
	容积/m^3	1200
电　耙	转速/r · min^{-1}	10
	耙齿高度/mm	180
传动装置	液压马达 排量/mL · r^{-1}	159
	单位理论扭矩/N · m · MPa^{-1}	24
	输出转速/r · min^{-1}	15~1000
	液压站 系统过滤精度/μm	100

（1）结构构成。主要由桥架、驱动提耙机构、进料管、长耙、短耙、液压站、电控装置等组成。桥架安装在钢筋混凝土立柱上，是操作人员进入浓缩机的通道，也是机器承受全部重量的部件；稳流筒安装在桥架下面，进料管与稳流筒相连，物料通过进料管流入稳流筒后，进入浓缩池内部；驱动提耙机构安装在桥架上，其下端固接台侧面安装耙架，当驱动装置的主轴转动时，带动耙架回转，耙架下部的耙齿将沉降后的物料刮向浓缩池中央，由底流泵排出。压站为驱动提耙机构提供动力，液压站的油泵为变量泵，通过调节油泵的排油量，可以改变耙架的转速，以达到最佳工艺效果。

（2）工作原理。启动电机后，油泵开始工作，驱动液压马达减速器，使传动装置的主轴带动耙架运转，浓缩机开始投入运行。当沉淀在浓缩池底部的物料增多，又不能及时将物料排出时，耙架刮泥的阻力加大，运行压力升高。当压力升高至 4MPa 时，压力继电器、电磁阀、延时继电器动作，切断供给液压马达的油路，液压马达停止运行，即耙架停止转动，提耙油缸将耙架提升，延时 5~6s，此时电磁阀动作，恢复向液压马达供油，耙架即在此高度上运转，随着工作阻力减小，耙架靠自身重量逐步下降至正常工作位置。当工作压力再次升高到允许值时，耙架会再次提升，重复以上动作，达到自动提耙、降耙的目的。当耙架的工作阻力继续增大，耙架上升接近极限位置时，行程开关动作，切断电源，浓缩机停止运行。此时，应排除故障，再手动开机。油泵为变量泵，调节油泵的流量，可调节耙架的转速。一般情况下，控制在每转一圈 $10 \sim 15min$。

固结车间浓密机的入料由排尾车间 1 号隔离泵供给，流量为 $160m^3/h$，浓度为 $36\% \sim 40\%$（排尾车间提供），浓密机底流流量由阀门和电机控制，在底流处安装有流量表，可以显示瞬时流量和累积流量。浓密机设计的底流浓度为 $48\% \sim 50\%$。根据现场测量，在其他设备运转基本正常时，流量表示数范围在 $45 \sim 55m^3/h$，浓度为 $43\% \sim 50\%$。

（3）浓密机底流流量调节阀门。按以下顺序开启水泥给料机系统：开启斗式提升机→开启水泥给料机。

当底流浓度为 $43\% \sim 50\%$，流量示数范围在 $50 \sim 60m^3/h$ 时，能满足真空过滤机最佳处理浓度和处理量要求。具体调节方法如下：

1）排尾车间给料前

①打开浓密机底流阀门，同时注入一定量的冲洗水，然后调节电机转速，将浓密机底流流量控制在 $50 \sim 60m^3/h$。

②用浓度壶测量过滤机入料浓度。若偏低，可适当加大底流阀门开度，并减小冲洗水阀门开度；若偏高，可适当减少底流阀门开度，并增大冲洗水阀门开度，以保证底流浓度为 $43\% \sim 50\%$，流量示数范围在 $50 \sim 60m^3/h$。

2）排尾车间给料后。当排尾车间向固结排放工段供料且当系统运行稳定后，浓密机底流浓度将会保持在 48% 左右。此时，只需通过调节电机转速和底流阀门开度大小，以保证流量在 $50 \sim 60m^3/h$ 之间。

5.3.2.2　料浆搅拌桶

（1）原设计存在问题。西石门铁矿尾砂固结排放系统虽已竣工，且进行多次试车，但系统一直不能连续稳定工作。经现场跟班观察，发现主要存在下述问题：

1）搅拌桶内出现尾砂固结，导致搅拌桶沉槽，水泥经水润湿后板结，沉积在搅拌桶的一侧。

2）过滤机的喂浆管道水平且无坡度，导致管道内料浆沉积堵管。

（2）搅拌桶桶体改进设计。针对上述问题，长沙矿业研究院有限责任公司联合西石门铁矿排尾车间，就上述固结排放系统存在的问题提出以下整改措施：

1）搅拌桶桶体改进。原设计采用矿浆搅拌桶，不适宜水泥尾砂浆体的搅拌。对于固结排放工艺，尾砂浆中加入水泥后易板结，另外提升机给入搅拌桶的水泥有时成团结块，需强力搅拌。原设计搅拌桶直径 3m，驻留时间为 12min，现将搅拌桶的槽体直径改为2.5m，驻留时间改为6min。因桶体直径缩小，现有搅拌叶轮的搅拌作用将加强，同时搅拌桶内侧底部重新焊接底板，缩短叶轮距桶体底面的距离，并在底部和桶体周边安设导流条，使搅拌桶内形成W形水流，改造方案见图5-16、图5-17。

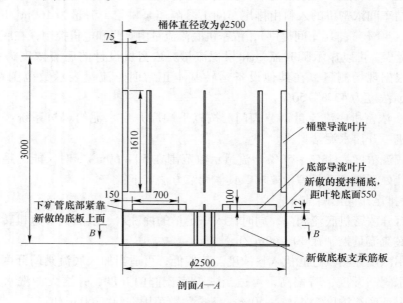

图5-16　搅拌桶剖面图（单位：mm）

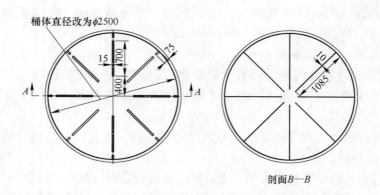

图5-17　搅拌桶俯视图

此种改造的意图是尽量利用现有的搅拌桶传动系统，若仍存在问题，则需加大叶轮、主轴及电动机，即更换传动系统。现有两种方案可供选择：①现有叶轮和主轴不变，转速提至350r/min，需要换电动机和小皮带轮；②叶轮加大，主轴加粗，转速适当提高到200r/min，电机功率加大，单传动系统的磨损会小些。此外，水泥配比不宜过高，否则更不易搅拌；搅拌桶内的液位也不宜太高（液位低些，搅拌会更强烈）。

2）喂浆管道坡度。自搅拌桶至过滤机的料浆输送管道（喂浆管道）需要5%的坡度。实际改进结果为：1号过滤机喂浆管道坡度5.7°，2号管道12°，3号管道9°，4号管道7°，改进后效果明显，堵管次数大大减少。

（3）搅拌桶液位控制。搅拌桶的液位能否稳定是由浓密机给料量和真空过滤机的处理量决定的。现场观测数据表明，当底流浓度为43%～50%，流量示数范围在45～55m³/h时，其液位相对稳定。

现在的主要问题是液位通过人工方式进行控制，在浓密机底流不稳定的情况下（例如，固结排放系统开机但排尾车间1号油隔离泵尚未供料时，系统主要处理浓缩池底沉积的部分尾砂，因尾砂粒度差异，造成尾砂在沉淀过程中分层，粗颗粒在下而细颗粒在上，进而造成底流排砂不稳定），液位偏高而出现料浆跑冒，液位偏低则易造成水泥扬灰。

5.3.2.3 圆盘过滤机

盘式真空过滤机是一种固液分离设备，是利用真空作为过滤动力，对浆体进行固液分离。

（1）工作原理与工作条件。盘式真空过滤机是由多个单独的扇形片组合的圆盘构成。滤扇从矿浆液体中脱离并转至脱水区后，在真空的抽吸力作用下，水不断与滤饼分离，并从滤液管及分配头排出，滤饼因脱水而干燥。进入卸料区，滤饼由刮刀或反吹风卸下，落入排料槽和运输胶带。整个脱水作业过程连续循环进行。盘式真空过滤机最佳给矿料浆浓度在35%～65%。

（2）工作条件。盘式真空过滤机的工作条件为：

1）矿浆中固体颗粒粒度为 $-0.038 \sim -0.147$mm；

2）矿浆应为无腐蚀性，若处理腐蚀性物料时，需特殊设计；

3）矿浆温度范围 $10 \sim 50$℃；

4）最佳矿浆浓度35%～65%（金属矿物）或20%～40%（煤和其他轻质物料）。

（3）设备选型。清华大学实验表明，圆盘过滤机最佳给料浓度为45%～50%，过滤机的给矿浓度越高，其过滤系数亦越高，故设计采用长沙矿冶研究院的18m浓密机作为过滤前的矿浆浓缩，将圆盘过滤机的给矿浓度提高至50%～55%。过滤面积为60m²的圆盘过滤机，在不同给矿浓度下的过滤机选型见表5-14。根据表5-14，取过滤机单台处理量在两个浓度之间的平均值，则现场3台过滤机正常运转的处理量大约为65m³/h。而现场观测表明，当浓度为43%～50%，流量示数范围在45～55m³/h时，与车间正常运转基本相吻合。

表 5 - 14　圆盘过滤机选型计算表

	指　标	单位	方案一	方案二	说明
1	过滤机给矿浓度	%	36	45 ~ 50	
2	过滤系数	kg/(m² · h)	292.5	468	
3	60m² 过滤机处理量	t/台	17.55	28.08	
4	过滤作业处理量	t/台	80	80	
5	过滤机台数	台	4.55	2.84	
6	最少运行的过滤机	台	5	3	
7	过滤机装机台数	台	6	4	

5.3.2.4　皮带输送机

固结排放工段现共设 3 段皮带输送机，1 号皮带（长 32m）安装在过滤机下料口，收集过滤机生产的滤饼并转入 2 号皮带（长 96.3m），2 号皮带通往塌陷区并连接 3 号皮带（长 37.4m），由 3 号皮带直接将滤饼排入塌陷区内。现场观测表明，现有皮带输送机的处理能力完全能满足当前生产能力要求。

随着尾砂固结排放逐渐向塌陷区中部推进，要求 3 号皮带具有可移动性，及时将 2 号皮带转排的尾砂干料排入塌陷区。3 号皮带设计采用可伸缩式皮带输送机，并架设在轨道上，随着排放工程的推进而不断架设轨道、前移 3 号皮带输送机（见图 5 - 18(a)、(b)）。为使固结尾砂均匀排放，在可伸缩的基础上再对 3 号皮带进行改造，增加了左右摆动的功能（见图 5 - 18(c)），使得排放的固结尾砂在塌陷坑边缘均匀分散，水分得到充分蒸发，减少固体渗水对塌陷坑下部的影响。后期，为确保塌陷区固结排放安全，在原基础上，引入前装机进行二次转排（见图 5 - 18(d)），形成"半移动式胶带运输 + 前装机二次转排"的排放模式。

5.3.2.5　水泥给料机

水泥给料系统主要由水泥仓、螺旋给料机、皮带秤、斗式提升机和除尘装置组成。目前水泥流量设定为 2t/h，基本满足水泥含量 2% ~ 3% 的配比要求，控制柜上显示器可以查看瞬时流量计累积流量，若显示器损坏，流量则无法查看。

水泥给料管道易堵，水泥受潮或给料不均匀可能是水泥给料口发生堵塞的主要原因。料浆中加入水泥会发生固结现象，导致某些管道黏结而堵塞。水泥给料系统增加干料流化装置和除湿装置可改善水泥的流动状态，保证粉料的均匀、准确供给。

5.3.2.6　设备性能匹配

根据上述对工艺流程的分析和各设备性能现场比对，可以得出以下结论：浓缩机底流流量和浓度是决定后续设备能否正常运转的关键。因此，只要控制底流

图 5 - 18 可伸缩移动的 3 号皮带的改造
(a) 改进前的 3 号皮带端部；(b) 改进前的 3 号皮带底部结构；
(c) 改进后的 3 号皮带（可左右摆动）；(d) 改进后的 3 号皮带（前装机转排）

浓度为 43% ~ 50%，流量示数范围在 50 ~ 60m³/h，就基本能实现固结排放车间的正常运转。只有在保证底流流量与浓度稳定的前提下，才能开展过滤机工作性能与参数的优化。

5.3.3 生产数据监测及参数优化

5.3.3.1 尾砂浆浓密系统

由于浓密机频繁停机和检修，关于浓密机各个时间点的电耙扭矩及底流泵的流量在 2012 年 8 月 25 日至 9 月 1 日以及 2012 年 9 月 7 日至 12 日有了较为详实和完整的记录。下面分别对两段时间的数据进行整理和分析。表 5 - 15 是 2012 年 8 月 25 日至 9 月 1 日期间，浓密机出现异常，电耙扭矩难以下降的观测情况。

固结工段现场的工作方式是，从浓密机开机直到扭矩降到 1.0 才通知排尾供料，而这段时间耗时过长（大约 4h），导致浓密机正常运转时间基本不足 10h，严重影响滤饼产量。浓密机电耙扭矩长时间难以下降的主要原因有：

（1）上一班生产结束前浓密池内矿浆排出太少，浆体仍然累积比较多，液面很高，电耙启动后受到的阻力比较大；

（2）由于开机前是检修班，浓密机停机8h，浓度较高的浆体向下沉淀，浓度较小的清水在上面，电耙启动要将周围浆体搅动至速度与电耙速度一致，而压实的浆体给予电耙很大的反作用力，因而扭矩会比较大；

（3）工人操作不熟练，方式不当，底流阀门开的太小，排料太慢。另外，电耙扭矩降到1.0才开始给料是没有必要的，也是不科学的，因为排尾隔离泵向浓密池给料的时候，浆液旋转流动会促进池内矿浆的流动，减小扭矩。

经过2012年9月4日到6日三天设备检修（水泥给料机电机烧坏，停机），排空浓密池，重新讨论并改善了以往的操作方式，电耙扭矩在1.3左右时就开始给料。表5-16是2012年9月7日到12日浓密机正常运转的数据记录情况。浓密机运行正常时，在开机后60min左右排尾车间可以正常给料，同时扭矩可以降到2.0以下。停机时提前90min停止给料，浓密机再运行大约半小时开始停机。

表5-16说明正常运行时浓密机两班生产的矿浆处理量可以达到700～800m³左右。9月8日至9月9日的处理量高达831.7m³，开机后15：30排尾车间才开始给料，9月9日至9月10日处理量则只有389.8m³，开机后19：30排尾车间才开始给料，这两组数表明缩短开机准备时间，使排尾车间尽快给料，可以极大地提高固结系统正常运行时间，从而能有效地提高产量。需说明的是，自2012年9月7日起固结排放工段班次时间有所调整，第一班生产自15：00至23：00，第二班检修自23：00至次日07：00，第三班检修次日07：00至次日15：00；2012年9月9日3号皮带检修移动，19：30开始转车；9月12日3号过滤机更换滤布，4号过滤机清洗，2号过滤机停机，只有1号过滤机运行；9月13日至19日由于各种原因均不正常生产。

表5-15　浓密机扭矩记录（2012.8.25～9.01）

日期	开机至正常给料耗时/h	正常运转时间（排尾给料时间）/h	备　注
8.25	3.00	11.00	固结工段每日两班生产，一班检修，第一班生产从16：00到24：00，第二班生产从24：00到次日08：00，最后一班检修。排尾车间在第一班开机后浓密机扭矩降至1.0时开始给料，在第二班结束前两小时停止给料
8.26	5.00	9.00	
8.29	3.67	10.33	
8.30	5.50	8.50	
8.31	9.50	4.50	
9.01	6.50	7.50	

表 5 –16 浓密机系统数据记录 (2012.9.7 ~ 12)

日期	时刻	扭矩	渣浆泵流量/m³·h⁻¹		渣浆累积流量/m³		每24h（三班）矿浆处理量/m³
			1 号	2 号	1 号	2 号	
9.7	17：00	1.2		43.7		9962.7	
	19：00	0.9		46.4		10011.9	
	21：00	0.8		66.7		10112.8	
	23：00	0.8		54.5		10223.1	658.7
9.8	1：00	0.8		55.6		10336.9	
	3：00	0.8		62.5		10461.2	
	5：00	0.7		64.2		10592.6	
	6：00	0.7		56.3		10621.4	
	15：30	1.6		49.8		10621.4	
	17：30	0.8		68.7		10744.6	
	19：30	0.8		48.7		10870.3	
	21：30	0.8		42.8		10953.7	
	22：30	0.7		46.7		11018.3	831.7
	23：00	0.7		46.7		11108.3	
9.9	1：00	0.7		42.8		11185.9	
	3：00	0.7		62.5		11313.1	
	5：00	0.7		68.1		11430.3	
	5：30	0.7		12.0		11453.1	
	19：30	2.2		58.4		11453.1	
	21：30	1.0		48.9		11545.2	
	23：30	0.8		58.7		11655.0	
9.10	0：00	0.7		70.1		11675.9	389.8
	2：00	0.7		47.2		11701.3	
	4：00	0.8		89.6		11775.5	
	5：30	0.8		56.8		11842.9	
	15：10	2.3	43.5		17246.5		
	17：10	1.3	33.5		17335.6		
	19：10	0.8	58.5		17476.0		816.9
	21：10	0.7	37.8		17573.0		
	22：40	0.7	94.7		17660.0		

日期	时刻	扭矩	渣浆泵流量/m³·h⁻¹		渣浆累积流量/m³		每 24h（三班）矿浆处理量/m³
			1 号	2 号	1 号	2 号	
9.11	0：00	0.7			17768.9		816.9
	2：00	0.7			17881.2		
	4：00	0.7			17970.6		
	5：30	0.7			18063.4		
	15：30	3.1		50.6		11885.3	
	17：30	1.0		87.9		12006.7	
	19：30	0.9		63.1		12080.0	
	21：30	0.8		68.9		12193.0	
	22：30	0.8		62.8		12256.0	709.2
9.12	0：00	0.8		45.2		12318.2	
	2：00	0.8		51.2		12398.9	
	3：30	0.8		76.8		12497.8	
	5：30	0.8		63.7		12594.5	
	16：40	4.4	62.4		18063.4		
	18：40	2.1	12.7		18100.3		

5.3.3.2　脱水过滤系统

2012 年 8 月 18 日到 9 月 19 日期间，课题组记录了系统运行时过滤机的各项数据，包括真空度、入料浓度、主轴频率、搅拌频率及滤饼厚等，详细观测数据记录见表 5 – 17。现整理出了系统基本正常运行时的观测数据予以研究。

滤饼的厚度和含水率的影响因素很多，比如入料浓度，真空度，主轴频率和搅拌频率（设在 25Hz 左右比较合适，对滤饼影响比较小，此处暂不考虑）。另外，还有几个无法观测但又比较重要的影响因素，例如矿浆的粒度组成（入料为细粒泥状的矿浆则滤饼一般比较薄且含水大，粒度大则含水小滤饼厚），滤布的新旧程度（刚换不久的滤布过滤效果非常好，而使用一段时间之后，滤布的网眼被堵塞，过滤效果明显下降），还有就是机器本身的各种故障（盘式真空过滤机现场故障较多，对滤饼产量和质量也有影响）。

由于影响因素较多，表 5 – 17 数据中有些比较异常，实属正常，故从中找出比较粗略的规律，以供参考。

根据现场观测数据，对于过滤机的入料浓度，在排尾车间正常给料，浓密机及搅拌桶正常运行时浓度一般在 46% ~ 55%，主要在 48% 上下，故主要研究在这一浓度范围的数据。

对于过滤机的真空度，由于其不稳定且不能任意调整，真空度与滤饼厚度关系不作定量研究。根据观测数据，一般正常生产时真空度不低于 0.04MPa 且保持在 0.06MPa 左右比较合适，此时滤饼厚度和含水量基本能满足要求。

对于滤饼含水率，根据 9 月 7 日到 19 日的数据，含水率基本维持在 24% 左右，比较稳定，受其他因素影响较小，只有当滤饼厚度比较小时（6mm 左右）含水率略有增加。需说明的是，表 5 – 17 是系统基本正常运行时浓密机的观测数据。入料浓度由浓度壶测量，滤饼由电热板烘干并称量干重测其含水率，浓度壶和电热板分别在 8 月 21 号和 9 月 7 号到位。

表 5 – 17 过滤机观测数据记录

日期	浓度/%	真空度/MPa	主轴频率/Hz	滤饼厚/mm	含水率/%
8.21	49	0.072	9.9	13.0	
	49	0.072	14.0	12.0	
8.22	62	0.066	11.0	22.0	
	43	0.024	7.99	13.0	
8.23	43	0.05	7.5	13.0	
	43	0.066	11.57	8.0	
	43	0.04	8.5	12.0	
8.26	43	0.06	13.55	8.0	
	43	0.074	12.0	9.0	
	41	0.04	12.2	7.0	
8.29	41	0.03	11.5	8.0	
	41	0.042	15.0	6.0	
	49	0.06	15.0	11.5	
8.30	49	0.044	18.0	8.5	
	49	0.04	9.5	10.0	
	26	0.012	12.7	7.0	
8.31	26	0.01	10.5	6.5	
	26	0.01	10.6	6.5	
	37	0.04	8.5	15.0	
9.01	37	0.06	10.6	9.0	
	37	0.06	10.8	10.0	
	46	0.054	12.5	12.0	
9.02	46	0.068	12.3	12.0	
	46	0.062	12.5	11.0	

日期	浓度/%	真空度/MPa	主轴频率/Hz	滤饼厚/mm	含水率/%
9.03	42	0.06	8.0	20.0	
	42	0.044	8.0	12.0	
9.07	42	0.054	15.1	9.0	23.6
	42	0.076	15.0	8.5	24.2
	42	0.05	15.0	8.0	24.1
9.08	41	0.06	15.1	9.0	23.7
	41	0.04	21.0	6.0	25.0
	41	0.04	15.0	5.0	26.8
9.09	49	0.028	15.1	9.0	23.7
	49	0.028	21.0	70	24.8
	49	0.034	15.0	9.5	24.2
9.10	46	0.08	15.1	10.0	23.4
	46	0.065	15.0	8.0	24.1
9.11	47	0.051	19.0	8.0	24.3
	47	0.054	23.6	7.0	26.5
	47	0.07	19.0	7.0	24.6
9.18	48	0.06	15.1	11.0	23.7
	48	0.05	16.0	10.0	24.0
9.19	50	0.05	15.1	12.0	23.5
	50	0.06	19.0	13.0	23.0
	50	0.048	17.0	11.0	23.2

现在主要研究在正常入料浓度情况下过滤机主轴频率与滤饼厚度的关系，以确定最佳主轴频率。表 5 – 18 是从表 5 – 17 中整理出的入料浓度在 46% ~ 50% 的数据。

表 5 – 18　正常入料浓度下过滤机生产数据

入料浓度/%	真空度/MPa	主轴频率/Hz	滤饼厚/mm
49	0.072	9.9	13.0
49	0.072	14.0	12.0
49	0.06	15.0	11.5
49	0.044	18.0	8.5
49	0.04	9.5	10.0

入料浓度/%	真空度/MPa	主轴频率/Hz	滤饼厚/mm
46	0.054	12.5	12.0
46	0.068	12.3	12.0
46	0.062	12.5	11.0
49	0.028	15.1	9.0
49	0.028	21.0	7.0
49	0.034	15.0	9.5
46	0.08	15.1	10.0
46	0.065	15.0	8.0
47	0.051	19.0	8.0
47	0.054	23.6	7.0
47	0.07	19.0	7.0
48	0.06	15.1	11.0
48	0.05	16.0	10.0
50	0.05	15.1	12.0
50	0.06	19.0	13.0
50	0.048	17.0	11.0

　　由于入料浓度为46% ~50%，变化比较小，不妨认为浓度为定量，讨论在一定真空度下主轴频率与滤饼厚的关系（表5 – 19）。在过滤机真空度一定时，表现为过滤机主轴频率越小，滤饼越厚。主要是因为在料浆浓度和过滤机真空度一定的情况下，主轴频率越小，滤扇转速越慢，其在浆液中停留的时间越长，吸附的尾砂就越多，滤饼越厚。

　　由于系统正常运转，过滤机真空度一般保持在0.06MPa 左右，图5 – 19 则是表5 – 19 中真空度处于0.05 ~ 0.072MPa 时，主轴频率与滤饼厚的相应情况。由图表可以看出，使滤饼达到最佳厚度（12mm 左右）相对应的主轴频率主要集中在 14Hz 左右。因此，当系统正常运行，过滤机入料浓度和真空度在正常范围内时，应将过滤机的主轴频率设定在 14Hz 左右，以使滤饼厚度达到最佳。

表 5 – 19　正常入料浓度、真空度时过滤机数据

入料浓度/%	真空度/MPa	主轴频率/Hz	滤饼厚/mm
49	0.072	9.9	13
49	0.072	14	12

入料浓度/%	真空度/MPa	主轴频率/Hz	滤饼厚/mm
49	0.06	15	11.5
46	0.054	12.5	12
46	0.068	12.3	12
46	0.062	12.5	11
46	0.065	15	8
47	0.051	19	8
47	0.054	23.6	7
47	0.07	19	7
48	0.06	15.1	11
48	0.05	16	10
50	0.05	15.1	12
50	0.06	19	13

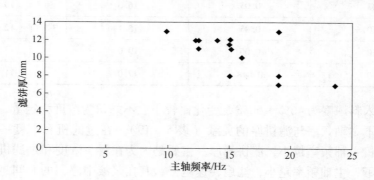

图 5 – 19　主轴频率与滤饼厚度关系（真空度为 0.05 ~ 0.072）

5.3.3.3　过滤机台机效率估算

固结排放工段共有 4 台过滤机，其中 3 台投入生产。另外，通过测量圆盘周期，得到过滤机主轴频率与圆盘周期大致关系为：主轴频率（Hz）× 周期（s）= 2445。在系统正常运行，滤饼厚度及含水率良好的情况下，我们用杯口面积为 55.9cm^2 的杯子进行取样（每次取 10 个单位面积），进行产量估算（见表 5 – 20）。从上表可以看出，在系统正常运行，矿浆入料浓度合适（46% ~ 50%）的情况下，滤饼质量稳定，并且基本可以达到原设计产量 60t/h 的要求。

表 5 - 20 过滤机产量估算

日期	入料浓度 /%	取样面积 /cm²	样品重量 /g	主轴频率 /Hz	圆盘周期 /s	台机产量 /t·h⁻¹	总产量（3 台） /t·h⁻¹
9.09	49	559	761	15.1	161.92	19.37	58.11
9.10	46	559	770	15	163.00	19.47	58.41
9.11	47	559	719	19	128.68	23.03	69.09
9.18	48	559	778	15.1	161.92	19.80	59.41
9.19	50	559	754	15.1	161.92	19.19	57.58

5.4 系统产能与成本分析

5.4.1 产能分析

5.4.1.1 现有产能分析

由选矿厂 1 号油隔离泵向西石门铁矿北区全尾砂固结排放系统供砂，故根据选厂 1 号油隔离泵作业时间及其流量、砂浆浓度即可换算得到进入尾砂固结排放系统的尾砂量。表 5 - 21 为 2013 年 1 ~ 9 月西石门铁矿北区全尾砂固结排放系统运行情况与产能分析。其中，6 月份因北区塌陷坑筑坝停产，7 ~ 8 月份雨季生产受影响，9 月 7 日北区筑坝后未开工生产。

表 5 - 21 西石门铁矿尾砂固结排放系统 2013 年 1 ~ 9 月产能分析

项目	单位	1 月份	2 月份	3 月份	4 月份	5 月份	7 月份	8 月份	9 月份	合计
1 号油隔离泵运转时间	h	198	37	200	415	720	184	487	204	2444
固结料产量	t	9900	1850	9975	20725	35970	7028	20767	10472	116687
水泥用量	t	275	66	255	394	720	128	560	274	2519
水泥掺量	%	2.78	3.57	2.56	1.90	2.00	1.82	2.70	2.62	2.16
过滤机运转台时数	台·h	1998	1640	1664	1598	2070	568	1464	608	11610
过滤机台时处理量	t/（台·h）	5	1	6	13	17	12	14	17	10

根据表 5 - 21 可知，2013 年 5 月份选厂 1 号油隔离泵运转时间最长（达到 566h），并且这期间更换了新型涤纶过滤布替代原来的无纺布过滤布，尾砂固结处理量大幅提高，圆盘真空过滤机的处理能力达到 17t/（台·h）。

2013 年 5 月初开始至 5 月 16 日 16 点止，西石门铁矿将固结工段圆盘真空过滤机的滤布由原来的无纺布更换为新型涤纶过滤布，固结尾砂处理量由原来的日产 480 吨增至日产 1100 吨以上。表 5 - 22 为 2013 年 5 月 17 ~ 24 日西石门铁矿尾砂固结排放系统运行情况统计。2013 年 5 月 25 日后，由于固结排放安全问题，暂时停止生产。

表 5 - 22　2013 年 5 月 17 ~ 24 日西石门铁矿尾砂固结排放系统运行统计

日　期	夜班/t	白班/t	四点班/t	日产/t	备　　注
2013. 5. 17	432	309	463	1204	17 日全换新型涤纶过滤布
2013. 5. 18	496	292	410	1198	
2013. 5. 19	451	281	455	1187	
2013. 5. 20	510	332	337	1179	
2013. 5. 21	—	—	—	—	21 日设备故障
2013. 5. 22	531	321	390	1242	
2013. 5. 23	457	280	406	1143	
2013. 5. 24	520	394	327	1241	

5.4.1.2　提高产能的途径分析

由表 5 - 21 可知，西石门铁矿全尾砂固结排放系统圆盘真空过滤机的台时生产能力月平均最高仅为 17t/(台·h)，尚未达到设计要求。究其原因，这与设备正常运转时间、脱水过滤设备和设施对水泥 - 全尾砂料浆的适应性、工人操作熟练程度等因素有关。因此，若要提高全尾砂固结排放系统的生产能力，需从以下几方面改进或完善：

（1）提高系统的运转效率。这不仅包括固结排放系统的设备运转效率，而且也包括选厂的供砂系统（1 号油隔离泵）的运转效率。以表 5 - 22 为例，由于夜班为选矿车间正常运转班，故固结产量较高；白班上午选矿车间停车，故固结产量相对较低；而四点班的尾砂含泥量较大（因白班选矿厂停车而导致浓缩大井尾砂泥浆沉淀所造成的），故影响 16 ~ 19 时的全尾砂脱水固结产量，但 19 时以后生产恢复正常。正常情况下，每天 19 时以后直至夜班结束，尾砂固结排放系统的台时生产能力平均可达到 60t。这表明，固结排放系统和设备的正常运转是实现尾砂固结排放系统生产能力提高的重要保证。

（2）改善和提高脱水过滤设施对水泥 - 全尾砂浆的适应性。全尾砂固结排放系统的特点之一是将胶凝材料与全尾砂浆混合后再进行脱水过滤，这就对脱水过滤设备和设施提出了新的要求。由于胶凝材料的水化产物对过滤机的脱水过滤效率和滤布的使用寿命都会产生一定影响，因此选择适宜的脱水过滤设备和滤布显得尤为重要。采用新型涤纶过滤布替代原来的无纺布过滤布，脱水固结产能大幅提高就是一个典型的例子。

（3）工人操作熟练程度。目前，全尾砂固结排放系统尚处于试生产运行阶段，对于一种全新的尾砂固结处理技术，操作人员从接受到适应再到熟练掌握需要一个过程。随着生产系统人员配制结构更加合理，操作人员技术水平和熟练程度进一步提高，尾砂固结排放系统的产能还将得到增加。

此外，在前期投入的基础上，若脱水过滤车间场地允许，再新增 2 台圆盘过滤机亦可增加系统的生产能力，则可实现 60 万吨/年的尾砂固结排放目标。目前，尾砂固结工段共有四台圆盘过滤机，3 用 1 备，3 台圆盘过滤机正常运转时可实现日固结处理尾砂 1200t（以 2013 年 5 月数据为例，见表 5-21）。若新增两台圆盘过滤机，则处理能力将新增 600~700t/d，系统总处理能力将达到 1800~1900t/d，可以满足系统 60 万吨/年的设计要求。

5.4.2 成本分析

5.4.2.1 现有固结成本分析

表 5-23 为 2013 年 1~9 月西石门铁矿北塌陷区全尾砂固结排放系统（60 万吨/年）的固结运营成本分析。需说明的是，表中 5 月份固结成本是根据 5 月 17~24 日运行结果推算的，以全月为涤纶过滤布，并且全月 30 天生产，同时运转 4 台过滤机（现有变压器容量需增容，按过滤机平均台时处理量 17t/（台·h）计算）。

表 5-23 西石门铁矿尾砂固结排放系统 2013 年 1~9 月成本分析

名 称	1 月份	2 月份	3 月份	4 月份	5 月份	7 月份	8 月份	9 月份	合计	占总成本比例/%	
										1~9 月	5 月
固结产量/t	9900	1850	9975	20725	46920	7028	20767	10472	127637		
材料/元	4650	17808	8997	32331	55233	7257	18935	4855	169005	4.23	6.47
备件/元	110248	50278		177847	70160	7185.84	85119.6	69325	570163	14.26	8.22
制造费/元	6150		480		2820	4820	15000	10000	39270	0.98	0.33
电费/元	102600	51870	88350	120840	222251	67716	126654	76950	857231	21.44	26.03
人工/元	141679	139024	168884	159584	162445	157836	166427.7		1095879	27.40	19.02
滤布/元	82500	138340		18880	27629	0	30513	4359	302221	7.56	3.24
水泥/元	91850	22044	85170	131596	313426	42752	187040	91516	841346	21.04	36.70
合计	539677	419364	351881	641077	853963	287567	629689	257005	3999162	100.00	100.00
固结成本/元·t^{-1}	54.51	226.68	35.28	30.93	18.20	40.92	30.32	24.54	31.33		

由表 5-23 可知：

（1）即使是生产运转效果最理想的 2013 年 5 月份，系统的尾砂固结运营成本也超过 18 元/t。

（2）在尾砂固结运营成本的总构成中，胶凝材料、电和人工等三项费用之和约占固结总成本的 75%。以人工费为例，2013 年 3 ~ 8 月月均人工费达到 16 万元。

5.4.2.2　降低成本的途径分析

由表 5 – 23 可知，降低尾砂固结运营成本可从以下几方面考虑：

（1）系统正常运转有助于降低固结成本。从 2013 年 1 ~ 9 月固结排放成本看，5 月份 1 号油隔离泵运转时间最长，同时 5 月份陆续更换了新型涤纶过滤布，固结尾砂产量提高幅度较大，同时固结成本下降到 23.57 元/t。如表 5 – 21 所示，根据系统正常运转的 5 月 17 ~ 24 日推算生产能力，若过滤机滤布为新型涤纶过滤布且全月 30 天生产，则尾砂固结排放成本可降到 18 元/t 以下。

（2）采用新型全尾砂固结胶凝材料、优化固结排放系统设计与生产工艺、提高操作人员工作效率等，将对降低尾砂固结排放成本有较大影响。在尾砂固结运营成本的总构成中，胶凝材料、电和人工等三项费用之和约占固结总成本的 75%。以人工费用为例，2013 年 3 ~ 8 月的月均人工费用达到 16 万元。若以人均月收入 4000 元计，则固结工段作业人员达到 40 人之多，超过设计人员定额 1 倍。

（3）增加系统处理能力有助于降低固结排放成本。由于系统设计采用圆盘真空过滤机，其能耗大而台时处理能力低，导致固结成本增加。若在前期固定资产投入的基础上，再新增 2 台圆盘过滤机以增加整个系统的固结处理能力，实现 60 万吨/年的尾砂固结排放目标，则尾砂固结排放成本有望控制在 16 ~ 18 元/t。

然而，新增两台圆盘过滤机需相应增加固结排放系统的变压器容量以及胶带输送机的处理能力，建议将胶带输送机的皮带宽度由 $B = 800mm$ 改为 $B = 1000mm$。

表 5 – 24 是对尾砂固结系统实际可达到的固结运营成本进行分析。分析的依据是以 2013 年 5 月生产数据为准，拟从增加系统固结处理能力（增加 2 台圆盘真空过滤机以达到 60 万吨/年的设计生产能力）、降低人工费用（按设计 24 人，人均工资 4500 元/月计算）等方面考虑降低系统尾砂固结运营成本。根据计算结果，全尾砂固结排放系统的运营成本可达到 14.63 元/t，若考虑系统固定资产折旧费用 2.6 ~ 2.8 元/t，则系统的固结排放成本可控制在 17.3 ~ 17.6 元/t。

需说明的是，表 5 – 24 中对 2013 年 5 月实际尾砂固结运营成本分析，涉及新增的材料、备件、滤布等费用，全部纳入 5 月份的实际尾砂固结运营成本中，将导致 5 月份的尾砂固结运营成本相对偏高，而这部分成本在正常固结排放阶段会有所下降。因此，西石门铁矿全尾砂固结排放运营成本完全可以降至 16 ~ 18 元/t。

表 5 −24　系统实际可达到的尾砂固结运营成本分析

名　称	单位	5 月份	实际可实现	说　明
固结产量	t	46920	55500	增加 2 台圆盘过滤机以达到 60 万吨/年
1　材料	元	55233	91075	
2　备件	元	70160	80684	
3　制造费	元	2820	10000	
4　电费	元	222251	212233	
5　人工	元	162445	10800	按设计 24 人, 人均工资 4500 元/月计算
6　滤布	元	27629	41846	
7　水泥	元	313426	371049	
合　计	元	853963	811917	
固结运营成本	元/t	18. 20	14. 63	

5.5　本章小结

　　综合考虑西石门铁矿尾矿产量、选厂工艺流程、现尾矿库库容以及北区塌陷坑接纳尾砂排放能力等因素, 拟建的北区塌陷坑全尾砂固结排放系统的处理能力为 60 万吨/年, 折算成单位时间排放能力为 80t/h (年作业 330d)。

　　全尾砂固结排放系统固结处理能力与设备正常运转时间、脱水过滤设备和设施对水泥 – 全尾砂料浆的适应性、工人操作熟练程度等因素密切有关。此外, 在前期投入的基础上, 若脱水过滤车间场地允许, 再新增 2 台圆盘过滤机亦可增加系统的生产能力, 则可实现 60 万吨/年的尾砂固结排放目标。

　　西石门铁矿现有尾砂固结排放系统尾砂固结运营成本超过 18 元/t; 在尾砂固结运营成本总构成中, 胶凝材料、电和人工等三项费用之和约占固结总成本的 75%。因此, 降低尾砂固结运营成本可从以下几方面考虑: (1) 系统正常运转有助于降低固结成本; (2) 采用新型全尾砂固结胶凝材料、优化固结排放系统设计与生产工艺、提高操作人员工作效率等, 将对降低尾砂排放成本有较大影响; (3) 增加系统处理能力有助于降低固结排放成本。

　　以 2013 年 5 月生产数据为依据, 从增加系统固结处理能力、降低人工费用等方面考虑降低系统尾砂固结运营成本。根据计算结果, 全尾砂固结排放系统的运营成本可达到 14. 63 元/t, 若考虑系统固定资产折旧费用 2. 6 ~ 2. 8 元/t, 则系统的固结排放成本可控制在 17. 3 ~ 17. 6 元/t。

6 尾砂固结排放系统保障

6.1 固结排放系统操作规程

6.1.1 系统运行程序

6.1.1.1 开停机简要流程

开机流程：皮带输送机组→过滤机组→搅拌桶→浓密机→水泥给料机。

关机流程：水泥给料机→浓密机→过滤机组→皮带输送机组。

6.1.1.2 具体操作程序

（1）系统开车程序

1）开启皮带机组，皮带输送机组运行正常。

2）开启过滤机组，过滤机组运行正常。

3）开启搅拌桶，搅拌桶内给半桶水，并维持水位。

4）打开通向过滤机的闸门，使流程畅通。

5）开启浓密机，开启浓密机底部的冲洗水闸门，冲洗底流口。

6）关闭底流口冲洗水闸门，开启渣浆泵进口冲洗水闸门，启动渣浆泵，待渣浆泵向搅拌桶送水成功后打开浓密机的底流排矿闸门，开启螺杆输送机并设定水泥给料流量→打开水泥仓闸板。

（2）系统停车程序

1）关水泥仓闸板。

2）螺杆输送机和皮带输送机再运行十分钟，然后停机。

3）关闭浓密机底流阀门，开启渣浆泵进口冲洗水闸门。冲洗浓密机到搅拌桶之间的管道，干净后，关闭浓密机底流渣浆泵。

4）排空搅拌桶内的矿浆，并冲洗干净，然后停机。

5）过滤机内矿浆排空并冲洗干净，然后停机。

6）皮带排空，然后停机。

6.1.2 HRC18 型浓密机

6.1.2.1 开停车步骤

（1）开机前的检查

1）检查各部分连接螺栓是否紧固，检查电气接地情况，各润滑部分都应充满润滑脂（油箱的油位保持正常高度）。

2）检查集电装置中碳刷与集电环的接触情况，碳刷磨损较多时应及时更换。

3）检查浓密机是否卡死。

（2）开车步骤。HRC18 型浓密机开车步骤为：启动底流泵→启动浓密机→给矿。

需说明的是，长期停车后槽体内会有少量矿泥沉积，开车前必须用高压水将矿泥松动后方可开车；浓密机启动后，当耙架转动至少一周后无异常情况下方可给矿。

（3）停车步骤。HRC18 型浓密机停车步骤为：停止给矿→关停底流泵。

需说明的是，停止给矿后浓密机耙架需等待池内矿渣排干净后，一般浓密机再运行 2h，方可停车。

6.1.2.2 操作注意事项

（1）设备运转时要细心观察运转情况、油位、油温和声响是否正常，电流是否稳定，如发现异常情况，应立即采取措施停机检查，排除故障，不得带病运转。

（2）在额定负荷和额定转速下，减速机的油池温升不得超过 45℃，最高油温不得超过 80℃，否则应采取相应措施。电机、减速机等的轴承温度不应超过 75℃。

（3）桥架的转速应符合工艺参数的规定。

（4）机器的各零部件之间不得有干涉现象和不正常的声响及跳动现象。

（5）液压提耙机构工作正常没有憋劲现象。

（6）防止金属或石块等物落入池中。

（7）禁止在槽体内有矿泥而底流不排料的情况下长时间开车。

（8）浓密机停车前应将槽体内矿泥排空以防再启动困难。

6.1.2.3 保养与维护

（1）在保养与维护设备时应首先切断电源、电动机电源开关，以保证操作人员的安全。

（2）若有杂物掉入槽体内，必须及时清理，严禁杂物从底流管道进入渣浆泵。

（3）定期维护保养，每天必须检查各润滑点是否发热，运转时最高温度不得超过 55℃，每 6~12 个月必须更换润滑油。

（4）随时观察各显示仪表，确保设备运转各参数处在正常状态。

（5）每班开机运转正常后才能供料。

（6）经常检查油管是否渗漏，油路是否畅通，电路的接头及触点是否良好。

（7）经常保持机器的整洁。

6.1.3　圆盘真空过滤机

6.1.3.1　基本规程

（1）操作规程

1）开机运转前应首先全面检查设备状况，确定正常后，按如下顺序启动各部分电机：启动皮带→启动风扇电机→启动搅拌电机→启动主轴电机→启动润滑电机。设备运转正常后，再向槽体内给入矿浆，直到出现溢流，然后再接通真空管路和反吹风管路，开始过滤工作。

2）停止工作时，应首先停止给料及真空管路和反吹风管路，打开排料口阀门排空矿浆后，按如下顺序停止各电机运转：停止润滑电机→将主轴电机转速调到"0"，按下"停止"按钮停止主轴电机运转→停止搅拌电机，方法与停止主轴电机相同→停止皮带电机。

3）搅拌电机必须空负荷启动运转，在任何情况下，搅拌停转 2min 以上，也应排空矿浆后，才可启动运转搅拌电机。

4）只要槽体内有矿浆，就不允许停止搅拌轴的运转，也不允许再往槽体内注料。

（2）维护规程

1）经常检查各部件的紧固情况，不允许有松动现象；经常检验真空管路有无漏气现象，真空指示是否正常；经常检查各电机、各轴承温度是否正常。

2）经常检查滤盘运转是否平稳，出现异常要立即调速滑撬，紧固螺栓；经常检查挡料板和滤盘的间距，间距过大应适当调整，保证干料不返回槽内。

3）经常检查滤布是否完好无损，若滤布破损要立即停车更换（滤布破损跑料会使矿浆进入滤液管道和抽真空系统，对过滤机内部和真空泵造成严重损害，甚至使真空泵在短时间内报废）。若滤布已到使用期限，应一次性全部更换，坚决杜绝多次少量仅对破损滤布进行更换。

4）检查主轴运转是否平稳，开式齿轮接触面是否均匀，并保证齿面有油脂。

5）经常检查盘根座处密封情况，并绝对保证水封供水正常（若水封断水时间较长，则内置石墨盘根会将密封钢套甚至搅拌轴损坏）。若盘根座处初次出现跑水，应紧固盘根座压盖螺丝，在经过几次紧固后，应更换盘根或密封件。

6）经常检查液位是否处于预定位置，必要时应加以调整，并始终保证溢流口有适当的溢流量。

7）观察入料、排料是否正常，滤饼的厚度和水分有无异常现象。

8）分配盘上的四个弹簧必须均匀压紧，两个调节空气进入阀开口适当。

9）经常检查各润滑点的润滑情况，并及时向干油桶补充干油（干油标号要准确，并保证油质情况）。在手动工作状态时，应每1h启动一次润滑电机，每次启动8~10min。个别部位（如搅拌轴承座、减速器）要采用人工加油。

10）突然停机或遇故障停机，一定要将槽里的物料放空，否则带料启动，减速机、电机易损坏。再启动时，应空车启动，然后给料。

（3）安全规程

1）非本机操作人员不能随便操作控制开关，以免发生意外。

2）进行设备检修时，应切断电源并挂出"有人工作，严禁送电"的警示牌。

3）严禁从操作台引出电源线。对线路进行维修，必须由专业人员进行。

4）检修平台及护栏必须牢固，平台上不能随意堆放杂物，以免杂物掉入运转部件之中。

5）清洗工作环境时，要注意保护电机等元件，不能让水喷溅到电器元件上，以免引起短路或烧毁电气元件。

（4）真空泵使用注意事项

1）安装管路时严禁泵内掉入电焊渣子或异物损坏叶轮。

2）循环水应当清洁，不含杂质和泥沙，否则将损坏壳体子口漏水。

3）两端瓦架内油绳压盖处，应定期更换或添加油绳。

4）严禁循环水温度过高，产生水垢影响真空度。

5）冬天长时间停泵，需把泵内水全部放掉。

（5）常见故障分析及处理。过滤机常见故障分析及处理见表6-1。

表6-1 过滤机常见故障分析及处理

序 号	故 障	原 因	排 除 方 法
1	滤饼脱落率低	滤饼太薄； 反吹风压力太低	调整主轴转速； 检查反吹风系统
2	控制盘与摩擦片之间漏气	两盘没有贴紧； 配合面磨损； 配合面润滑不良	调整压紧弹簧； 更换或维修控制盘片与摩擦片； 加足润滑油
3	过滤盘漏气	滤布袋局部破损； 滤扇与插座处密封不严； 液面太低	更换滤布袋； 调整或更换"O"型密封圈； 提高液面
4	真空度太低	真空泵工作不正常； 真空管路漏气或堵塞； 过滤机有漏气点； 矿浆液位太低	检修； 修补管路； 检修； 提高矿浆液面
5	搅拌轴盘根密封漏水、漏矿	盘根没有压紧； 盘根或密封圈损坏； 水封失效	压紧盘根； 更换盘根或密封圈； 检修或更换分水环

序　号	故　障	原　因	排 除 方 法
6	不能形成滤饼、滤饼太薄	砂浆浓度太低； 主轴转速不合适； 过滤机漏气	增加浓度； 调整转速； 检修
7	润滑点供油不足	油嘴堵塞； 干油泵工作不正常； 管接头连接不当	清除堵塞物； 检修； 紧固
8	给料不正常	给矿管堵塞	检修管路并清洗
9	控制不正常	电路失灵； 电气元件损坏	按电气原理图检修

6.1.3.2　安全操作规程

A　适用范围

本规程适用于真空盘式过滤机的操作人员。技术性能规格型号为 GPT60 - 120；过滤面积为 64m^2；搅拌器转速为 80 ~ 120r/min，主轴功率为 5.5kW；滤盘转数为 0.2 ~ 1r/min；过滤盘数为 6。

B　一般规定

（1）作业人员取得有关部门颁发的安全技术操作等级证书后方可独立上岗。

（2）本作业人员上岗前须按照三级安全教育进行安全技术培训，并经考试合格后，方可由指定的师傅带徒实习。

C　作业前的准备工作

（1）上岗作业前，须佩戴安全帽、工作服等劳保用品。

（2）接班前，对即将看管的设备、环境进行详细的安全检查，并对照交班记录进行核实，接班后对工作现场再次进行安全确认。

D　工作时的安全注意事项

（1）开机运转前应首先全面检查设备状况，确定正常后，按以下顺序启动各部分电机：启动皮带机→启动搅拌电机→启动主轴电机→启动真空泵→启动润滑电机（其中主轴、搅拌变频电机的转速通过变频器 BOP 操作面板上按钮进行调整）。

（2）设备运转正常后，再向槽体内给入矿浆，直至出现溢流，然后再接通真空和反吹风管路，开始过滤工作。

（3）停止工作时，首先停止给料及真空、反吹风，打开排料口阀门排空矿浆。

（4）按以下顺序停止各电机运转：停止润滑电机→把主轴电机转速调到"0"并按下停止按钮以停止主轴电机运转→停止搅拌电机→停止皮带电机。

（5）搅拌电机必须空负荷启动，任何情况下，搅拌停转 2min 以上都要先排空槽内矿浆后才可启动搅拌电机。

（6）做好巡回检查工作。每30min检查一次，检查机电设备的声音、温度、油量及错气盘部位的密封情况；检查滤布的磨损程度及有无堵塞现象；检查各部螺丝的紧固情况；检查滤饼再生、卸矿、脱水是否良好，检查抽风、吹风是否正常，发现问题及时处理。

（7）设备维护

1）各注油点润滑及时；滤布破损，修补及时；各部螺丝松动，紧固及时；设备与环境卫生清扫及时；

2）各部轴承温度超过60℃时不转；错气盘和管道阀门漏气不转；检查真空管路有无漏气现象，真空指示是否正常；

3）检查滤盘运转是否平稳，出现异常要立即调整。检查滤布是否完好无损，破损应立即停车更换；

4）检查主轴运转是否平稳；

5）观察入料、出料是否正常，滤饼的厚度及水分有无异常现象；

6）分配盘上的四个弹簧必须均匀压紧，空气进入阀开口适当；

7）经常检查各润滑点的润滑情况，并及时补充；

8）突然停车或遇故障停车，一定要把槽里的料放光，否则带料运行，易造成减速机及电机的损坏。

E 作业后的安全注意事项

（1）作业后，对所操作设备、环境进行安全确认，发现问题及时处理或上报。

（2）认真履行交接班制度，对设备的运行状况、环境卫生情况和工具进行详细交接，并有记录，做到交班清楚；接班时，待交接班双方签字认可，方可完成交接班手续，遇有特殊情况不能处理的，要及时上报。

6.1.4 其他

6.1.4.1 搅拌槽安全操作规程

A 适用范围

本规程适用于CK系列高效矿浆搅拌槽的操作人员。该系列适用于磨矿细度小于0.5mm，矿石相对密度小于4.8，浓度小于60%的矿浆调和。

B 一般规定

本作业人员上岗前须按照三级安全教育进行安全技术培训，并经考试合格后，方可上岗。

C 作业前的准备工作

（1）上岗作业前，须佩戴安全帽、工作服等劳保用品。

（2）接班前，对即将看管的设备、环境进行详细的安全检查，并对照交班记录进行核实，接班后对工作现场再次进行安全确认。

D　工作时的安全注意事项

（1）搅拌轴必须按顺时针旋转。

（2）空载试车时，须先向槽内加水到槽高的 75% 水位后才能启动电机，带负荷运行时，负载电流不得超过马达额定电流的 85%。

（3）运行过程中注意检查螺栓是否有松动，轴承是否有发热现象。

（4）严禁搅拌槽空车运转。在系统停车后不再继续给入矿浆的条件下，可随时带矿启动。

（5）设备维护

1）每季度用油杯或油枪对上下轴承注油一次，黄油牌号为锂基 2 号脂或 3 号脂。

2）每半年将轴承座上部端盖的螺钉略调整，以保持轴承间隙不要太大。

E　作业后的安全注意事项

（1）作业后，对所操作设备、环境进行安全确认，发现问题及时处理或上报。

（2）认真履行交接班制度，对设备的运行状况、环境卫生情况和工具进行详细交接，并有记录，做到交班清楚；接班时，待交接班双方签字认可，方可完成交接班手续，遇有特殊情况不能处理的，要及时上报。

6.1.4.2　TD 型斗式提升机安全操作规程

A　适用范围

本规程适用于 TD 型斗式提升机，性能规格：向上输送，松散密度：$\rho <$ 1.5t/m^3，提升最高高度 40m。

B　一般规定

本作业人员上岗前须按照三级安全教育进行安全技术培训，并经考试合格后，方可上岗。

C　作业前的准备工作

（1）上岗作业前，须佩戴安全帽、工作服等劳保用品。

（2）接班前，对即将看管的设备、环境进行详细的安全检查，并对照交班记录进行核实，接班后对工作现场再次进行安全确认。

D　工作时的安全注意事项

（1）无负荷试车应注意事项

1）注意料斗、牵引胶带及链轮的运行情况，运转部分不得与其他固定部分发生碰撞及卡住现象，料斗不允许倾斜。

2）轴承的温度是否正常，润滑是否良好。

3）减速器有无过激响声及有无漏油，负载功率不得超过额定功率。

4）停车后要特别注意料斗与胶带之间固定螺栓的紧固情况，如松动及时紧固。

（2）带负荷试车时应注意事项

1）负荷试车应在设计的输送量及物料的条件下进行，注意观察电流是否超过额定值，减速器是否有噪声。

2）提升机下部不得发生材料积塞现象。

3）测定输送量是否达到设计要求。

（3）提升机在运行时喂料应均匀，不宜过多以免使下部物料堵塞。

（4）在工作时所有视口必须全部关闭。

（5）下部装配的张紧装置应调整适宜，保证链条具有正常的工作张力，操作人员应经常注意料斗、链条的工作情况，料斗损坏应及时拆除、更换。

（6）如上部有返料现象，应调整卸料口的滑板，使滑板边缘和料斗的边缘保持适宜间隙，其间隙在 10～20mm 之间。

（7）如底部积料堵塞，应打开下部清料口进行清扫。

（8）提升机应在空载下启动，停车前不喂料，待卸料完毕后再停车。

E 作业后的安全注意事项

（1）作业后，对所操作设备、环境进行安全确认，发现问题及时处理或上报。

（2）认真履行交接班制度，对设备的运行状况、环境卫生情况和工具进行详细交接，并有记录，做到交班清楚；接班时，待交接班双方签字认可，方可完成交接班手续，遇有特殊情况不能处理的，要及时上报。

6.2 系统故障及解决建议

要使固结排放系统正常运行，首先要在保证所有设备工作良好的前提下，实现从排尾车间 1 号隔离泵→固结排放工段 18m 浓缩池溢流、底流泵→搅拌桶→过滤机→循环水池、塌陷区之间的物料达到动态平衡，另外也要保证矿浆浓度在适宜的范围内，以使最后的产品滤饼质量稳定并达标。为此，通过现场跟踪研究和分析，找出了系统存在若干的问题，并提出了相关的建议，以供参考。

6.2.1 尾砂浆浓密系统

问题 1：过滤机在系统刚开机不久的一段时间内滤饼中尾砂颗粒粒度变化大，并且滤饼含水及厚度也不稳定。

原因分析：由于间断生产（三八工作制，二班生产一班检修，白班检修主要为避开用电高峰；为避峰，选矿厂亦非 24 小时连续运转），造成尾砂浆在 18m

浓缩池内沉淀并分层，使池内沉积尾砂粒度分布不均，再次启动时出现过滤料浆粒度先粗后细，直接影响过滤机脱水效率，造成滤饼含水率差异。

建议：最好是能保证三班连续生产，若不能，每次停机前尽量将浓密机放空。

问题 2：浓密机开机后扭矩下降比较慢，影响系统正常运转。

原因分析：上一班停机时，在排尾车间停止给料的情况下，没有排出足够的矿浆，导致浓密池内累积渣浆仍然比较多，电耙扭矩太大。

建议：在排尾车间提前班次结束的一个半小时停止给料后，应该适当增加底流泵流量，继续生产，尽可能多地消耗浓密池内积累的矿浆。

问题 3：有时浓密机开机后，电耙会出现转不动的现象，如 9 月 14 号、15 号两天浓密机开机后，电耙扭矩高达 10.3，并且电耙转不动。

原因分析：9 月 12 号停机一个班，9 月 13 号搅拌桶发生故障，停机一天，浓密池内矿浆累积较多，长期停车后浓密池内矿泥发生沉积，开机后浓密机电耙上升到极限位置时，电耙所受阻力仍然很大，此时行程开关动作，切断电源，浓密机停止运行。

建议：浓密机需要长时间停车时，应将池内矿浆尽量排空，同时开机前用高压水将矿泥松动后再启动。

6.2.2　水泥给料系统

在处理好整个流程的核心问题的前提下，如何实现水泥给料与浓密机底流的合理配比（灰砂比为 2% ~3% ），确保固结排放的物料能达到设计的强度要求是问题的关键。在浓密机正常给料的前提下，水泥给料机流量控制在 2t/h 左右，能够满足设定灰砂比（2% ~3% ）要求。

目前出现问题、原因分析及建议：

问题 1：水泥给料机给料不均匀，有时甚至不能正常给料。

原因：（1）搅拌桶内的潮气从水泥给料机下料口进入水泥给料系统，导致水泥水分升高，粉状水泥成团堵住水泥仓的下料口（锥形），最终导致无法正常给料。（2）螺旋给料机堵塞导致不能正常给料，再者就是螺旋给料机是靠螺旋杆推动物料前进，具有一定的周期性，所以水泥给料周期性变化应该是正常的。

问题 2：水泥给料机轴承损坏，水泥给料机电机烧坏。

原因：水泥给料中的水泥没有卸干净，堆积在螺杆给料机上，加上空气湿度较大，水泥受潮变硬，日积月累，就导致了开机阻力不断增大。超过电机功率极限，导致电机烧坏。

问题 3：除尘袋密封不好，工作期间导致水泥灰尘飞扬，污染环境。

原因：（1）除尘袋是普通的棉布袋，吸尘效果差。（2）除尘袋为露天放置，经受雨淋日晒，损坏速度较快。

问题处理建议：

全面检修水泥给料系统，更换螺旋给料机电机，改造除尘装置。

购买专用的除尘袋，增加吸尘效果，建立一封闭建筑物用于放置除尘袋，预防泄露的水泥灰到处飞扬。

6.2.3 尾砂浆搅拌系统

主要问题：（1）容积小；（2）缺少液位指示器；（3）搅拌电机功率小；（4）搅拌机到过滤机之间的管道容易堵。

建议：液位指示仪器将保证搅拌机进出料量动态平衡，以保证工人能够准确控制浓缩底流流量，目前采用塑料瓶制作的浮漂作为标记。搅拌桶的液位稳定由浓密机给料量和盘式过滤机的处理量决定。

根据现场观测数据发现：当浓度为 43% ~ 50%，流量示数范围在 50 ~ 60m³/h 时，其液位相对稳定。每班生产结束后需用清水冲洗管道，以防砂浆在管道内固结，另外管道改造，增大管道输送坡度，效果改善明显。

6.2.4 脱水过滤系统

问题 1：滤布更换后一段时间性能降低，导致滤饼厚度不足，滤饼含水量大。

原因：滤布外侧属于光滑面，内侧属于粗糙面（毛面），水泥及尾砂细粒物料被吸入滤布内，又由于不能彻底清洗干净滤布，导致物料不断在滤布内侧积累，停机后水泥与细粒尾砂容易在滤布内侧水化固结，使滤布透气性变差，影响过滤效果，导致滤饼厚度变小，含水量增大。

建议：选择质量更好的滤布，每班结束后都要用水清洗滤布；根据滤布使用周期，按时更换滤布。

问题 2：4 号过滤机真空泵电机烧坏。

原因：（1）工人没按操作规程开关机，导致开机时电机负荷过大，电机烧坏。（2）由于保护装置失效，没有起到应有保护电机的作用。（3）生产厂家没有按照要求提供合格产品以及相关技术培训。

建议：对过滤机全面检修，更换电机，另外对工人进行技术培训。

问题 3：由搅拌桶到过滤机入料口处料浆分配不均匀，经常出现只有一个（共两个）管嘴进料。

原因：（1）给料量少，导致料浆不能完全分配到两个管嘴。（2）两个管嘴不在同一个水平，导致两个管嘴给量不均匀（给料少时导致只有一个管嘴给料，给料大时两管嘴给料也不均匀）。

问题4：滤饼脱落率低。

原因：（1）滤饼太薄。（2）反吹风压力太低。

建议：调整主轴转速，检查反吹风系统。

问题5：过滤机真空度太低。

原因：（1）真空泵工作不正常。（2）真空管路漏气与堵塞；（3）过滤机有漏气点；（4）矿浆液位太低。

建议：检修真空泵和过滤机，修补管路，提高矿浆液面。

6.2.5　干料输送系统

以下是皮带运输系统出现的几个主要问题：

问题1：1号皮带容易掉料，主要原因是过滤机下料口太宽，滤饼容易落入皮带边缘，特别当滤饼含水很大时更容易流出。目前已在下料口安装挡板，情况得以改善。

问题2：3号皮带松弛，容易跑偏、掉料，检修之后有所改善。

问题3：3号皮带不能灵活移动，调整位置需用一天时间，效率低，影响连续生产，建议改善底部移动装置。

6.2.6　系统优化建议

6.2.6.1　过滤机的选型问题

圆盘真空过滤机过滤尾砂存在的问题：圆盘真空过滤机一般适用于颗粒沉降速度较慢的物料，且滤饼与滤布容易分离的场合。颗粒沉降速度过大且容易沉淀的物料、滤饼透气性好的物料不宜采用此种过滤方法，前者容易压槽，后者真空损失大且滤饼容易脱落。

在现场观测中发现，盘式真空过滤机处理尾砂料浆时存在两大问题，第一，尾砂沉降速度很快，真空过滤机的搅拌装置不能均匀分散矿浆，造成局部堆积，很容易在叶片上形成厚薄不均的滤饼，加大了过滤机的负荷；第二，由于尾砂直接排入浓密机，未经过旋流器，导致料浆中尾砂颗粒分布不均，甚至还存在一定量的泥浆，这些粒度很小的料浆进入过滤机料槽后，极有可能堵塞滤布的空隙，导致过滤时达不到需要的真空度，严重影响过滤机的过滤效率。

过滤机不能正常工作使得尾砂固结的正常生产受到严重的限制，每清理一次盘式真空过滤机需要耗费大量的时间且劳动强度很大。因此，现场生产时应该选用正确类型的过滤机或对现有过滤机实行改造，避免这类现象发生。考虑到陶瓷过滤机有良好的处理能力和较低的运行成本，且操作维护简便，劳动强度低，性能可靠，故可成为主要备选方案。

虽然盘式真空过滤机更换滤布较方便，换滤布停车时间短。过滤面积大且占地面积小。但是滤饼水分较高，根据相关文献，比陶瓷过滤机约高1%~2%。

陶瓷过滤机的优越性：陶瓷过滤机尽管依然属于圆盘式真空过滤机，但是由于介质的改变，其过滤原理发生了根本性的变化，简单说来，它的特点是高效、节能。单位面积过滤介质的处理量大、运行成本低。当然，它最大的缺点是一次性投资大，企业需要承受较为昂贵的设备费用。

陶瓷过滤机外形及机理与盘式真空过滤机的工作原理相类似，即在压强差的作用下，悬浮液通过过滤介质时，颗粒被截留在介质表面形成滤饼，而液体则通过过滤介质流出，达到了固液分离的目的。其不同之处在于过滤介质—陶瓷过滤板具有产生毛细效应的微孔，使微孔中的毛细作用力大于真空所施加的力，使微孔始终保持充满液体状态，无论在什么情况下，陶瓷过滤板不允许空气透过。由于没有空气透过，固液分离时能耗低、真空度高。陶瓷过滤机主要由转子、搅拌器、刮刀组件、料浆槽、分配器、陶瓷过滤板、真空系统、清洗系统和自动化控制系统等组成。陶瓷过滤机工作原理如图6-1所示。

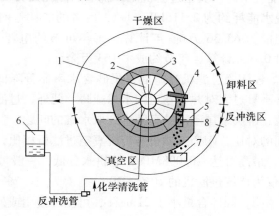

图6-1 陶瓷过滤机结构图

1—转子；2—滤室；3—陶瓷板；4—滤饼；5—料浆槽；
6—真空桶；7—皮带输送机；8—超声装置

工作开始时，浸没在料浆槽的陶瓷过滤板在真空的作用下，在陶瓷板表面形成一层较厚的颗粒堆积层，滤液通过陶瓷板过滤至分配头到达真空桶。在干燥区，滤饼在真空作用下继续脱水，使滤饼进一步干燥，滤饼干燥后，在卸料区时被刮下通过皮带输送至所需的地方。

卸料后的陶瓷板最后进入反冲洗区，经过滤后的反冲液通过分配头进入陶瓷板，冲洗堵塞在陶瓷板微孔上的颗粒，至此完成一个过滤操作循环。当过滤机运行较长时间后，可采用超声及化学介质联合清洗，以保持过滤机的高效运行。

（1）陶瓷过滤机节能机理。西石门铁矿尾砂固结采用的真空圆盘式过滤机，过滤原理与陶瓷过滤机相近，吸滤盘作圆周运动，滤盘浸入浆液部分吸附滤饼，离开浆液后，继续抽取滤饼中的水分。但由于滤布不能阻隔空气的通过，在离开浆液、继续抽取滤饼水分的过程中滤饼会出现裂缝，而造成空气进入真空区，引起真空度的急剧下降，影响吸浆能力和水分的抽干。为了保持足够的真空度，必须用增大吸力来弥补，从而大大增加了动力消耗。

为了减少无为的功耗，须使滤板始终充满液体，空气就不能通过，则达到了节能的目的，为此必须使毛细管作用力大于真空抽力。在脱水过程中，由于真空抽力小于毛细管作用力，毛细管内将充满液体，从而阻碍了空气的通过，因此，只需一台极小的真空泵即可维持其真空度，从而保证过滤过程的连续，这就是陶瓷过滤板高效节能的关键所在。

（2）经济效益指标。陶瓷过滤机的成功使用，能解决尾砂固结过程中存在的过滤技术问题，尤其是滤饼太薄和含水率过大的问题，其带来的经济技术指标的变化主要体现在如下几个方面：

1）尾砂脱水能耗下降。真空过滤机尾砂脱水的能耗约为 6.405kW·h/t，陶瓷过滤机的尾砂脱水能耗约为 2.116kW·h/t，后者的能耗是前者的 35%，下降 65%。按尾砂处理能力 63.36 万吨/年计算，每年可节约电耗 271.75 万千瓦小时，按每千瓦小时 0.6 元计算，年节约成本 163 万余元。

2）水分减少。经陶瓷过滤机过滤后，尾砂含水率显著降低，能有效降低因塌陷区堆存尾砂含水量过大对井下巷道的水患威胁。此外，过滤产生的清水可以重复用于清洗管道，解决了尾砂固结车间生产取水难的问题。

通过两者之间的对比，陶瓷过滤机与传统真空过滤机相比，优势特点如下：

1）真空度高，最高可达 -0.098MPa；滤饼水分低，一般可降低 2%~4%。

2）能耗低，仅为传统过滤机的 10%~20%。

3）滤液清澈透明，固体含量小于 21mg/L，可循环使用或外排。

4）生产无污染，环保达标，安全可靠。

5）陶瓷板使用寿命长，更换容易，工人劳动强度低。

6）脱水费用仅为传统过滤机的 18.8%~40.1%。

7）设备自动连续运转，维护费用低，过滤效率高。

8）杜绝尾砂流失，提高尾砂回收率。

6.2.6.2　水泥给料设备的改装

实际生产过程中水泥给料系统表现出来的弊端较为明显。一是水泥在给料过程中灰尘太大，由于除尘袋没有起到很好的密闭效果，且水泥本身质轻易扬，导致现场工作环境不容乐观，其次是水泥料仓在设计时比搅拌桶位置高，但在实际建设中却把水泥先降到地面，而后再通过提升装置送入搅拌桶，费时耗能，且不利于设备的保养。

可以考虑在后续的生产中，将水泥的提升装置精简，将水泥料仓中的水泥直接通过封闭的皮带输送机送入搅拌桶。为了避免搅拌桶附近的扬尘，可将搅拌桶封闭，并用玻璃材质制作一个观察窗来观察搅拌桶内液位，防止料浆外溢。还应加装皮带秤来实时监控水泥的给料情况，保证设计中的灰砂比，以使塌陷区的尾砂达到指定的强度。此举可有效避免水泥受潮硬化给提升装置带来的设备故障，能减少因不清楚水泥用量所带来的水泥浪费，虽然需要增加投入，但是水泥作为生产过程中价格最高的用料，对水泥给料设备的改装将有效降低水泥的用量，继而降低生产成本，且大大改善现场的工作环境。

6.3 本章小结

目前，尾砂固结排放系统问题仍然比较多，正常运转的时间不足，产量及质量还难以达到要求。这些问题主要反映在人员和设备两个方面：

人员方面：（1）面对新工艺新设备，岗位、维修人员处理问题还不熟练、不及时，并且缺乏相关的技术培训；（2）人员不足，难以实现三班作业，若能连续作业，很多问题诸如浓密机底流浓度及粒度频繁变化且异常、给料间断，管道堵塞而难以清洗，产量低下等问题都会得到缓解。

设备方面：（1）设备质量不过关，经常出现故障，维修或更换耗时过长；（2）缺乏一些重要的设备，例如水泥给料系统缺乏流化装置，皮带运输机上缺乏皮带秤，产量难以估算，另外还缺乏一些对滤饼含水率、强度等的检测设备。

随着人员的陆续到位、熟练程度的不断提高，工艺系统的不断改进（特别是水泥添加系统的优化），可实现固结排放系统与选矿系统同步运行。随着系统的不断完善，还可以逐步提高固结排放系统处理能力。

7 尾砂固结体稳定性研究与安全评价

7.1 固结排尾安全评价

7.1.1 塌陷坑尾砂固结排放的安全要求

利用地表塌陷坑进行尾砂固结排放，通过加入少量的胶凝材料（如硅酸盐水泥）对尾砂进行胶结，经固结后形成具有一定强度的固结体，从根本上改变了尾砂堆体的结构特点与力学性质，确保了尾砂堆体的稳定与安全，矿山不需要再建设尾矿库且能实现尾砂地表安全堆存，将彻底改变传统的尾矿库排放模式，从根本上消除矿区安全隐患，是矿山尾砂处理技术的重大进步。

7.1.1.1 塌陷坑尾砂固结排放安全要求

为确保塌陷坑尾砂固结排放安全，在实施全尾砂固结排放回填塌陷坑的过程中，矿山企业应满足以下安全要求：

（1）应组织建立健全塌陷区尾砂固结排放的安全生产责任制，制定完备的安全生产规章制度和操作规程，实施安全管理；

（2）应当针对漫顶、渗水等安全生产事故和重大险情制定应急救援预案，并进行预案演练；

（3）建立塌陷坑全尾砂固结排放工程档案，特别是隐蔽工程的档案，并长期保管；

（4）应按有关规定，为塌陷区尾砂固结排放系统申办安全生产许可证；

（5）从事塌陷区尾砂固结排放设施操作的专职工作人员必须取得特种作业尾矿工操作资格证书，方可上岗作业；

（6）矿山应当委托具有相应资质的单位承担塌陷区尾砂固结排放系统的勘察、设计、安全评价、施工及监理等；

（7）塌陷坑尾砂固结排放建设项目应当进行安全设施设计并经审查合格后方可施工，无安全设施设计或者安全设施设计未通过审查，不得施工；

（8）施工中需要对设计进行局部修改的，应经原设计单位认可，并报塌陷区尾砂固结排放系统建设项目安全设施的原审批部门；

（9）每三年至少进行一次安全评价，并采取必要措施消除安全隐患。

7.1.1.2 塌陷坑尾砂固结排放系统的安全内容

（1）塌陷区的防塌安全；

（2）塌陷区的防洪安全；

（3）塌陷区周边巷道封闭墙的防渗安全；

（4）废水的安全处理；

（5）塌陷区暴雨冲刷安全；

（6）塌陷区的表面冲蚀和粉尘控制；

（7）塌陷区的防震安全；

（8）塌陷区动态监测和通讯配置的可靠性。

7.1.2 安全隐患及预防对策

根据对尾砂固结车间生产场所、使用设备和管理状况等的分析，塌陷区回填在运行过程中主要存在坍塌、尾砂渗漏、高处坠落等危险因素，其中坍塌是可能造成重大事故的危险因素。塌陷区的主要有害因素表现在对井下生产影响方面的因素：一是塌陷区尾砂堆积对井下采掘巷道产生应力扰动，矿压显现不规律，对安全生产构成隐患；二是排放尾砂含水量不达标，可能造成井下涌水。

7.1.2.1 塌陷区安全隐患

A 滑坡

下阶段勘探时应进一步落实塌陷区内是否存在滑坡，或在大暴雨等情况下可能引发滑坡等不良地质现象。另外，由塌陷区汇水流量较大，因洪水可能引发的泥石流也有可能堵塞或推倒截洪沟、排水沟等构筑物，致使排洪系统瘫痪，满足不了排洪要求，有可能引起塌陷区滑坡。

B 坍塌

塌陷区坍塌危害主要是指堆积在塌陷区边缘的尾砂固结之后形成的边坡结构不稳定，由于外力或者内部应力不平衡造成塌陷区内山体滑坡，继而对井下安全构成威胁。

（1）引起坍塌的原因

1）塌陷区地质条件复杂，裂隙、断层发育多；

2）井下巷道设计不合理；

3）塌陷区底部距离巷道过近；

4）泥石流、地震、滑坡等地质灾害因素；

5）固结尾砂强度不够；

6）尾砂堆积边坡坡度过大；

7）无有效防洪、排渗系统等。

（2）坍塌事故危害的主要形式

1）导致井下巷道支护被冲毁；

2）造成井下人员伤亡；

3）导致井下巷道生产设备损毁等；

4）塌陷区渗水。

C　渗漏

渗水是塌陷区的主要危害之一，可造成环境污染，地下水污染，严重时影响塌陷区下方巷道开采及运输工作，甚至造成安全事故。

（1）尾砂渗水原因

1）尾砂固化效果不好时，水分自然流失，并往底部渗漏；

2）由于堆体自重影响滤饼水分向下渗漏；

3）在汛期塌陷区内大量积水，没有设置排水沟或者排水沟设置不合理，雨水没有及时排出；

4）基底密封不好。

（2）尾砂泄漏危害的主要形式

1）污染下游河流、农田、植被；

2）影响下方巷道的正常工作，严重时发生透水事故。

D　其他

例如，引起高处坠落的原因是人员行进中意外滑入塌陷区内，应在塌陷区外围设置警戒线或警示牌。

7.1.2.2　预防对策

为消除塌陷区以上的安全隐患，在施工、生产和管理中做好如下几点：

（1）塌陷区汇水流量较大，但区内植被覆盖尚好，基本不具备产生大型泥石流的条件，但仍有可能发生洪水携带泥石的现象，因此需做好塌陷区周边的汇流水的导流工作。

（2）在排放的尾砂中添加水泥固结，这样可避免形成泥石流等事故。

（3）经常巡查周边山体，当发现有山体滑坡、塌方、泥石流等情况时，应分析其危害性，采取可能的应急方案妥善处理。

（4）加强塌陷区尾砂固结排放系统管理，及时进行植被覆盖，以防雨水冲刷拉沟，保持塌陷区外排水沟畅通。

（5）在截洪坝前的预留井水口处、水面周边及湿润区按《安全标志》（GB 2894—96）及《安全色》（GB 2893—82）要求设立安全警示标志，防止人畜坠落造成溺水危害。

（6）在塌陷区周边巷道上修筑封闭墙，在封闭墙上设置排水管。

（7）加强生产运行期间的管理，严格巡查制度，发现安全隐患及时处理，做好抢险应急预案及演练。

（8）塌陷区内严禁违章爆破、建筑，严禁违章尾砂回采、开垦、放牧等，禁止违章排入外来尾砂、废石、废水和其他废弃物。

（9）在塌陷区附近，严禁再建住宅和其他设施。

7.1.2.3　安全保障措施

A　尾砂固化处理

根据工业实验尾砂固结强度检测结果：固结材料含量在 1% 时抗压强度达到 0.50MPa，2% 时抗压强度达到 0.73MPa，并且后期的强度发展呈上升趋势，因此固结的尾砂不会泥化。

脱水后固体重量浓度控制在 75% ~ 80%，不仅有利于固结尾砂的成型与养护，而且没有多余水析出；固结材料配比达到 1.8% 以上的固结尾砂遇水不再泥化，可以安全排放。图 7-1 为西石门铁矿北区塌陷坑全尾砂固结堆体，自 2013 年 5 月 25 日到 2013 年 9 月 2 日停产期间，固结堆体经历当地雨季的降水冲刷后，依旧保持堆体稳定。

为确保雨季施工安全，建议在雨天作业时，尾砂不能直接排到塌陷区，须在塌陷区边上修建防雨篷后再将添加固结料的尾砂排入其中，待固结后再用推土机推入塌陷区中，解决在雨天尾砂的排放问题。在尾砂固结排放的开始阶段，由于尾矿库同时排尾，固结排放系统雨天不工作。此外，塌陷区外截（排）水沟保持畅通，对井下和塌陷区相通的巷道进行封堵。

B　塌陷区周边的水质监测

塌陷区周围的水质监测及环境保护特别重要，为避免水质受渗水污染，随时了解塌陷区周边的水质情况，需要在塌陷区附近设置水质监测井。通过塌陷区周边设置监测井，掌握水质情况，如发现周围水质不达标或其他可能造成环境污染的异常情况，应及时采取处理措施并向有关部门反映。

图 7-1　全尾砂固结堆体

7.1.3　塌陷区危险监测及处理对策

7.1.3.1　塌陷区稳定性评价

塌陷区尾砂堆排部分边坡坡度约为 78%，边坡没有开裂、变形、位移、渗漏等不良现象，运行工况正常；目前尾砂堆叠的量还比较少，认为塌陷区边坡稳定性是满足要求的。

7.1.3.2　塌陷区主要安全隐患监测

塌陷区的防洪能力直接影响到边坡的稳定及底部渗水，防洪的监测和管理非常重要。

（1）设置防洪高度标志。在堆顶两侧设置清晰牢固的标高标志，区内设置醒目、清晰牢固的水位观测标尺，标明正常运行水位和警戒水位。

（2）严防塌陷区在汛期发生重大事故，做好防洪度汛工作，制订度汛方案。

（3）汛前，对塌陷区排洪系统进行全面检查，注意排洪构筑物有无异常变形、位移、损毁，发现问题及时解决。准备必要的抢险物资、工具、运输设备、通讯、供电照明器材。维护整修公路，确保交通安全畅通无阻。主动了解掌握气象预报和汛期水情；加强值班和巡逻，设置警报信号和组织抢险队伍，密切注视塌陷区内水情变化、山体稳定、泥石流动态，发现险情及时报告，采取紧急措施，严防事态恶化。

7.1.4　安全保障措施

全尾砂固结排放的安全问题，其核心就是固结的全尾砂再次遇水后，能否出现粉化、泥化现象。如果产生泥化，将会威胁井下生产作业安全，只要确保固结后的尾砂不再泥化，此安全问题必将解决。因此，全尾砂固结排放系统的具体运行要求如下：

（1）正常生产时段，全尾砂浓缩脱水后，通过皮带运输机送往露天坑进行堆放和固结，添加了胶凝材料的尾砂固结后，由于固结体具有一定的强度和黏结力，并且将持续增长，且遇水不再泥化，因而排放是安全的。

（2）在雨季，为确保生产的连续运行，需要适当加大胶凝材料配比，胶凝材料配比要求不低于3%，并使其在地面临时固结场地堆放一定的时间，地面固结时间不小于8h，这样在固结体排入露天坑之前，尾砂料浆已经达到了终凝，此时固结体遇水不再泥化，故可以安全排放。

（3）在系统设计时，正常生产时段不需要利用地面固结场地进行堆放固结；考虑到雨季和其他突发因素，需要设计满足三天生产要求的临时地面固结场地。另外，雨季生产时，要求对地面固结尾砂进行覆盖挡水，防止在尾砂未固结时就受到雨水的破坏。

（4）冬季施工问题。由于冬季温度偏低，使得尾砂固结时间延长，早期强度偏低，但不影响固结排尾的工艺及其最终强度的发展；冬季施工主要是注意防冻问题，但在华北地区冰冻对固结排尾的影响不大。

（5）本工程因位于塌陷区边缘或附近，且本工程建设场地下均存在采空的巷道，可能导致固结排放的全尾砂堆体或塌陷坑边界出现开裂（见图7-2）。因此，在今后矿山生产中，应加强采场地压管理、地表沉陷和井下渗水监测工作，避免出现突发性垮塌事件。

（a）　　　　　　　　　　　　（b）

图7-2　塌陷坑边界与固结堆场开裂

（a）全尾砂固结堆场开裂；（b）北区塌陷坑开裂

7.2　北区塌陷坑的稳定性研究

本研究运用美国明尼苏达大学和美国 Itasca Consulting Group Inc. 开发的三维有限差分计算软件——FLAC^{3D}（fast lagrangian analysis of continual）进行尾砂固结体稳定性计算。该软件主要适用模拟计算地质材料力学行为，特别是材料达到屈服极限后产生的塑性流动。材料通过单元和区域表示，根据计算对象的形状生成相应的网格。每个单元在外荷载和边界约束条件下，按照约定的线性或非线性应力-应变关系产生力学响应。由于 FLAC 软件主要是为岩土工程应用而开发的岩石力学计算程序，它包括了反映地质材料力学效应的特殊计算功能，可计算地质类材料的高度非线性（包括应变硬化/软化）、不可逆剪切破坏和压密、粘弹（蠕变）、孔隙介质的应力-渗透耦合、热-力耦合以及动力学问题等。FLAC^{3D}程序设有以下几种本构关系模型：

（1）各向同性弹性材料模型；

（2）横观各向同性弹性材料模型；

（3）摩尔-库仑弹塑材料模型；

（4）应变软化/硬化塑性材料模型；

（5）双屈服塑性材料模型；

（6）遍布节理材料模型；

（7）空单元模型，可用来模拟地下硐室的开挖和煤层的开采。

另外，FLAC 程序设有界面单元，可以模拟断层、节理和摩擦边界的滑动、张开和闭合。井巷工程支护结构，如衬砌、锚杆、可缩性支架或板壳等与围岩的相互作用也可以在 FLAC 中模拟。同时，用户还可以根据需要在 FLAC 中创建自己的本构模型，进行各种特殊修正和补充。

7.2.1　本构模型选择

本构模型是对岩土材料力学特性的经验性描述，表达的是在外载荷作用条件下岩土体的应力-应变关系，合理选择本构模型是出色完成数值模拟的一个关键步骤。只有选择的本构模型与工程材料力学特性契合度较高时，其选择的本构模型才是合理的。根据 FLAC 提供的本构模型以及本研究中的材料特性，塌陷坑稳定性分析共使用两种本构模型：空模型和摩尔-库仑模型。

（1）空模型。空模型通常用来表示被移除或开挖的材料。应用空模型可以进行开挖、回填之类的模拟。在数值模拟的后续阶段，空模型材料还可以转化成其他的材料模型。

（2）摩尔-库仑模型。摩尔-库仑模型是最通用的岩土本构模型，具有代表性的适用于摩尔-库仑本构模型的材料包括松散或胶结的粒状材料，如土体、岩石、混凝土等。本研究中的固结尾砂和岩石均属于胶结粒状材料，选用摩尔-库仑本构模型是合理的。

7.2.2　模型建立与参数选取

西石门铁矿北区塌陷坑是首先选定的全尾砂固结排放实验区域。对北区塌陷坑进行稳定性研究的目的是研究塌陷坑的应力及位移分布、塌陷坑填平后的应力分布及位移，以及填平前后尾砂对塌陷坑的影响等。

根据西石门铁矿北区塌陷坑 2006 年 3 月的实测平面图（见图 7-3）的等高线数据和部分离散点标高，考虑到边界条件影响以及在计算过程中的单元数量建模。模型在塌陷区的南北各有 30m、东西各有 100m、下面 30m 的边界影响区，故最终模型的大小为东西长 500m、南北宽 300m、高度为 100m，单元的大小为 5m×5m×5m，共有 120000 个单元，129381 个节点。西石门铁矿北区塌陷坑数值计算模型见图 7-4，其中图 7-4(a) 为固结排放前塌陷坑实测模型，图 7-4(b) 为塌陷坑填平后的模型。

分析模型共涉及两种材料：岩石和经固结的尾砂。这两种材料的力学特性符合摩尔-库仑模型，计算所选取的参数见表 7-1 和表 7-2。

抗压强度 P、杨氏模量 E 及峰值应变比 λ 的关系如下：

$$E = \frac{P}{\lambda} \qquad\qquad (7-1)$$

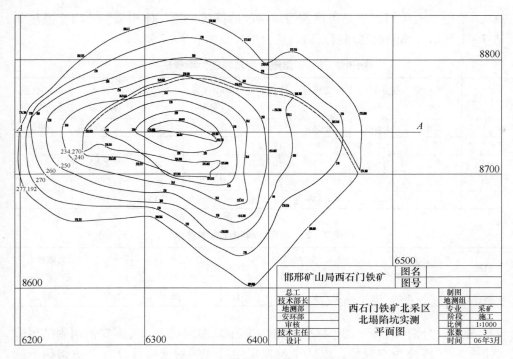

图 7-3　西石门铁矿北区塌陷坑实测平面图

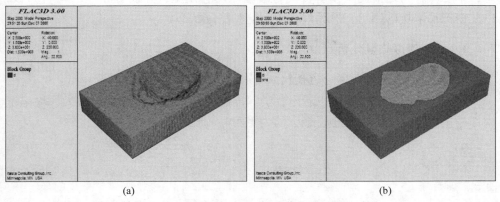

$$(a)\qquad\qquad\qquad\qquad\qquad(b)$$

图 7-4　西石门铁矿北区塌陷坑数值分析计算模型

（a）实测模型；（b）填平后的模型

体积模量 K 和剪切模量 G 与杨氏模量 E 及泊松比 λ 之间的转换关系如下：

$$K = \frac{E}{3(1 - 2\lambda)} \qquad\qquad (7-2)$$

$$G = \frac{E}{2(1 + \lambda)} \qquad\qquad (7-3)$$

因此，若杨氏模量和泊松比给定，则剪切模量和体积模量即确定。取 λ 为

3%，泊松比为0.27，于是可得到固结尾砂的杨氏模量、体积模量、切变模量如表7-1所示。塌陷坑底部岩石的物理力学参数如表7-2所示。

表7-1　固结尾砂材料物理力学参数

序号	水泥掺量 /%	抗压强度 /MPa	杨氏模量 /MPa	体积模量 /MPa	切变模量 /MPa	黏结力 /kN	密度 /kg·m⁻³	内摩擦角 /(°)
1	1.8	0.668	22.044	15.974	8.679	83	2800	30
2	2	0.727	23.991	17.385	9.445	104	2800	30
3	2.2	0.822	27.126	19.657	10.680	137	2800	30
4	2.5	0.8435	27.8355	20.171	10.959	159	2800	30
5	3	0.892	29.436	21.330	11.589	212	2800	30

表7-2　岩石材料物理力学参数

材料类别	体积模量 /GPa	切变模量 /GPa	抗拉强度 /MPa	泊松比	内聚力 /MPa	密度 /kg·m⁻³	内摩擦角 /(°)
底部岩石	37.2	22.3	1.5	0.22	55	2700	45

模拟共分两步，第一步为模拟塌陷坑填平之前的状态，将需要使用固结尾砂填平的区域转换为空模型，以此来模拟塌陷坑，然后进行计算直至达到稳定状态；第二步，将之前的空模型转换为摩尔-库仑模型，并设置相应的材料参数，以此模拟塌陷坑的回填，然后计算直至达到稳定状态。

7.2.3　数值模拟结果分析

7.2.3.1　塌陷坑未填时的模拟分析

由图7-5和图7-6可以看出，随深度的增加，垂直应力逐渐增大，塌陷坑中部的垂直应力相对比较小，最大值为1.5MPa。

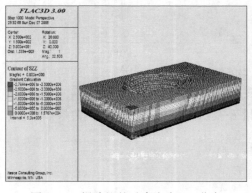 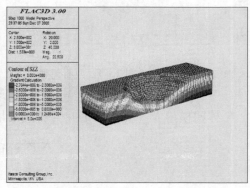

图7-5　塌陷坑的垂直应力Szz分布　　　图7-6　塌陷坑的垂直应力Szz分布（y=150）

　　由图 7 – 7 ~ 图 7 – 10 可以看出，塌陷坑底部四周的位移较大，且均向塌陷坑的方向移动。因此，若不对塌陷坑进行及时处理，随时间的推移，位移会逐渐增加，最后造成坑内四周边帮垮塌。

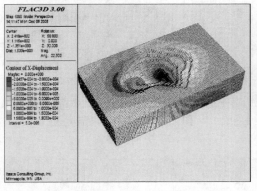

图 7 – 7　塌陷坑的 X 方向位移图

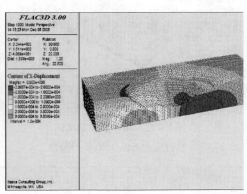

图 7 – 8　塌陷坑的 X 方向位移图（$y = 150$）

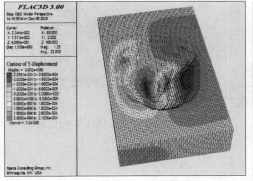

图 7 – 9　塌陷坑的 Y 方向位移图

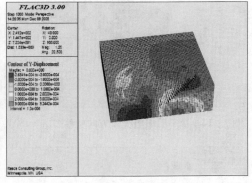

图 7 – 10　塌陷坑的 Y 方向位移图（$x = 220$）

7.2.3.2　塌陷坑填平后的模拟分析

　　由图 7 – 11 和图 7 – 12 可以看出，塌陷坑被固结尾砂填平后，其垂直应力分布如同平地的垂直应力分布，只是塌陷坑底部的垂直应力稍小。

　　由图 7 – 13 ~ 图 7 – 16 可以看出，塌陷坑填平后，底部四周虽仍存在位移，但此时的位移是指向塌陷坑外部的。

　　由图 7 – 17 可以看出，塌陷坑填平后，模型中所有的单元均未受到破坏，因此使用固结尾砂充填塌陷坑是安全的。

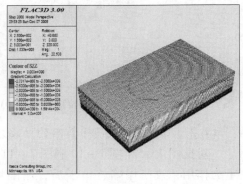

图 7 – 11　填平后塌陷坑的垂直应力 Szz 分布

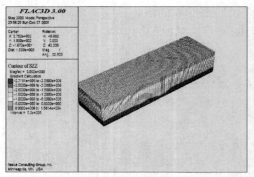

图7－12　填平后塌陷坑的
垂直应力 Szz 分布($y=150$)

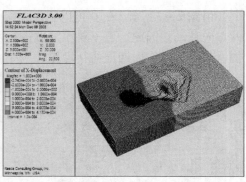

图7－13　填平后塌陷坑 X
方向位移图

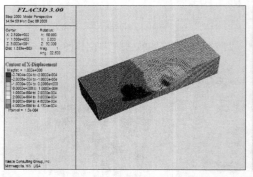

图7－14　填平后塌陷坑 X 方向位移图($y=150$)

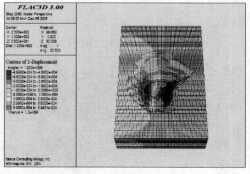

图7－15　填平后塌陷坑 Y 方向位移图

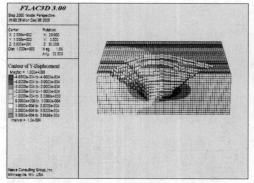

图7－16　填平后塌陷坑 Y 方向位移图($x=220$)

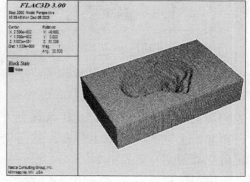

图7－17　填平后塌陷坑单元破坏图

7.2.3.3　塌陷坑填平前后的对比分析

对比图7－5～图7－10 和图7－11～图7－16，可以发现，由于固结尾砂的重力作用，致使塌陷坑填平后，塌陷坑底部的垂直应力 Szz 由 1.5MPa 增大到 2.5MPa；塌陷坑底部四周的水平位移的方向发生改变，由向塌陷坑内部移动到向塌陷坑外部移动，其数值的变化是由 $-3.0e^{-4}$ 变成 $4.70e^{-4}$（指向塌陷坑内部为负，指向塌陷坑外部为正），水平位移的方向的变化可以表明填平后的安全性更好。此外，研究分析还表明，填平后发生水平位移的区域比填平前发生水平位移的区域明显变小，这点也说明填平后的安全性更好。

综上所述，可以得出以下结论：

（1）充填后，塌陷坑底部的垂直应力有所增加，但增加值不大，没有对塌陷坑底部造成破坏。

（2）充填后，塌陷坑四周的水平位移的方向发生改变，增加了安全性。

（3）充填后，塌陷坑发生水平位移的区域明显变小，这对于增加塌陷坑的稳定性大有好处。

7.3 固结堆存的稳定性分析

根据尾砂固结堆存的需要，研究在北区塌陷坑用固结尾砂填平之后继续在其上堆存固结尾砂时堆存体的稳定性以及不同的胶结材料配比（限不发生遇水泥化的配比）的堆存体的最大堆置高度。

7.3.1 方案设计

本实验中固结尾砂的堆存体分层逐次堆高，台阶的示意见图 7-18，图中的参数 h 为 20m，台阶的倾角 α 随参数 b 的不同而变化（见表 7-3）。

根据前述关于固结尾砂的泥化分析，固结尾砂不发生遇水泥化现象的配比下限为 1.8%，本实验中固结材料与尾砂的配比共有 5 组（见表 7-4）。根据现场小型实验中固结尾砂自然安息角的实际情况（大约 40°），以及为了建模的方便，选择了 6 组角度。

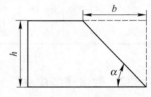

图 7-18 固结尾砂堆存体台阶示意图

表 7-3 固结尾砂堆存体台阶倾角

序号	参数 b/m	台阶倾角 α/(°)	序号	参数 b/m	台阶倾角 α/(°)
1	14	55.01	4	20	45
2	16	51.34	5	22	42.27
3	18	48.01	6	24	39.81

表 7-4 非泥化固结尾砂配比

序　号	配比/%	序　号	配比/%
1	1.8	4	2.5
2	2.0	5	3.0
3	2.2		

固结堆存体呈台阶状逐层堆高，考虑到安全方面的问题，在相邻台阶之间宜留设一定的安全宽度 c（见图7-19），安全宽度 c 取值为6m。

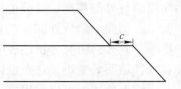

图7-19　固结堆存体台阶
组合示意图

多个台阶的组合会使得整个固结堆存体的边坡角产生变化，表7-5列出了部分可能堆置高度下的固结堆存体的最终边坡角。5组材料配比、6组台阶倾角，本实验使用正交试验法，共30个模型，每个模型模拟固结堆存体逐层堆高，直至发生滑坡或者受模型尺寸限制不能继续堆高为止。

表7-5　固结堆存体最终边坡角

参数 b	台 阶 数 目									
	1	2	3	4	5	6	7	8	9	10
14	55.01	49.64	48.01	47.23	46.77	46.47	46.25	46.09	45.97	45.87
16	51.34	46.47	45.00	44.29	43.88	43.60	43.41	43.26	43.15	43.06
18	48.01	43.60	42.27	41.63	41.26	41.01	40.83	40.70	40.60	40.52
20	45	41.01	39.81	39.22	38.88	38.66	38.50	38.38	38.29	38.22
22	42.27	38.66	37.56	37.04	36.73	36.52	36.38	36.37	36.19	36.13
24	39.81	36.52	35.54	35.06	34.78	34.59	34.46	34.36	—	—

7.3.2　数值模型建立

根据塌陷坑的实际情况以及为模型的建立而适当地简化，所建立的模型（见图7-20）长度为360m，高为300m（其中下部100m为塌陷坑周围岩石边坡及使用固结尾砂回填的充填体，上部为在填平的塌陷坑准备堆存的固结尾砂堆）。

为模拟固结堆存体逐层堆高的过程，需要对固结堆存体进行分组，分组结果如图7-20所示。边界条件为固定模型下边界节点的 X、Y 两个方向的自由度，以及左右两个边界的 X 自由度，允许其 Y 方向上的变化（见图7-21）。

7.3.3　结果分析

实验模拟固结尾砂堆存体逐层堆高，直到固结尾砂堆存体发生滑坡或者受限于模型几何尺寸不能继续堆高为止。

固结堆存体不发生滑坡的条件下的最高堆存台阶数如表7-6所示。在不考虑模型尺寸限制的条件下，从表7-6可以看出，随胶凝材料含量的增加和台阶倾角的变小，固结尾砂堆存体的最大堆存高度不断增大。

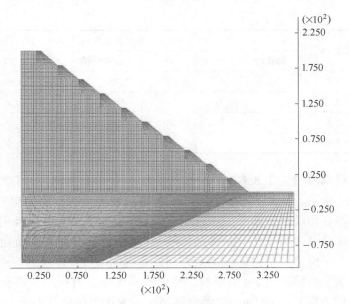

图 7-20　固结尾砂堆存体网格模型

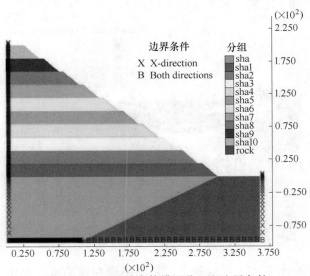

图 7-21　固结堆存体模型分组和边界条件

表 7-6　固结堆存体稳定时最高堆存台阶数

序号	配比/%	台阶参数 b/m						
		14	16	18	20	22	24	26
1	1.8	3	4	6	7	10	9	9

续表 7 - 6

序号	配比/%	台阶参数 b/m						
		14	16	18	20	22	24	26
2	2.0	5	6	7	9	10	9	9
3	2.2	6	7	9	10	10	9	9
4	2.5	7	8	10	10	10	9	9
5	3.0	9	10	10	10	10	9	9

　　以胶结材料掺量为 1.8% 、台阶倾角参数 b 为 14m 为例，计算结果如图 7 - 22 ~ 图 7 - 27 所示。从图 7 - 22 和图 7 - 23 可以发现，对于固结尾砂堆存体堆 3 层时，固结堆存体的最大水平位移为 0，主要分布于下部岩石以及塌陷坑充填固结尾砂的小部分（主要受边界条件的影响），其余的部分因塌陷坑由固结尾砂充填的原因，水平位移均指向 X 轴的负方向。而当固结堆存体堆到第 4 层时，堆存体出现最大水平位移超过 5m 的滑坡，整个模型中，只有很小一部分的水平位移仍指向 X 轴的方向且超过 1m，大部分固结尾砂的水平位移都小于 1m。亦即塌陷坑的岩石边坡由于受固结堆存体的作用，产生了正向的水平位移；靠近堆存体边缘的地方由于出现了滑坡，水平位移比较大。

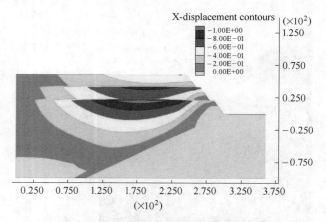

图 7 - 22　固结堆存体未发生滑坡的水平位移

　　从图 7 - 24 和图 7 - 25 可以看出，当固结堆存体的堆存高度为 3 个台阶时，模型的垂直位移最大值不到 7m，靠近固结堆存体台阶边缘的位置，最大垂直位移不到 3m，而且与其附近区域的垂直位移相差不大；但当固结堆存体堆存第 4 个台阶时，模型的垂直位移最大值超过 9m，尤其是靠近堆存体台阶边缘的位置，出现最大位移超过 7m 的区域，而且该区域与其附近区域的垂直位移差超过 4m，故可认为发生滑坡。

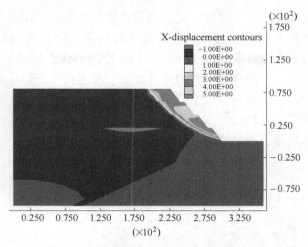

图 7 – 23　固结堆存体发生滑坡的水平位移

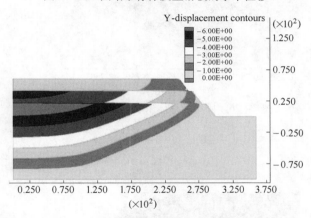

图 7 – 24　固结堆存体未发生滑坡的垂直位移

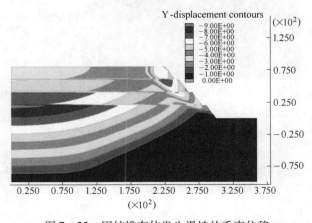

图 7 – 25　固结堆存体发生滑坡的垂直位移

从图 7 - 26 和图 7 - 27 可以发现，当固结堆存体堆存 3 层时，整个模型的绝大多部分都处于弹性区域（或者过去曾发生过屈服，但当前仍为弹性的区域），仅有很少的部分处于屈服破坏区域（图 7 - 26 中圈内深色区域），而且这些区域只分布于模型的内部，没有与模型的边界贯通，模型仍处于稳定状态。但是当堆积到第 4 层台阶时，虽然整个模型的绝大部分仍处于弹性区域（或者过去曾发生过屈服，但当前仍为弹性的区域），但是发生塑性破坏的区域在固结堆存体靠近台阶边缘的区域贯通，于是产生了滑坡。

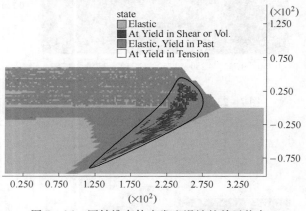

图 7 - 26　固结堆存体未发生滑坡的单元状态

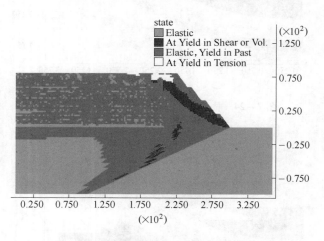

图 7 - 27　固结堆存体发生滑坡的单元状态

综合模型的水平位移、垂直位移，尤其是靠近堆存体边缘附近区域的水平位移和垂直位移，可以认为该模型的堆存体边坡发生了滑坡，但经过距离不大的移动后又重新稳定。

固结堆存体发生滑坡时的堆存高度及计算的最大水平位移、最大垂直位移见

表7-7~表7-9。结合之前的分析，对于发生滑坡时经计算得出的最大水平位移过大的可以认为发生滑坡时滑落的固结尾砂与堆存体完全分离。

表7-7 固结堆存体发生滑坡时的堆存高度

序号	配比/%	台阶参数 b/m						
		14	16	18	20	22	24	26
1	1.8	80	100	140	160	—	—	—
2	2.0	120	140	160	200	—	—	—
3	2.2	140	160	200	—	—	—	—
4	2.5	160	180	—	—	—	—	—
5	3.0	200	—	—	—	—	—	—

表7-8 固结堆存体发生滑坡时计算的最大水平位移

序号	配比/%	台阶参数 b/m						
		14	16	18	20	22	24	26
1	1.8	5	$3e^1$	$6e^2$	$2.5e^1$	—	—	—
2	2.0	$9e^3$	$2.5e^3$	$4e^1$	$7e^1$	—	—	—
3	2.2	$6e^2$	$2e^1$	$4.5e^1$	—	—	—	—
4	2.5	$1.5e^2$	$2e^1$	—	—	—	—	—
5	3.0	$9e^1$	—	—	—	—	—	—

表7-9 固结堆存体发生滑坡时计算的最大垂直位移

序号	配比/%	台阶参数 b/m						
		14	16	18	20	22	24	26
1	1.8	5	$3e^1$	$6e^2$	$2.5e^1$	—	—	—
2	2.0	$-8e^3$	$-2.5e^3$	$-4e^1$	$-6e^1$	—	—	—
3	2.2	$-5e^2$	$-2e^1$	$-4.5e^1$	—	—	—	—
4	2.5	$-1.25e^2$	$-2.25e^1$	—	—	—	—	—
5	3.0	$-8e^1$	—	—	—	—	—	—

综上所述，根据全尾砂固结体不发生泥化的配比下限为1.8%，以及在填平的塌陷坑上继续堆存固结尾砂的实际需求，建立数值模拟模型，并进行不同倾角、不同配比所能达到最大堆存高度的数值计算，试验结果得出了各种情况下保持固结堆存体稳定所能达到的最大堆存高度，而且以固结材料配比为1.8%的固结尾砂、台阶倾角参数 b 为14m的固结堆存体为例，对比分析了发生滑坡前后堆存体的水平与垂直位移分布情况，以及堆存体内单元的屈服变化情况，得出了固

结堆存体稳定时的最大堆置高度。

7.4　固结体稳定性分析

本节主要借助数值模拟方法，研究全尾砂固结体在地下采动、水的渗流作用等因素影响下的稳定性。

7.4.1　模型建立

根据西石门铁矿提供的北区塌陷坑工程地质平面图和相关剖面图，将北区塌陷坑地质平面图导入 ANSYS 中建立几何模型（见图 7－28），划分网格后保存单元和节点信息，然后通过接口程序转化成 FLAC^{3D} 的前处理数据格式，在 FLAC^{3D} 中导入这些数据后生成网格模型（见图 7－29、图 7－30）。图中，凹陷区域为全尾砂固结体，边缘部分表示塌陷坑周边岩体。

图 7－28　北区塌陷坑几何模型

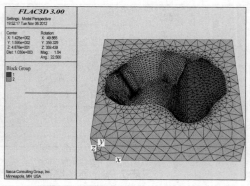

图 7－29　渗流作用稳定性分析模型

为了便于计算，在模拟大气降水和自身渗流等对固结全尾砂边坡稳定性影响时，建立数值模型并划分网格（见图 7－29）。该模型由四面体单元组成，总共 12515 个节点、57740 个单元。模型采用直角坐标系，长 316m（X 方向）、宽 310m（Y 方向）、高 90m（Z 方向）。计算模型除坡面和模型表面（Z =90）设为自由边界外，模型底部和四周设为固定约束边界，考虑到充填体在 Y 方向受塌陷坑的约束，在模拟过程中忽略了模型 Y 方向位移。

在模拟采矿活动对固结全尾砂边坡稳定性影响时，在图 7－29 所示模

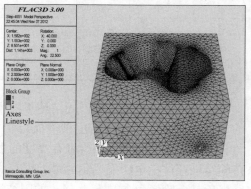

图 7－30　采动影响下稳定性分析模型

型的基础上，加厚底部，使模型高度为190m（Z方向），建立相应的数值模型（见图7–30）。该模型共计37395个节点、203527个单元。此模型的直角坐标系的建立和模型边界条件的设置与图7–29所示模型一致。

（1）模型参数选取。模型参数包括岩土体和全尾砂固结体物理力学参数和材料参数，以及降雨、渗流和开挖等相关参数。

1）岩土体和尾砂固结充填体参数选取。岩土体和全尾砂固结体参数主要包括物理力学参数和材料参数，塌陷坑边坡的岩土体力学参数由西石门铁矿提供（见表7–2）。

2）降雨参数选取。根据我国气象部门规定的降雨量标准，中雨的降雨强度选取20mm/d、大雨的降雨强度为40mm/d、暴雨的降雨强度为50mm/d。根据武安市降雨资料，最大日降雨量为150mm。为了保证边坡的安全性，本节降雨入渗试验模拟按照降雨强度采取两种工况：①降雨强度为50mm/d；②降雨强度取150mm/d，降雨持续时间分别取6h、12h、24h。

3）渗流参数选取。根据西石门铁矿提供的地质资料，以及以往的经验值和实验室的测定值，岩土体、全尾砂固结体的主要渗流参数见表7–10。

4）开挖参数选取。开挖参数主要包括开挖长度、开挖宽度和开挖高度。模拟时，开挖长度选取30m和300m。由西石门铁矿提供的资料，开挖宽度和开挖高度暂定为12m。

表7–10　渗流参数

材料类别	渗透系数/cm·s^{-1}	残余含水率/%	饱和含水率/%	孔隙率/%
底部岩石	2.0×10^{-8}	0.10	0.50	0.5
填充尾砂	3.5×10^{-6}	0.15	0.22	0.6

（2）初始条件。初始条件中不考虑构造应力，仅考虑自重应力及降雨作用、开挖作用产生的初始应力场和孔压场。将模型建立起的稳定分析计算所得的结果，包括初始应力、初始孔压的分布作为初始条件。

（3）边界条件。尾砂固结体边坡和边坡顶部为降雨边界，采用流量边界，施加在表面节点，采用 APPLYP WELL 控制；塌陷坑底部采用透水边界，通过固定其孔隙水压力实现，在 FLAC^{3D} 中通过 fix PP 实现；其他边界采用不透水边界。

（4）模型中的假设。影响边坡稳定的因素有很多，在进行边坡稳定性分析中要尽可能地考虑到各个因素。然而，多因素都是有偶然性的，比如地质条件的千变万化，这使得很难将所有因素都考虑进去。因此，在数值模拟中，通常都会忽略一些次要因素，着眼于主要因素的研究。本节数值模拟计算有以下假设：

1）不考虑底部岩石的内部裂隙，将岩石视为各向同性的力学模型；

2）边坡坡体变形计算的本构关系采用弹塑性模型；

3）尾砂固结体的屈服破坏服从摩尔－库仑准则；

4）渗流计算采用流固耦合力学模型。

7.4.2　数值模拟方案

本次数值模拟涉及的研究对象比较多，包括不同水泥掺量对固结全尾砂边坡稳定性的影响、大气降水对固结全尾砂边坡稳定性的影响、固结体自身渗水对固结全尾砂边坡稳定性的影响和采动开挖对固结全尾砂边坡稳定性的影响。因此，整个数值分析计算方案比较复杂，主要过程如下：

（1）建立数值模型。

（2）研究重力作用下不同水泥掺量对固结全尾砂边坡的变形特征。

主要包括两种情况：1）水泥掺量为2.2％；2）水泥掺量为3.0％。对比分析不同水泥掺量条件下的边坡稳定情况，最终确定现场排放的尾砂中水泥掺量，并以此为后面研究中所使用模型的初始状态。

（3）研究降雨条件下固结全尾砂边坡的变形特征。西石门铁矿地处太行山东麓，属于大陆性季风气候，年降雨量400～700mm，主要集中在7～10月份，最大年降雨量为1395mm。据资料显示，每8～10年出现一次丰水年，年降雨量约900mm。

研究共分为两种情况：1）降雨强度为50mm/d；2）降雨强度为150mm/d，对比分析不同降雨强度对固结全尾砂边坡稳定的影响。

（4）研究渗水作用下固结全尾砂边坡的变形特征。渗透时间共分为三种情况进行研究：1）5d；2）10d；3）15d，对比分析不同渗水时间对固结全尾砂边坡稳定性的影响。

（5）研究地下开挖时固结全尾砂边坡的变形特征。分为以下三种情况进行研究：1）开挖长度为30m；2）开挖长度为300m，对比分析不同开挖长度对固结全尾砂边坡稳定性的影响。

7.4.3　水泥掺量对边坡稳定性的影响

7.4.3.1　位移场分析

图7－31～图7－34为不同水泥掺量对固结全尾砂边坡位移的影响分析图。

由图可知，固结全尾砂边坡的最大水平位移出现在坡脚，最大竖直位移出现在坡顶。当全尾砂固结体中水泥掺量为2.2％时，固结全尾砂边坡的最大竖直位移为32.1cm，最大水平位移为31.9cm。当全尾砂固结体中水泥掺量为3.0％时，固结全尾砂边坡的最大竖直位移为3.36cm，最大水平位移为2.32cm。由此可以确定：随着水泥掺量的增加，全尾砂固结体强度增加，使得堆体边坡位移变小。

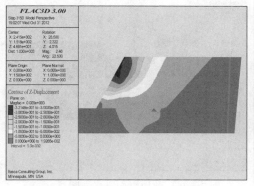　　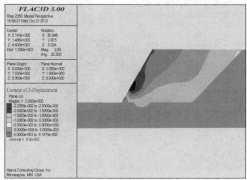

图7-31　竖直方向位移等值线图（2.2%）　　图7-32　竖直方向位移等值线图（3%）

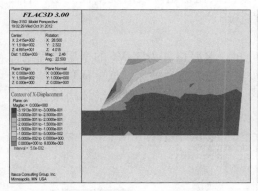　　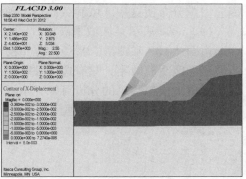

图7-33　水平方向位移等值线图（2.2%）　　图7-34　水平方向位移等值线图（3%）

7.4.3.2　剪应变增量分析

图7-35和图7-36为不同水泥掺量条件下全尾砂固结体边坡的剪应变增量云图和速度矢量图。由图可知，当固结全尾砂中水泥掺量为2.2%时，其最大剪切应变增量为0.02；当固结尾砂中水泥含量为3.0%时，最大剪切应变增量为0.0035。相比较而言，当全尾砂固结体中水泥掺量为3.0%时，固结全尾砂边坡的剪切应变增量较小。

7.4.3.3　塑性状态分析

对塑性区进行分析时需说明的是：FLAC^{3D}采用全部动力运动平衡方程求解应力及应变问题，故其输出的破坏区的分布数据具有相对时间的概念，有现在（n）和过去（p）两种，塑性状态图能显示的状态有：

（1）某区域的应力进入屈服状态（即用n表示某区域正处于破坏阶段）；

（2）用p表示某区域的应力在模型运行过程中进入过屈服状态，不过现在已经退出屈服状态；

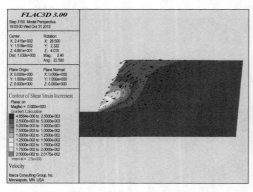 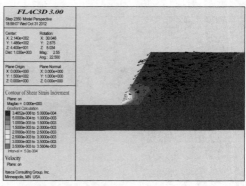

图 7 – 35　剪切应变增量云图（2.2%）　　　图 7 – 36　剪切应变增量云图（3%）

（3）用 shear – p 或 tension – p 表示某区域在初始阶段出现塑性流动，后面因应力重分布使这一区域卸载而退出塑性状态；

（4）none 表示某区域未破坏。

由图 7 – 37 和图 7 – 38 塑性分布图可知，水泥掺量为 3.0% 的全尾砂固结体边坡塑性区明显减小，只有边坡坡脚受少量剪切应变的破坏，但整体仍保持稳定性。由以上模拟结果的分析可知，水泥掺量为 3.0% 的全尾砂固结体边坡比水泥掺量为 2.2% 的固结体边坡强度高，位移变化小，更易稳定。

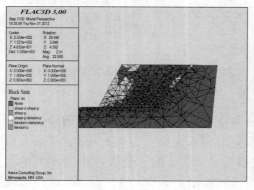 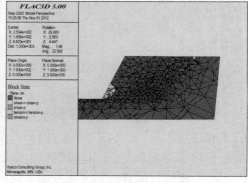

图 7 – 37　塑性区分布图（2.2%）　　　　图 7 – 38　塑性区分布图（3%）

7.4.4　降雨对固结体稳定性的影响

7.4.4.1　雨水作用后的位移场分析

（1）工况一（降雨量 50mm/d）。从图 7 – 39 ~ 图 7 – 44 中可看出，降雨后全尾砂固结体边坡的变形主要发生在坡脚和坡顶处。连续降雨 6h 时，坡脚表面的最大竖直位移为 2.3cm，最大水平位移为 3.4cm，尾砂固结边坡保持完整性而未发生破坏；随着降雨持续时间的增加，当持续降雨 12h 时，坡脚和坡顶的最大竖直位移为 15.5cm，最大水平位移为 12.1cm，全尾砂固结体边坡发生轻微的破坏；

持续降雨 24h 时，边坡的坡顶的最大竖直位移为 52.9cm，坡脚和坡顶的最大水平位移为 50.0cm，边坡将会在坡脚和坡顶处出现较大变形滑动。随着降雨持续时间的增加，边坡土体的变形逐渐增大，边坡土体不仅在变形量上增大，变形范围也在加大。

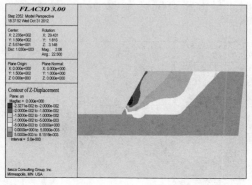

图 7 – 39　竖直方向位移等值线图（6h）　　　　图 7 – 40　水平方向位移等值线图（6h）

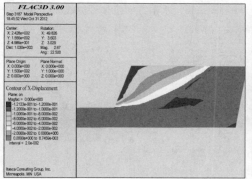

图 7 – 41　竖直方向位移等值线图（12h）　　　图 7 – 42　水平方向位移等值线图（12h）

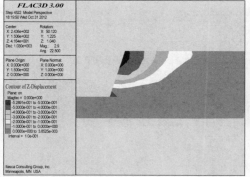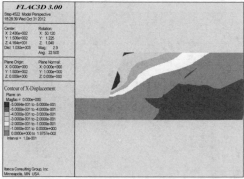

图 7 – 43　竖直方向位移等值线图（24h）　　　图 7 – 44　水平方向位移等值线图（24h）

（2）工况二（降雨量 150mm/d）。由图 7-45～图 7-50 可以看出，降雨量为 150mm/d 时，全尾砂固结体边坡变形量较降雨量 50mm/d 时要大一些，且随着降雨持续时间的增加，变形速度也增大。持续降雨 6h 时，最大竖直位移为44.5cm，最大水平位移为 41.0cm；持续降雨 12h 时，最大竖直位移为 59.8cm，最大水平位移为 60.4cm；持续降雨 24h 时，最大竖直位移为 82.5cm，最大水平位移为 97.6cm，固结体出现较大变形滑动。

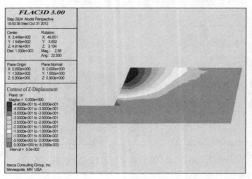

图 7-45　竖直方向位移等值线图（6h）　　　图 7-46　水平方向位移等值线图（6h）

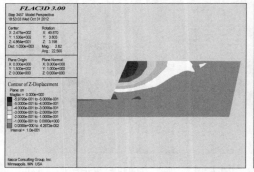

图 7-47　竖直方向位移等值线图（12h）　　图 7-48　水平方向位移等值线图（12h）

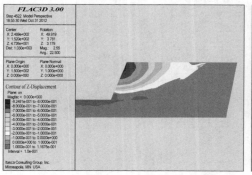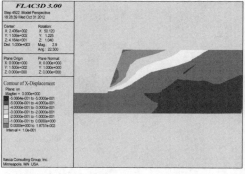

图 7-49　竖直方向位移等值线图（24h）　　图 7-50　水平方向位移等值线图（24h）

综上所述，在降雨作用下，全尾砂固结体边坡会发生一定量变形，降雨强度越大，雨水对固结体稳定性的影响越强、变形越大；降雨持续时间越长，变形也越大，并且固结体边坡发生较大变形的部位多为两交界面处。由此可见，降雨强度及持续降雨时间对边坡土体的变形有很大的影响，而降雨强度对边坡土体的影响更大。在强降雨（工况二）情况下，持续降雨 6h 后全尾砂固结体边坡局部就发生较大变形。

7.4.4.2　雨水作用后的应力场分析

（1）工况一（降雨量 50mm/d）。图 7-51~图 7-56 为降雨强度 50mm/d 的第一主应力及第三主应力等值线图。从主应力等值线剖面图可知，与初始主应力相比，降雨 6h 后边坡第一主应力最大压应力由初始的 2.4MPa 变成 2.6MPa，变化不大；边坡的第三主应力为 1.5MPa，边坡整体呈现受压状态。此外，固结尾砂材料主应力等值线平滑，几乎相互平行，很少出现突变，仅在坡脚附近区域产生明显的应力集中效应，符合应力分布规律。随着降雨持续时间的增加，全尾砂固结体的应力没有明显变化。由此可见，此降雨强度下雨水对土体内部应力作用不是很大，但是在坡脚附近出现的应力集中很可能会对边坡稳定带来不利的影响。

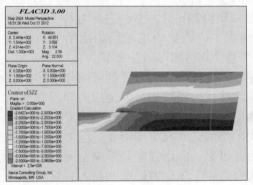

图 7-51　第一主应力等值线图（6h）　　　　图 7-52　第三主应力等值线图（6h）

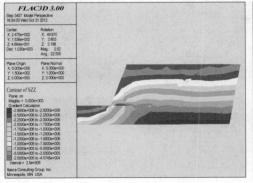
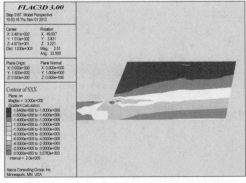

图 7-53　第一主应力等值线图（12h）　　　　图 7-54　第三主应力等值线图（12h）

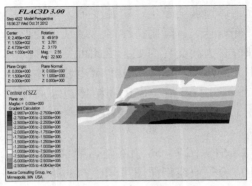 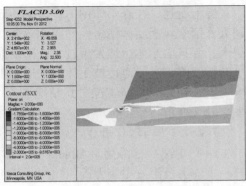

图 7 - 55　第一主应力等值线图（24h）　　　图 7 - 56　第三主应力等值线图（24h）

　　（2）工况二（降雨量 150mm/d）。图 7 - 57 ~ 图 7 - 62 是降雨强度为 150mm/d 时第一主应力及第三主应力等值线剖面图。由图可知，与工况一（50mm/d）的第一主应力及第三主应力相比，持续降雨 6h 后边坡第一主应力最大压应力仍为 2.6MPa，边坡第三主应力由 1.5MPa 增至 1.8MPa，变化不大，这表明短时间内降雨强度的增加不会对边坡的稳定造成太大影响，固结体内部的应力分布规律和工况一基本相同。持续降雨 12h 和 24h 后，第一主应力与工况一的情况相同，但第三主应力增加幅度越来越大。应力集中区域仍为固结体边坡坡脚，最大值达到 2.3MPa，由于坡脚左侧为自由面故极易发生破坏。

　　综上所述，当降雨强度较小时，全尾砂固结体边坡应力受到降雨作用影响较小，雨水对应力的影响并不敏感，即使持续降雨时间增加，但是应力却没有明显变化。然而，降雨强度增强，对边坡土体应力的影响明显增大，雨水对固结体边坡的影响越敏感，并且随着降雨持续时间的增加，影响更加明显，应力的变化越大，应力在较短时间内就达到较大值。由此可见，降雨强度是影响全尾砂固结体边坡应力的一个敏感因素，降雨强度越大对边坡土体应力的影响越大，且随着降雨持续时间的增加而影响加大。

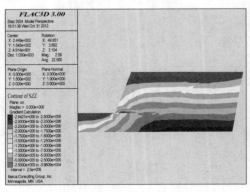 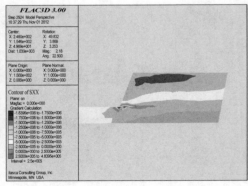

图 7 - 57　第一主应力等值线图（6h）　　　图 7 - 58　第三主应力等值线图（6h）

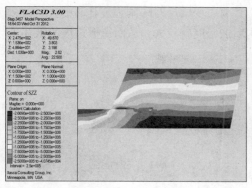

图 7-59 第一主应力等值线图 (12h)

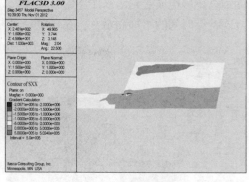

图 7-60 第三主应力等值线图 (12h)

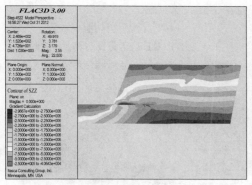

图 7-61 第一主应力等值线图 (24h)

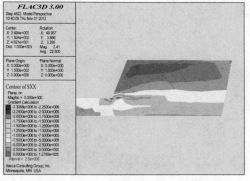

图 7-62 第三主应力等值线图 (24h)

7.4.4.3 雨水作用后的剪切应变分析

(1) 工况一（降雨量 50mm/d）。图 7-63～图 7-65 是降雨强度为 50mm/d 的剪切应变增量云图。由图可知，持续降雨 6h，最大剪应变增量为 0.0035；降雨 12h 时，最大剪应变增量为 0.006；随着降雨持续时间增加，剪应变增量在数值上增大较快，降雨 24h 时，边坡最大剪应变增量达到 0.025，出现较大错动。由此可见，降雨强度较小时，在降雨初期，雨水入渗对剪应变增量的影响不大，但随着降雨持续时间的增加，剪应变增量会出现较大变化。

(2) 工况二（降雨量 150mm/d）。图 7-66～图 7-68 是降雨强度为 150mm/d 情况下的剪应变增量云图。由图可知，在该降雨强度下，剪应变增量变化趋势与工况一的相同，只是变化更大一些。持续降雨 6h 时，最大剪应变增量为 0.02；持续降雨 12h 时，最大剪应变增量为 0.03；降雨 24h 时，最大剪应变增量达 0.05，全尾砂固结体边坡出现较大错动。

综上所述，降雨强度小时，雨水渗入对固结全尾砂边坡的剪应变增量影响较小，但是随降雨持续时间的增加，这种变化会逐渐增大，甚至发生破坏；降雨强度大时，固结全尾砂边坡受到雨水作用的影响较大，且剪应变增量对降雨强度比较敏感，随着降雨持续时间的增加而增大，在较短时间内增加幅度就较大，从而造成边坡的破坏。

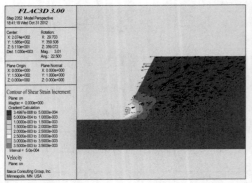

图 7 - 63　工况一剪切应变增量
云图及速度矢量图(6h)

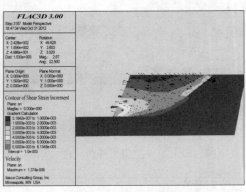

图 7 - 64　工况一剪切应变增量
云图及速度矢量图(12h)

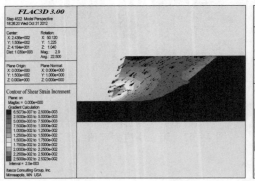

图 7 - 65　工况一剪切应变增量
云图及速度矢量图(24h)

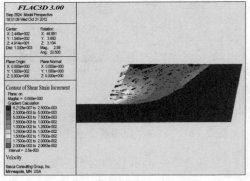

图 7 - 66　工况二剪切应变增量
云图及速度矢量图(6h)

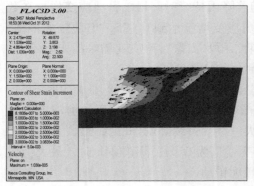

图 7 - 67　工况二剪切应变增量
云图及速度矢量图（12h）

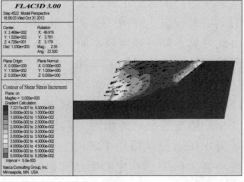

图 7 - 68　工况二剪切应变增量
云图及速度矢量图（24h）

7.4.4.4 雨水作用后的边坡塑性状态分析

（1）工况一（降雨量 50mm/d）。图 7-69~图 7-71 为降雨量为 50mm/d 时全尾砂固结体边坡塑性状态分析图。由图可知，持续降雨 6h 后，边坡未出现拉伸或剪切破坏，故全尾砂固结体保持完整性；持续降雨 12h 时，坡顶和坡脚出现过并且正处于拉伸状态，有可能发生破坏；持续降雨 24h 时，整个边坡大部分处于拉伸状态，极易发生边坡破坏。

（2）工况二（降雨量 150mm/d）。图 7-72~图 7-74 为降雨量为 150mm/d 时全尾砂固结体边坡塑性状态分析图。由图可知，持续降雨 6h 时，边坡坡顶发生拉伸破坏，部分坡面处于剪切拉伸破坏状态；持续降雨 12h 时，大部分坡面和坡顶都处于拉伸剪切破坏状态；持续降雨 24h 时，全尾砂固结体边坡的破坏加剧。

综上所述，全尾砂固结体边坡的稳定性受降雨的影响较大，相对于降雨持续时间的影响，降雨强度对固结尾砂边坡的稳定性影响更大。因此，建议在降雨量较大的季节（雨季）应加强固结尾砂边坡的稳定状态监测，确保安全生产作业。

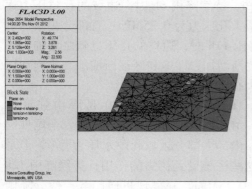

图 7-69 工况一固结充填体的
塑性区分布图（6h）

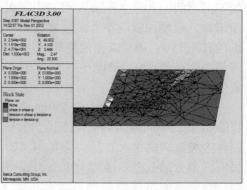

图 7-70 工况一固结充填体的
塑性区分布图（12h）

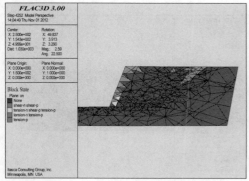

图 7-71 工况一固结充填体的
塑性区分布图（24h）

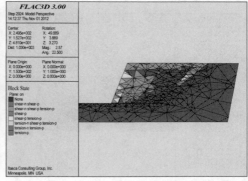

图 7-72 工况二固结充填体的
塑性区分布图（6h）

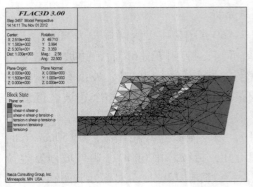 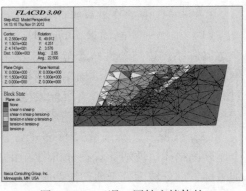

图 7 - 73　工况二固结充填体的　　　　图 7 - 74　工况二固结充填体的
塑性区分布图（12h）　　　　　　　　塑性区分布图（24h）

7.4.4.5　雨水作用后的边坡孔压场分析

（1）工况一（降雨量 50mm/d）。图 7 - 75 ～ 图 7 - 77 是降雨强度为 50mm/d 的不同时间的孔隙水压力云图。由图可知，持续降雨 6h 时，边坡的孔隙压力逐渐增加，但增加幅度不大，边坡坡脚的最大孔压力为 0.25MPa，且部分固结体内部的孔压为 0；随着降雨的持续增加，降雨 12h 时，边坡的孔压也随之增加，坡脚的最大孔压为 0.29MPa，影响范围也逐渐增加，即饱和区逐渐增加，非饱和区逐渐减少；持续降雨 24h 时，坡脚的最大孔压力为 0.38MPa。

（2）工况二（降雨量 150mm/d）。图 7 - 78 ～ 图 7 - 80 是降雨强度为 150mm/d 的不同时间的孔隙水压力云图。由图可知，持续降雨 6h 时，全尾砂固结体边坡坡脚的最大孔压力为 0.58MPa，内部大部分区域孔隙水压力为 0，但是另有一部分的孔隙水压力为负值，表明这些区域受到拉力的作用；持续降雨 12h 时，全尾砂固结体边坡的最大孔压力为 0.75MPa，并呈现贯通趋势；持续降雨 24h 时，固结尾砂边坡的最大孔隙压力进一步增加，达到 0.93MPa，但孔隙压力为负值的范围并没有明显增加。

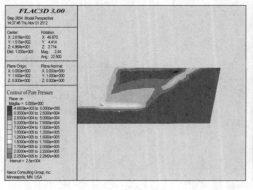 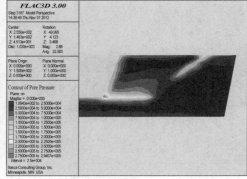

图 7 - 75　工况一孔隙应力场云图（6h）　　　图 7 - 76　工况一孔隙应力场云图（12h）

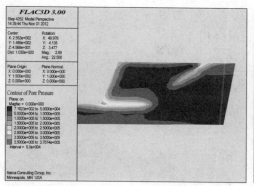

图7-77　工况一孔隙应力场云图（24h）

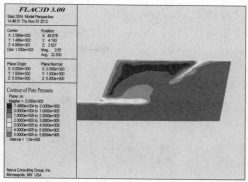

图7-78　工况二孔隙应力场云图（6h）

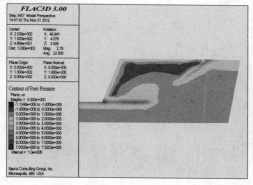

图7-79　工况二孔隙应力场云图（12h）

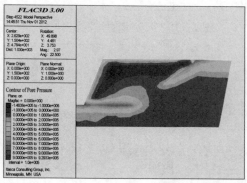

图7-80　工况二孔隙应力场云图（24h）

　　综上所述，降雨入渗导致全尾砂固结体边坡孔隙水压力上升，边坡土体表层到内部，孔隙水压力逐渐增大，且坡脚的孔隙水压力上升得较快。孔隙水压力随着降雨强度及降雨持续时间的增加而逐渐增强，影响的范围也逐渐增大，尤其是特大暴雨时，孔隙水压力变化较大。另外，值得注意的一点就是在全尾砂固结体边坡内部存在孔隙水压力为负值的区域，很有可能在地表产生裂隙，在生产与维护过程中应加强对边坡稳定性的监控，确保生产安全。

7.4.5　渗水作用对固结体稳定性的影响

7.4.5.1　水平方向的位移分析

　　根据现场的实践和实验室的分析，暂定全尾砂固结干料的重量浓度为78%，呈饱和状态，下面的分析模拟均以此为标准。

　　图7-81~图7-84为不同渗透时间的全尾砂固结边坡水平方向的位移图。由图可知，边坡的最大水平位移均发生在坡脚处，随着时间的增加，坡脚的最大位移值逐渐增加。刚开始时，水平方向的最大位移为3.4cm；固结5天时，最大

位移达到 26.2cm；固结 10 天时，最大位移值达到 37.9cm；固结 15 天时，最大位移值达到 39.2cm，增加幅度逐渐减小，最终趋于稳定。

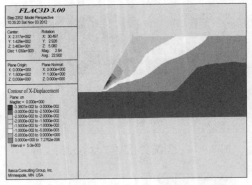

图 7-81　无渗水时水平方向位移　　　　　图 7-82　渗水 5 天水平方向位移

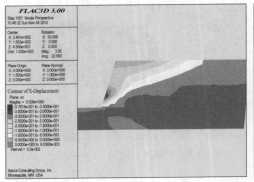
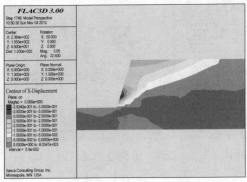

图 7-83　渗水 10 天的水平方向位移　　　　图 7-84　渗水 15 天的水平方向位移

7.4.5.2　竖直方向的位移分析

图 7-85 ~ 图 7-88 为不同渗透时间的边坡竖直方向的位移图。

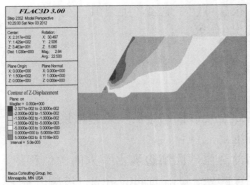
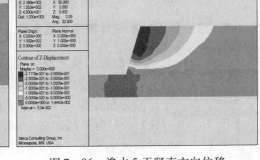

图 7-85　无渗水竖直方向位移　　　　　图 7-86　渗水 5 天竖直方向位移

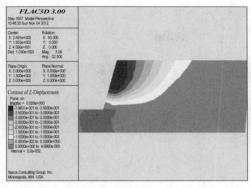 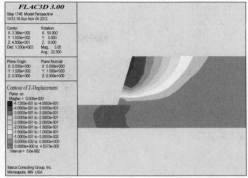

图7-87　渗水10天竖直方向位移　　　图7-88　渗水15天竖直方向位移

由图可知，全尾砂固结体边坡的最大竖直位移随着时间的增加而有所改变，最大位移值逐渐增加。刚开始时，竖直方向的最大位移为 2.3cm，发生最大位移的位置为边坡的坡脚处；固结 5 天时，最大位移达到 27.2cm，发生最大位移的位置由坡脚往坡顶转移；固结 10 天时，坡顶的最大位移值达到 39.8cm；固结 15 天时，坡顶的最大位移值达到 41.3cm，增加幅度也逐渐减少，最终趋于稳定。

7.4.5.3　剪切应变增量的分析

图7-89~图7-92为不同渗透时间的边坡剪切应变增量云图。由图可知，全尾砂固结体边坡的最大剪切应变增量和最大水平位移类似，均发生在坡脚处，并且随着时间的延长，剪切应变发生的范围也逐渐增加，由最初的坡脚处慢慢延伸至边坡内部，最终贯穿整个边坡。刚开始时，边坡水平方向的最大剪切应变增量为 0.0036；固结 5 天时，最大剪切应变增量达到 0.019；固结 10 天时，最大剪切应变增量达到 0.025；固结 15 天时，最大剪切应变增量仍然为 0.025，这表明全尾砂固结 10 天以后，剪切应变增量的变化非常小，且趋于一个常数。

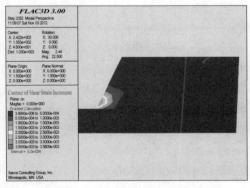 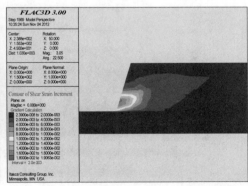

图7-89　无渗水剪切应变增量云图　　　图7-90　渗水5天剪切应变增量云图

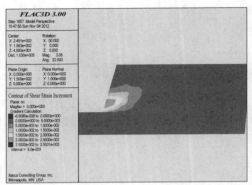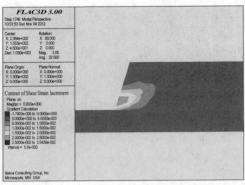

図 7-91　渗水 10 天剪切应变增量云图　　　図 7-92　渗水 15 天剪切应变增量云图

综上所述，随着时间的增加，全尾砂固结体边坡的水平方向位移、竖直方向位移以及剪切应变的增量都会逐渐变大，但是增加的幅度却越来越小，最终趋于稳定。此现象表明，含饱和水的全尾砂固结边坡的稳定性会受到自身渗水时间的影响，但是最终都会趋近于一个定值，故边坡最终仍然能够保持稳定。

7.4.6　采动对固结体稳定性的影响

7.4.6.1　边坡位移场分析

计算模型中，塌陷坑底标高为 +260m，根据西石门铁矿提供的年度采掘作业计划，暂定开采水平为 +160m。如图 7-93~图 7-96 所示，开挖时，边坡的最大位移值通常出现在坡脚或坡顶处。开挖 30m 时，边坡的坡脚出现最大水平位移，达到 12.6cm，坡顶出现最大竖直位移，达到 14.1cm；开挖 300m 时，边坡的坡顶和坡脚均出现最大水平位移，其值达到 163.5cm，坡顶大面积的竖直位移为 104.1cm。随着开挖长度的增加，边坡的最大位移会逐渐增加，边坡的稳定性逐渐减弱，最终很可能会发生破坏。

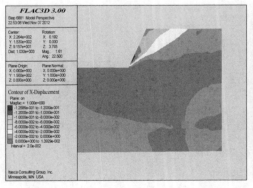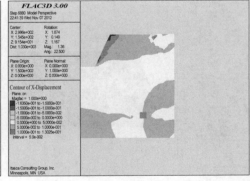

図 7-93　水平位移等值线图（30m）　　　図 7-94　水平位移等值线图（300m）

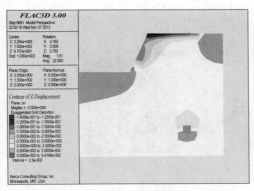 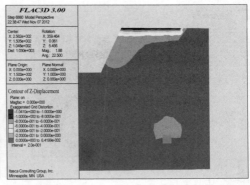

图 7－95　竖直位移等值线图（30m）　　　图 7－96　竖直位移等值线图（300m）

7.4.6.2　边坡剪切应变增量分析

如图 7－97 和图 7－98 所示，随着开挖长度的增加，边坡的剪切应变增量也会逐渐增加。开挖 30m 时，边坡的坡脚出现最大剪切应变增量，其值达到 0.013，边坡坡脚保持稳定；开挖 300m 时，边坡的坡顶出现最大剪切应变增量，其值达到 0.1，说明随着开挖长度的增加，边坡的最大剪切应变增量也会逐渐增加，最终可能会导致边坡发生破坏。

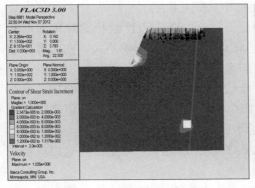 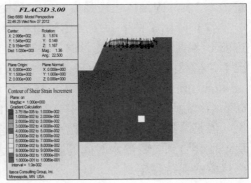

图 7－97　剪切应变增量云图（30m）　　　图 7－98　剪切应变增量云图（300m）

7.4.6.3　塑性区的分析

如图 7－99 和图 7－100 所示，开挖 30m 时，边坡只有坡脚发生过剪切应变，另有少部分坡脚内部受到了拉伸力的作用，影响范围比较小；开挖 300m 时，边坡的坡脚和坡顶都受到过拉伸力的作用，并且目前仍然处于拉伸状态，而尾砂固结体抗拉强度是比较低的，这对边坡的稳定是极其不利的。

综上所述，当开挖长度较少时，开挖是不会对边坡稳定造成影响的；随着开挖长度的增加，边坡的位移值、剪切应变增量等都会增大，最终很可能会导致边坡失稳。

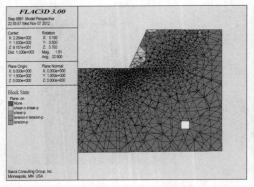 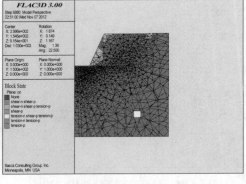

图 7 – 99　塑性区分布图（30m）　　　　图 7 – 100　塑性区分布图（300m）

7.5　本章小结

借助数值模拟方法，研究了全尾砂固结体在地下采动、水的渗流作用等因素影响下的稳定性。研究结果表明：

（1）重力作用下水泥掺量对固结全尾砂边坡的变形特征。随着水泥掺量的增加，全尾砂固结体强度增加。水泥掺量为 3.0% 的全尾砂固结体边坡比水泥掺量为 2.2% 的固结体边坡强度高，位移变化小，更易稳定。

（2）降雨条件下固结全尾砂边坡的变形特征。降雨强度及持续降雨时间对边坡土体的变形有很大的影响，而降雨强度对边坡土体的影响更大。在强降雨情况下，持续降雨 6h 后全尾砂固结体边坡局部就发生较大变形。

（3）研究渗水作用下固结全尾砂边坡的变形特征。随着时间的增加，全尾砂固结体边坡的水平方向位移、竖直方向位移以及剪切应变的增量都会逐渐变大，但是增加的幅度却越来越小，最终趋于稳定。含饱和水的全尾砂固结边坡的稳定性会受到自身渗水时间的影响，但是最终都会趋近于一个定值，故边坡最终仍然能够保持稳定。

（4）研究地下开挖时固结全尾砂边坡的变形特征。当开挖长度较少时，开挖是不会对边坡稳定造成影响的；随着开挖长度的增加，边坡的位移值、剪切应变增量等都会增大，最终很可能会导致边坡失稳。

8 尾砂固结排放经济效益与环境影响分析

利用采矿塌陷坑进行排尾是绿色开采技术的重要发展方向之一，既解决了矿山尾矿库排尾占用土地、破坏环境及存在安全隐患等问题，又使塌陷区得到治理，同时还为土地复垦创造条件。

8.1 经济效益分析

8.1.1 直接经济效益分析

根据西石门铁矿北区塌陷坑全尾砂固结排放系统（60 万吨/年）实际运行统计，自 2012 年 5 月系统投入试运营开始至 2013 年 9 月，共实际固结排放尾砂约 16 万吨（其中，2012 年约 5.1 万吨，2013 年约 10.9 万吨）。若按平均湿选比 3:1 计算，将新增铁精矿 8.0 万吨。

目前，西石门铁矿北区塌陷坑全尾砂固结排放系统（60 万吨/年）基建投资 1900 万元，尾砂固结运营成本按 2013 年 5 月实际运营成本 18.20 元/t，铁精矿售价按 900 元/t 计算，则可新增产值 5008.8 万元。即，

$$Q = 900 \times 8.0 - 1900 - 18.2 \times 16.0 = 5008.8 (万元)$$

若以每吨铁精矿可获 200 元利润计算，则可新增经济效益 1600 万元。即，

$$W = 200 \times 8.0 = 1600.0 (万元)$$

8.1.2 塌陷坑固结排放与尾矿库排尾比较

西石门铁矿北区塌陷坑容积约 100 万立方米，中区塌陷坑容积约 600 万立方米，目前后井尾矿库剩余库容 263 万立方米，共计 963 万立方米。矿山现有资源储量为 1531 万吨，需堆存尾砂 1000 万立方米。

8.1.2.1 塌陷区固结排放投资

西石门铁矿北区塌陷坑有效容积约 100 万立方米、中区塌陷坑有效容积约 600 万立方米，若北区与中区塌陷坑能实现尾砂固结排放，再加上后井尾矿库的剩余库容，共计可排尾近 963 万立方米，可满足西石门铁矿今后直至闭坑期间的生产需要。若考虑到外购矿石的入选量以及一定的富余系数，通过采取一定技术措施，扩大塌陷坑的尾砂堆存量，基本上可以解决西石门铁矿今后的尾砂堆存问题。

　　现以西石门铁矿北塌陷区全尾排放系统设计规模为 60 万吨/年计算全尾砂固结排放成本，系统年运营费用具体如下（见表 8 - 1）：

　　（1）辅助材料费（水泥）。全尾砂固结排放系统消耗的主要辅助材料为水泥，水泥添加量为 2%，年水泥消耗量约为 10433.28t。考虑到生产过程中不可预见的损耗，年水泥消耗量取 12000t，按水泥价格（含税）为 340 元/t 计算，系统水泥消耗总费用成本为 408 万元/年。折成单位尾砂排放成本为 6.80 元/t。

　　（2）燃料动力费。根据系统现有装机容量及设备运行情况估算，全尾砂固结排放系统年耗电量为 $379 \times 10^4 kW \cdot h$，按电价（含税）0.6 元/（$kW \cdot h$）计算，系统电耗成本为 227.4 万元/年，折合单位尾砂排放成本为 3.79 元/t。

　　（3）工资及福利费。按岗位定员，系统需定员 24 人。人均工资及福利费按 45000 元/年计算，项目工资及福利费为 108 万元/年，折合单位尾砂排放成本为 1.80 元/t。

　　（4）固定资产折旧费。根据系统投资概算，系统建设投资为 1900 万元，建设投资形成固定资产 1850 万元。根据全尾砂固结排放系统特点，拟定项目固定资产综合折旧年限为 12 年，残值率按 3% 计算，项目固定资产折旧费为 153.9 万元/年，折合单位尾砂排放成本为 2.57 元/t。

　　（5）固定资产修理费。根据项目特点，拟定项目固定资产修理费率为 2.5%，经计算项目固定资产修理费为 46.3 万元/年，折合单位尾砂排放成本为 0.77 元/t。

表 8 - 1　西石门铁矿全尾砂固结排放系统投资运营费用

序号	项目名称		年总消耗	总成本（万元/年）	单位成本（元/吨干尾砂）
1	辅助材料	水泥	12000t	408	6.80
2	燃料及动力	水			
		电	379.0 万千瓦时	227.4	3.79
3	工资及福利			108	1.80
4	制造费	固定资产折旧费		153.9	2.57
		固定资产修理费		46.3	0.77
		无形及其他资产摊销费		10	0.17
		其他未预计成本费用		23.84	0.40
年总成本				977.44	
单位成本					16.29

（6）无形及其他资产摊销费。全尾砂固结排放项目建设投资形成无形及其他资产 50 万元。无形及其他资产摊销年限取 5 年，经计算项目无形及其他资产摊销费为 10 万元/年，折合单位尾砂排放成本为 0.17 元/t。

（7）其他未预计成本费用。其他未预计成本费用按总成本费用的 2.5% 计算，为 23.84 万元/年，折合单位尾砂排放成本为 0.40 元/t。

（8）总成本费用。根据上述成本费用计算，项目总成本费用为 977.44 万元/年，折合单位尾砂排放成本为 16.29 元/t。

需说明的是，上述全尾砂固结排放成本是以尾砂排放系统 60 万吨/年的产能进行计算。若要实现西石门铁矿尾砂全部固结排入北区和中区塌陷坑，则需增加产能至 120 万吨/年。随着固结排放系统处理能力的增加，有望将全尾砂固结排放的运营成本控制在 15 元/t 左右。

8.1.2.2 新建尾矿库投资

西石门铁矿后井尾矿库于 1985 年建成，1992 年投入生产使用。初期设计由马鞍山钢铁设计院完成，当堆积坝面上升到 425m 标高时南、北两库将联合使用。为节省初期投资，西石门铁矿投产前只修建南沟尾矿库（南库）。现在尾矿库堆积坝标高已升至 427m，坝尾标高为 420m，现实际库容为 1395 万立方米，剩余库容约 263 万立方米。

截至 2013 年 12 月底，西石门铁矿剩余地质储量 1531 万吨，残采矿量预计 500 万吨，按平均湿选比（3.0 ~ 3.2）:1 计算，将新增尾砂量约 1000 万立方米。此外，若再考虑尾矿库内的上层水面所需占用的库容，则需尾矿库剩余容积将超过 1100 万立方米。因此，若不新增尾矿库库容，将有近 700 万 ~800 万立方米左右的尾砂将面临无处可堆的窘境。亦即，为了保证矿山正常生产，如不能利用塌陷区排尾，则必须增建北尾矿库。

若采用新建或增建尾矿库模式，则根据测算，建设后井尾矿库（北库）共需投资费用为 16512.67 万元（见表 8 - 2），则尾砂储存成本约为 15.0 元/m^3；若按尾矿库干砂密度为 1.48t/m^3 计算，则尾砂储存成本约为 10.14 元/t。考虑尾矿库排尾生产运行成本 7.94 元/t（见表 8 - 3），合计总成本 18.08 元/t。

需说明的是，后井尾矿库（南库）经过扩容后，库容已接近极限，而建设北库则具有投资高、占地面积大、开工审批手续繁琐、建设周期长等不利因素，故建议暂不采纳建设后井尾矿库（北库）的方案。

根据尾矿库排尾与固结排尾的运行成本比较可知，固结排尾的主要成本消耗在胶凝材料、电力和设备折旧三个方面。若采取必要的节能减排措施和降低胶凝材料成本（采用新型全尾砂固结胶凝材料），增加尾砂固结处理能力，有望将固结排尾的运行成本控制在 15 ~ 16 元/t。

表 8 - 2　西石门铁矿后井尾矿库北库建设投资费用

序号	工程名称	工程量	单位	投资金额/元	备　注
一	工程费用			36512174	
1	初期坝	6500	m³	9517617	高 9m，坝顶宽 3m，长 64m，总工程量 6500m³
2	溢水塔	2	座	778400	内径 4.5m，高度 24m
3	隧洞	600	m	13771161	含竖井、衬砌、断层处理、进出口等，隧洞 3m×2.4m，竖井直径 3m
4	堑沟			364596	
5	排渗系统水位观测			2210400	
6	坝上、坝肩排水沟	18900	m	5670000	按 300 元/m 计算
7	增设管道排放系统	800	m	2000000	
8	值班室			200000	
9	修建坝面溢水塔公路	2000	m	500000	
10	植被			500000	
11	观测设施			1000000	
二	其他费用			4124661	
1	建设单位管理费			912804	
2	工程设计费			1396313	
3	工程监理费			907772	
4	工程勘察费			907772	
三	预备费			3651217	按工程费用 10% 计算
四	占地费		1000 亩	120838600	按荒山 200 亩，耕地 800 亩计算
	合计			165126653	

表 8 - 3　尾矿库排尾与固结排尾每吨尾砂的运行成本比较　　　　（元）

序号	费用名称	尾矿库排尾	固结排尾
1	材料消耗	0.15	6.80
2	备品备件	0.34	0.77
3	动力消耗	1.60	3.79
4	制造费用	0.12	0.40
5	人员工资	1.20	1.80
6	福利	0.18	
7	设备折旧	0.01	2.57

序号	费用名称	尾矿库排尾	固结排尾
8	赔青	0.74	
9	工程费用	3.60	0.17
合　计		7.94	16.30

8.1.2.3　塌陷坑固结排放与尾矿库排尾比较

根据实验室和现场工业试验获取的资料估计，西石门铁矿北区塌陷坑建设 60 万吨/年的全尾砂固结排放系统约需投资近 1900 万元。若西石门铁矿实现利用北区和中区塌陷坑进行固结排尾，则无需再建设新的尾矿库，但需要增加当前尾砂固结排放系统的处理能力，即由目前的 60 万吨/年处理能力增加至 120 万吨/年处理能力，总投资将达到 3500 万元。拟可行方案是：增加北区尾砂固结排放系统的处理能力，实现西石门铁矿全部尾砂固结排入北区塌陷坑；待北区塌陷坑堆排结束后，将固结排放系统移至中区塌陷坑进行尾砂固结排放；固结排放系统由北区向中区搬迁过程中，由后井尾矿库容纳这期间选厂所产生的尾砂。

截至 2013 年 12 月底，西石门铁矿剩余地质储量 1531 万吨，残采矿量预计 500 万吨。若按平均湿选比（3.0 ~ 3.2）:1 计算，将新增尾砂量约 1000 万立方米。根据西石门铁矿提供的资料，现有尾矿库剩余库容为 263 万立方米。显然，若不新增尾矿库库容，将有近 737 万立方米的尾砂将面临无处可堆的窘境。

现在仅考虑新增的 737 万立方米尾砂（按尾砂干容重 $1.48t/m^3$ 计算，约有尾砂 1100 万吨）的排放方案：一是采用北区和中区塌陷坑进行全尾砂固结排放，二是采用新建尾砂库的方式进行湿排。以矿山每年排放 110 万吨、排尾时间为 10 年来计算塌陷坑排尾和尾矿库排尾两个方案的费用现值。

（1）利用尾矿库进行排尾：

1）后井尾矿库（北库）建设投资：16512.67 万元。

2）若采用新建尾矿库的方式进行排尾，则按折现率 10%、期限 10 年、尾矿库排尾运行成本 7.94 元/t 计算尾砂处理费用：

$$7.94 \times 110 \times 6.144 = 5366.2（万元）$$

上述两项相加，则利用尾矿库进行排尾的费用现值为：

$$5366.2 + 16512.7 = 21881.9（万元）$$

（2）利用塌陷坑尾砂固结排放：

1）全尾砂固结排放系统投资：3500 万元。

2）按固结排尾处理能力为 110 万吨/年、折现率 10%、期限 10 年计算固结排尾尾砂处理费用：

$$16.30 \times 110 \times 6.144 = 11016.2(万元)$$

上述两项相加，则利用尾矿库进行排尾的费用现值为：

$$11016.2 + 3500 = 14516.2(万元)$$

比较上述两方案可知，采用尾矿库进行排尾，单位建设投资较高，而运营成本较低；采用尾砂固结进行排尾，单位建设投资较低，但因使用胶凝材料而使得运行成本稍高。通过计算费用现值，西石门铁矿实施固结排尾后的总费用比尾矿库排尾费用降低 7400 万元。

需说明的是，上述计算所采用的全尾砂运营成本是在系统年处理能力为 60 万吨的条件下计算取得的，若尾砂固结排放系统处理能力由目前的 60 万吨/年增至 120 万吨/年，则尾砂固结排放的运营成本将能控制在 15 元/t，则西石门铁矿实施固结排尾后的总费用比尾矿库排尾费用将降低 8300 万元。

8.2　社会效益与环境效益分析

在西石门铁矿实施尾砂固结排放新技术，将选矿厂的全尾砂固结排放到因地下开采造成的地表塌陷坑内，具有以下的社会效益与环境效益。

（1）利用尾砂固结排放系统对矿山全尾砂进行脱水固结后排放到地表采矿塌陷坑内，既节约了土地资源占用，又缓解了当前尾矿库排放的压力，并节省其维护排放费用。根据测算，如果能够在北区和中区塌陷坑成功实现排尾，则今后西石门铁矿就无需再进行尾矿库扩容或新建。

（2）改变传统的尾矿库排放方式，实现矿山尾砂的安全、低成本及与环境友好的排放，消除尾矿库安全隐患。

（3）尾砂固结排放技术能够极大程度地降低对周边环境的影响。除减少占用土地资源外，固结的尾砂排放到地表采矿塌陷坑内，在处理尾砂的同时，也治理了受采矿活动破坏的地表环境。此外，固结的尾砂堆不会造成水土和大气的污染。

（4）尾砂固结堆存技术有助于实现堆存区域的土地复垦与绿化。尾砂固结干堆场地的土地复垦和生态环境重建将有效地恢复被占用土地的功能，实现矿区绿色矿业开发和可持续发展的目标。

因此，本项目是着眼于尾矿库和塌陷区的治理，属于环境保护方面的项目，与其获得的直接经济效益相比，其社会和环境效益更加巨大。

8.3　环境影响评价

8.3.1　环境现状

（1）自然地理条件。工程建设地点位于河北省邯郸市武安西石门矿境内。武安处于太行山隆起与华北平原沉降带的接触部，属山区县（市）。总体可分为山区（占总面积的 29.7%）、低山丘陵区（占 45%）及盆地（占 25.3%）三大类型。境内山脉属太行山余脉，主要有五大分支。即小摩天岭山脉、老爷山山脉、十八盘山脉、西南横行山脉及鼓山、紫金山山脉，西北部的青崖寨为武安最高峰，海拔 1898.7m。武安地处海河流域，境内诸河均汇流于洺河。洺河即洺水，古称马步水、南易水、漳水。其主要支流有：南、北洺河、马项河、淤泥河。水利工程主要有水库（中型水库 4 座，小型水库 45 座）、水井（中浅井 2192 眼、深井 533 眼）和灌区 4 个（口上水库灌区、车谷水库灌区、贾庄灌区、跃峰灌区）。武安属温带大陆性季风气候，四季分明。年平均气温 11～13.5℃，极端最高温 42.5℃，极端最低温 -19.9℃；年平均降水 560mm，年最大降雨量 1472.7mm；年日照时数平均 2297h，年日照百分率平均为 52%；四季之中，屡起西北、西南及西风，年平均风速 2.6m/s，极端最大风速 29m/s；年平均无霜期 196d；主要自然灾害有旱灾、水灾、雹灾、风灾、虫灾、地震、霜冻等。

（2）大气环境。固结排放厂址位于北区塌陷坑南侧，无工厂及民房，但周边工厂较多，大气环境空气质量中等。

（3）塌陷区水环境。塌陷区无地表水系，主要受大气降水控制，雨季和旱季水量差异较大。项目建设原则上不向外排放工业废水，不会对地表和地下水体产生污染，更不会对当地居民的生产生活产生影响。车间生产生活总供新水量约 1440m³/d，循环到排尾车间的回水量 2718m³/d。

（4）固体废弃物。主要固体废弃物为选矿产生的尾砂加水泥过滤后的滤饼及少量生活垃圾，尾砂年处理能力约 633600t，尾砂滤饼排入塌陷区中，对地表起到修复的作用。

由固体废物鉴别可知，本工程的尾砂为《一般工业固体废物贮存、处置场污染控制标准》（GB 18598—2001）中规定的第 I 类一般工业固体废物。

由工程地质勘查报告及环境现状调查可知：

1）塌陷区位置与当地城乡建设总体规划不矛盾。

2）塌陷区无断裂带，非天然滑坡和泥石流影响区。

3）塌陷区距最近居民点较远，且不在其主导风向的上风向。可以认为，该塌陷区符合《一般工业固体废物贮存、处置场污染控制标准》（GB 18598—2001）中环境保护要求。

8.3.2 污染源分析

8.3.2.1 回填进行期

（1）大气污染源。一般有废气与粉尘。废气排放为零，粉尘很少，主要是一部分水泥扬尘。固结排放工程运行期间，塌陷区排放的尾砂表面多为潮湿状，且因为掺加了一定比例的水泥，尾砂能够胶结不松散并且具有一定固体强度，扬尘产生量极少。

（2）废水。不向周边环境排放生产生活废水。本项目采用水循环利用系统，产生的废水实行循环回用，用于车间正常生产，正常情况下不外排，基本实现工业用水的自给自足。

（3）噪声。本项目主要噪声污染源是水泥给料仓的提升系统的电机，搅拌桶电机，真空过滤机真空泵和主轴、搅拌轴电机，皮带输送机电机以及回水系统的多级离心回水泵的设备噪声，峰值约为 100dB（A）。因为车间远离生活区，仅对车间内工作人员产生一定影响。

（4）固体废物。塌陷区计划每年排放固结尾砂 63.36 万吨，属第 I 类一般工业固体废物，对环境无危害，无需进行进一步处理。生活垃圾，固结车间产生生活垃圾 29t/a，产生量较小，在生活及宿舍等地设垃圾筒，收集后统一运往垃圾填埋场处理。

（5）生态。西石门铁矿北塌陷区所在地以前是农田。塌陷区是采用无底柱分段崩落法采矿后，地表陷落后形成的地表凹陷。北塌陷区正底部以下虽然不再采矿，但其他地方目前仍在开采。塌陷区的蔓延造成该区域地表大幅度沉陷，塌陷区地表的植被完全清除，对地表植被和地貌改变均较大。

8.3.2.2　固结回填后期

塌陷区固结回填完毕后，对周围环境的影响仍将持续一段时间，主要是粉尘及植被恢复。西石门铁矿需继续对塌陷区进行管理，制定并实施塌陷区植被恢复方案，与周围的自然地貌视觉协调。按照《一般工业固体废物贮存、处置场污染控制标准》（GB 18598—2001）对塌陷区进行环境评价，及时坑面复垦。

8.3.3　环境质量监测与评价

8.3.3.1　环境监测及评价项目

（1）大气环境现状监测与评价。根据该固结排放工程周围关心点分布情况，应在车间外布置大气环境现状监测点，监测期间监测点各项指标均要满足《环境空气质量标准》（GB 3095—1996）二级标准相应浓度限值的要求，不可出现超标现象。

（2）地表水环境现状监测与评价。因尾砂脱水过滤时，水最终流入沉淀池，可对其进行监测，结果为：若水质达不到《地表水环境质量标准》（GB 3838—2002）Ⅳ类标准，则存在有害物质超标现象，重复利用时会对管道和设备产生影响。

（3）地下水现状监测与评价。考虑到塌陷区底部距离矿井采掘巷道较近，需要在塌陷区下部巷道布设监测点进行地下水监测，若监测结果显示在非雨雪天气有渗水，应及时将问题反映给生产技术部门和矿领导，尾砂固结工段应停工检查，对渗水原因进行分析，及时排除险情，待井下监测点数据恢复正常后尾砂固结工段方可继续生产。

（4）声环境现状监测与评价。根据声环境质量现状评价的要求，需对矿区东、南、西、北四个厂界及周围关心点的昼、夜间噪声进行抽查监测，若值均能满足《城市区域环境噪声标准》（GB 3096—93）2 类标准限值（昼间 60 dB（A）、夜间 50 dB（A））要求，则视为不超标。

（5）生态环境现状评价。塌陷区的充填，对地表的形态和原有的景观、植被等有一定的修复功能，是一项生态恢复工程，西石门铁矿须切实做好塌陷区保护与修复工作。

8.3.3.2　环境监测与环境管理机构

（1）环境监测。矿区的环境监测由当地环保部门统一管理，本项目不设专职的环保监测站。矿山环境监测的对象大体有两个方面，即污染源监测和企业环境质量监测。本项目污染源监测的主要内容包括：1）水：pH 值；2）大气：粉尘。企业环境质量监测的主要内容有厂区大气中的含尘量、岗位粉尘、厂界噪声等项目。环境监测任务可委托当地环境监测部门组织实施。

（2）环境管理机构。塌陷区环境保护工作由排尾车间主管，设立专职的环保管理机构，并设塌陷区兼职环保管理人员 1 人。

（3）环保管理制度。环境保护管理机构的基本任务是负责组织、落实、监督塌陷区的环境保护工作。其建立的制度及管理办法的内容如下：1）贯彻执行环境保护法规和标准；2）组织制度和修改本单位的环境保护管理规章制度、工作制度，并监督执行；3）制定并组织实施环境保护规划和设计；4）组织制定环境监测管理办法，领导和组织环境监测；5）指定排放污染物管理办法；6）报告环境污染与破坏事故的管理办法；等等。这些环保管理经验和完整的环保管理制度，能满足本工程环保工作的需要。

（4）矿山有关部门职责。生产技术科是负责尾砂固结工段监测的主管部门，负责塌陷区环境治理状况的检查与考核，负责对塌陷区的稳定性和环境保护问题进行监测。

生产技术科负责水处理设施改造项目的组织实施和技术指导工作。

排尾车间负责固结排放工段运行的日常管理工作，负责设备设施运行的检查与维护，负责固结工段环境状况的日常检查与考核。排尾车间技术员负责巡查塌陷区的环境状况，及时掌握塌陷区排放尾砂稳定性情况和车间水循环情况，发现环境问题异常立即向车间领导和公司生产技术科报告。

8.3.4　污染防治措施

8.3.4.1　大气污染防治措施

（1）粉尘有组织排放。粉尘有组织排放主要在固结车间内，评价提出如下环保措施：

1) 排尾车间。排尾车间给料过程中必须严格遵循均匀给料的原则，避免细粒尾砂大量集中沉积于塌陷区某端或某侧。

2) 水泥料仓。在实际生产中水泥料仓经常出现大范围扬尘，严重影响周围环境且浪费原材料，应在水泥仓出料口设集尘罩，需要一台袋式除尘器，除尘效率可大幅度提高。

3) 搅拌系统。水泥直接加入搅拌桶，未安装任何防护设施，极易造成水泥四处飞扬，给工人的安全生产造成隐患。可以在搅拌桶上方加装防尘盖，可有效消除水泥进入搅拌桶产生的扬尘。

4) 过滤机系统。固结过程中采用的是真空盘式过滤机，当滤饼脱离过滤机滤布的时候，此时真空泵进行排气过程，会产生大量的雾状喷气，很容易在空气中产生悬浮颗粒，吸入呼吸道将危害工人健康，恶化工作环境。可以考虑在过滤机上方加装喷水装置，一方面可以减少雾化，一方面能对滤布及时进行清洗。

(2) 粉尘无组织排放

1) 车间外部。向运输道路洒水，采用密闭汽车运输水泥、工作车辆定期进行清洗，清除车辆表面粘附的砂粒、泥土等，可大大减少扬尘。有关试验表明，在厂区道路每天洒水抑尘作业 3~4 次，其扬尘造成的 TSP 污染距离控制在道路两侧 20~50m 范围内。综上，车间外采用的粉尘防治措施是可行的。

2) 塌陷坑。尾砂固结后堆存，在干旱多风季节，也不易产生粉尘；如产生粉尘，采取洒水保湿的方法，防止扬尘；对已修复的塌陷区，及时进行覆土植被，确保植被成活，防止尾砂扬尘。此外，当塌陷区深度距地表以下 70~100m 时，且经常处于逆温和环流状态，粉尘很难扩散到坑外大气中去，对塌陷坑外环境影响较小。综上，塌陷区采用的粉尘防治措施是可行的。

8.3.4.2　水污染防治措施

(1) 生活污水防治措施。固结车间每天两班生产，每班大约 6 名工人，每天消耗的生活用水不足 $1m^3$，对周围环境无不良影响，生活污水经收集后直接排放至回水池经泵加压后返回选矿厂。此外，还可将生活污水处理后达到《城市污水再生利用城市杂用水水质》（GB 18920—2002）标准，用于厂区绿化及浇洒道路，不外排，对环境影响小。

(2) 塌陷区地下涌水污染防治措施。本工程采用固结排放方法，排放至塌陷区的尾砂含水率控制在 10%~15% 左右，经自然风干后，含水率与自然状态土壤中含水率相似，基本不产生多余游离态水。实验室研究表明，尾砂属 I 类一般工业固体废物，不存在渗水有毒有害的问题，库区防渗的核心问题就是要保证固结尾砂不存在多余的水分，因为塌陷区下方的岩层多出现断层和裂隙，如果排入塌陷区的尾砂含水量过大，极有可能导致水分积聚，渗入地下巷道，对安全生产构成极大威胁。在实际生产过程中，我们主要经过浓密机和过滤机来使尾砂达到指定的含水量（10% ~ 15%），在该含水率条件下，均匀排放至塌陷区边坡的尾砂经过自然风干，可达到与附近自然环境中土壤相似的含水率，从而消除塌陷坑坑底积水对井下巷道的消极影响。

（3）工业水污染防治措施。全部废水排到污水池，然后循环到浓密机后回到选矿厂的二次浓缩作为工艺用水。浓密机溢流水量为 67.74m³/h，过滤机滤液量为 45.50m³/h。过滤机滤液排入清水池，作为生产用水，可以减少固结车间对自来水的依赖。

采用泵送后，过滤机残液不回到 18m 浓密机，在过滤厂外作一个回水池，所有的污水均回到污水池，然后从污水池用渣浆泵回到选矿厂 45m 浓密机。污水主要为生产过程中搅拌桶在事故状态的溢流，过滤机的滤液等，含有固体，除澄清外不需作其他处理，全部进入污水池，经污水泵输送到选矿厂二段浓缩 45m 浓密机，澄清后回到选矿厂作为工艺用水。

8.3.4.3　噪声污染防治措施

主要设备及辅助设备运行时，依据《工业企业噪声控制设计规范》（GB/T 50087—2013），做出限制要求，不得超过规定的噪声值，从源头控制噪声。由于固结排尾工段距离村庄较远，故不存在扰民影响。

主要噪声污染源是水泥给料仓的提升系统的电机，搅拌桶电机，真空过滤机真空泵和主轴、搅拌轴电机。应在采取适当措施后，使厂界噪声满足《工业企业厂界噪声标准》（GB 12348—90）中的Ⅱ类标准。距项目最近的环境敏感点西石门村的距离为 1.3km，项目噪声对环境敏感点影响小。考虑到技术和资金可行性问题，建议采用以下方法：

（1）隔声降噪。对受噪声污染的值班室、观察室、操作室、休息室，采用双层门窗和隔声性良好的围护结构，洞、孔、缝填塞密实，并设置隔声门斗。上述隔声措施实施后，可使噪声降低 20 ~ 40dB(A)。

（2）控制管道内气流运动速度。设计控制管道内气体的流速，一般采用 10 ~ 20m/s，减少管道弯头，管道截面不宜突然改变，选用低噪声阀门。

（3）保持防噪距离。统筹安排，做到布局合理，有相应的防噪距离，尽可能将产生噪声的主要设备的位置放低。在室外，干道两旁种植树木花草，设置绿化带，必要时亦可考虑建立隔噪构筑物（已在车间外建造工人休息室若干间）。

8.3.4.4　固体废物污染防治措施

本项目的目的就是向塌陷区排放尾砂，对地下开采造成的地表影响进行修复，不存在环境破坏方面的因素，项目本身即是环保工程，仅需对尾砂中有害浸出物进行监控。

根据相关文献的检索结果，磁铁矿尾砂淋溶液中所有指标均满足《危险废物鉴别标准》（GB 5085.3—1996）和《污水综合排放标准》（GB 8978—1996）限值要求，为不具有危险性的Ⅰ类一般工业固体废物。为防止周边洪水流入塌陷区，建议在塌陷区及位置较高山坡上设置截洪沟，截排雨季洪水，一方面有效防止雨水对固结尾砂的冲刷作用，保证固结体的强度；另一方面防止了塌陷坑雨水积聚对井下巷道的影响，保证安全生产。

目前，西石门铁矿对尾砂的处理措施为：选矿产生的尾砂一部分进入尾矿库堆存，其余的进入固结排放车间，经过滤后直接排放入塌陷坑。考虑到西石门铁矿尾矿库位于西石门村，其下游工业、交通设施和居民集中，西石门铁矿计划一方面加强尾砂开发利用工作，另一方面加强尾砂的固结排放效率，尽量使尾砂不入库，或者少入库。这无疑加大了尾砂固结工段的工作强度，因为选矿厂尾砂中重金属元素富集，且尾砂粒度不均匀，塌陷区充填之后的土地很难进行农作物的复垦，考虑到尾砂属Ⅰ类一般工业固体废物，对塌陷区充填后也不适用于人与牲畜的活动场地，需要对塌陷区的远景用途做进一步论证。

8.4　本章小结

西石门铁矿尾砂固结车间是 2011 年设计动工建设，2012 年车间建成并投入使用，可满足尾砂堆存部分需求，有利于缓解尾矿库压力和环境质量的改善。

根据西石门铁矿北区塌陷坑全尾砂固结排放系统（60 万吨/年）实际运行统计，自 2012 年 5 月系统投入试运营开始至 2013 年 9 月，共实际固结排放尾砂约 16 万吨，新增铁精矿 8.0 万吨，新增产值 5008.8 万元，新增经济效益 1600 万元。

采用尾矿库进行排尾，单位建设投资较高，而运营成本较低；采用尾砂固结进行排尾，单位建设投资较低，但因使用胶凝材料而使得运行成本稍高。通过计算费用现值，西石门铁矿实施固结排尾后的总费用比尾矿库排尾费用降低 7400 万元。

西石门铁矿尾砂固结排放技术着眼于尾矿库和塌陷区的治理，是属于环境保护与治理项目。该技术改变传统的尾矿库排放方式，实现矿山尾矿的安全、低成本及与环境友好的排放，消除尾矿库安全隐患。利用尾砂固结排放系统对矿山全尾砂进行脱水固结后排放到地表采矿塌陷坑内，既节约了土地资源占用，治理了受采矿活动破坏的地表环境，又缓解了当前尾矿库排放的压力，并节省其维护与排放费用。因此，与其获得的直接经济效益相比，尾砂固结排放技术的社会效益和环境效益更加巨大。

附表　邯郸地区 2004~2006 年冬季温度变化

时间	温度℃	1	2	3	4	5	6	7	8	9	10	11	12	13	14	15	16	17	18	19	20	21	22	23	24	25	26	27	28	29	30	31
04年12月	最高气温	4	3	8	13	10	12	15	12	8	13	10	9	6	4	6	3	4	0	1	0	-1	-3	-4	-3	-5	-1	-3	-4	-4	-2	-2
	最低气温	2	2	3	3	0	3	1	1	5	7	3	1	-2	0	0	0	0	-2	-1	-5	-5	-5	-7	-8	-10	-8	-8	-10	-9	-9	-10
	平均气温	3	2.5	5.5	8	5	7.5	8	6.5	5	7	6.5	5	2	2	3	1.5	2	0	-1	-2.5	-3	-4	-5.5	-5.5	-7.5	-4.5	-5.5	-7	-6.5	-5.5	-6
	温差	2	1	5	10	10	9	14	11	6	12	6.5	8	8	4	6	1.5	4	4	6	4	4	5	4	4	3	7	5	6	5	7	8
05年1月	最高气温	2	2	3	0	-3	-3	-2	2	1	2	-2	4	0	2	4	4	6	5	6	4	2	5	4	4	3	2	7	2	1	3	4
	最低气温	-10	-9	-4	-6	-6	-8	-7	-7	-8	-7	-7	-7	-4	-7	-6	-6	-3	-3	-4	-3	-5	-2	-4	-3	-2	-4	-4	0	-6	-4	-4
	平均气温	-4	-3.5	-0.5	-3	-4.5	-5.5	-2.5	-2.5	-3.5	-2.5	-2.5	-1.5	-2	-2.5	-6	-0.5	1.5	1	1	0	-1.5	1.5	0	0.5	0.5	-1	1.5	0	-2.5	-0.5	0
	温差	12	11	7	6	3	5	5	9	9	9	5	11	4	9	10	12	9	8	10	8	7	6	8	7	5	6	11	4	7	7	8
05年2月	最高气温	2	3	10	5	3	3	4	2	5	4	6	10	3	2	6	3	3	4	4	2	2	8	4	4	2	6	9	7			
	最低气温	-5	-6	-7	-4	-4	-5	-7	-4	-4	-3	-4	-2	-3.5	-6	-6	-6	-5	-7	-3.5	-3	-6	-3	-1	-1	-3	-4	0	0			
	平均气温	-1.5	-1.5	-2	-1.5	-2.5	-3.5	-5	-3	-1.5	-2	-1.5	0	-1	0	0	-0.5	-1.5	-2	-3.5	-2.5	-1	2	4	4	-0.5	1	4.5	3.5			
	温差	7	9	10	5	3	3	4	2	5	4	6	10	8	2	6	3	3	4	7	9	2	8	4	4	6	1	4.5	0			
05年12月	最高气温	13	6	5	1	2	1	4	2	-3	-3	8	8	8	9	12	5	8	12	14	5	8	19	10	12	4	7	0	0	2	1	0
	最低气温	5	-1	1	-5	-7	-6	-7	-6	-6	-3	0	-2	3	0	-1	-1	-2	0	0	2	2	-3	0	0	8	7	4	-2	4	6	4
	平均气温	9	2.5	3	-2	-2.5	-2.5	-1.5	-2	-0.5	0.5	4	-0.5	5.5	6	6	3.5	4	6	7	11.5	8	6.5	8	6	6	-0.5	6	0.5	1.5	1	0
	温差	8	7	6	6	9	9	11	8	11	14	8	5	8	9	10	9	14	12	14	17	12	19	10	12	4	14	4	4	4	6	7
06年1月	最高气温	1	0	0	0	-2	5	4	3	-6	-3	-5	-2	-4	-2	-2	-1	-4	-4	-4	-3	2	-2	-4	-3	-3	-4	-2	-2	-2	-2	0
	最低气温	-3	-4	-3	-5	-7	-2	-6	-4	-0.5	0.5	-2	-0.5	2.5	2.5	-2	-2	-4	-2.5	-4	0.5	1	1	1.5	0.5	0.5	3	1.5	0	1.5	1	-1.5
	平均气温	-1	-2	-1.5	-2.5	-5.5	1.5	-1.5	-0.5	-6	0.5	-2	-2	5.5	0	3	3.5	3.5	5	0	0.5	8	4	11	7	5	14	1.5	4	7	6	7
	温差	4	4	3	5	11	9	11	7	11	14	6	7	11	12	10	9	9	12	14	7	12	9	8	10	5	4	1.5	4	7	6	7
06年2月	最高气温	3	6	-3	1	-1	5	-6	-6	-6	-3	6	9	3	0	3	-1	-2	0	0	2	8	4	0	4	6	4	-2	4	9	6	7
	最低气温	-5	-4	-9	-4	-3	-2	-1	-2.5	1.5	5.5	4	2.5	5.5	6	6	3.5	3.5	6	7	11.5	8	10	12	12	6	8	4	-0.5			
	平均气温	-1	1	-6	-6	-2	1.5	10	7	15	17	8	9	11	12	10	9	11	12	14	17	12	10	12	4	6	8	4	9			
	温差	8	10	6	10	2	7	10	7	15	17	8	9	11	12	10	9	11	12	14	17	12	10	12	12	6	8	4	9			

参 考 文 献

[1] 魏书祥. 尾砂固结排放技术研究 [D]. 北京：中国矿业大学（北京），2007.

[2] 金有生. 尾矿库建设、生产运行、闭库与再利用、安全检查与评价、病案治理及安全监督管理实务全书 [M]. 北京：中国煤炭出版社，2005.

[3] 何哲祥，田守祥，隋利军，等. 矿山尾矿排放现状与处置的有效途径 [J]. 采矿技术，2008，8(3)：78～80.

[4] 陈守义. 浅议上游法细粒尾矿堆积坝问题 [J]. 岩土力学，1995，16(3)：70～76.

[5] 尹光志. 细粒尾矿及其堆坝稳定性分析 [M]. 重庆：重庆大学出版社，2004.

[6] 张锦瑞，王伟之，李富平，等. 金属矿山尾矿综合利用与资源化 [M]. 北京：冶金工业出版社，2002.

[7] 印万忠. 尾矿的综合利用与尾矿库的管理 [M]. 北京：冶金工业出版社，2009.

[8] 郑娟荣，孙恒虎. 矿山充填胶凝材料的研究现状及发展趋势 [J]. 有色金属（矿山部分），2000，52(6)：12～15.

[9] 王新民，姚建，田冬梅，等. 磷石膏作为胶结充填骨料性能的实验研究 [J]. 金属矿山，2005(12)：13～15.

[10] Atkinson R J, Hannaford A L, Harris L, et al. Using smelter slag in mine backfill [J]. Mining Magazine, 1989, 160(8): 118～123.

[11] Potgieter J H, Potgieter S S. Mining backfill formulations from various cementations and waste materials [J]. Indian Concrete Journal, 2003, 77(50): 1071～1075.

[12] Macphee D E, Taylor A H. Preliminary studies on the utilization of blast–furnace slag (BFS) in mine backfill including an assessment of an Air–quenched slag [J]. Transactions of the Institution of Engineers, Australia: Civil Engineering, 1991, CE33(4): 299～302.

[13] Wang X M, Li J X, Fan P Z. Applied technique of the cemented fill with fly ash and fine–sands [J]. Journal of Central South University of Technology (English Edition), 2001, 8(3): 189～192.

[14] Lorenzo M P, Guerrero A. Role of aluminous component of fly ash on the durability of Portland cement–fly ash pastes in marine environment [J]. Waste Management, 2003, 23(8): 785～792.

[15] Li Beixing, Liang Wenquan, He Zhen. Study on high–strength composite portland cement with a larger amount of industrial wastes [J]. Cement and Concrete Research, 2002, 32(8): 1341～1344.

[16] Li Gengying, Zhao Xiaohua. Properties of concrete incorporating fly ash and ground granulated blast–furnace slag [J]. Cement and Concrete Composites, 2003, 25(3): 293～299.

[17] 谢长江，何哲祥，谢续文，等. 高炉水渣在张马屯铁矿充填中的应用 [J]. 中国矿业，1997，7(2)：31～36.

[18] 付毅，徐小荷，任凤玉. 大用量有色炉渣胶结充填料试验研究 [J]. 有色金属（矿山部分），2001，53(2)：13～14.

[19] 江梅. 磷石膏胶结充填技术开发及应用 [J]. 非金属矿，2006，29(2)：32～34.

[20] 姚建，王新民，田冬梅，等．磷石膏和粉煤灰胶结充填料的性能试验研究［J］．矿业研究与开发，2006，26(2)：44～48.

[21] 陈云嫩，梁礼明．低成本充填胶凝材料的开发研究［J］．有色金属（矿山部分），2004，56(5)：12～14.

[22] 陈云嫩，梁礼明．脱硫石膏胶结尾砂充填的研究［J］．金属矿山，2003(3)：45～47.

[23] 饶运章．低廉充填胶凝材料配合比试验［J］．中国矿业，1998，7(5)：26～29.

[24] 胡家国，古德生，郭力．粉煤灰胶凝性能的探讨［J］．金属矿山，2003(6)：48～52.

[25] 过江．矿用低成本高水速凝材料的开发及应用研究［J］．有色金属（矿山部分），2003，55(1)：13～14.

[26] 何哲祥，谢开维，谢长江．工业炉渣用于矿山充填的试验研究［J］．矿业研究与开发，1995，15(4)：15～17.

[27] 孙恒虎．高水固结充填采矿［M］．北京：机械工业出版社，1998.

[28] 孙恒虎．高水速凝材料及其应用［M］．北京：中国矿业大学出版社，1994.

[29] 王培月．高水材料固结尾砂充填工艺在玲珑金矿的应用［J］．中国矿业，2004，13(9)：50～52.

[30] 曹刚．莱芜铁矿浓缩脱水工艺的改进［J］．金属矿山，1997(2)：27～29.

[31] 吕宪俊．水力旋流器在尾矿浓缩脱水中的应用［J］．矿业快报，2002(8)：100～102.

[32] 蔡志斌．鲁中选矿厂尾矿高浓度浓缩工艺的探讨［J］．金属矿山，1992(3)：57～59.

[33] 王文潜，黄云峰．深度浓密与膏体制备［J］．金属矿山，2001(10)：32～34.

[34] 程秀绵．陶瓷过滤机在尼古拉选矿厂的应用［J］．有色金属（选矿部分），2008(1)：34～36.

[35] 梁国海，洪小鹏．尾矿压滤干堆工艺在排山楼金矿的成功应用与改造实践［J］．黄金，2003，24(12)：47～49.

[36] 陈希龙．尾矿浆全压滤工艺在全泥氰化炭浆厂的应用［J］．黄金，1998，19(10)：34～36.

[37] 姚香．黄金尾矿干堆技术若干问题的探讨［J］．金属矿山，2005，Suppl：527～530.

[38] Cincilla W A, et al. Geotechnical factors affecting the surface placement of process tailings in paste form［J］. Australasian Institute of Mining and Metallurgy Publication, 1998(1)：337～340.

[39] 刘远清，李传营，王博．尾矿压滤干堆技术在金岭铁矿的应用［J］．金属矿山，2006，Suppl.：479～481.

[40] 祝丽萍，倪文，张旭芳，等．赤泥—矿渣—水泥基全尾砂胶结充填料的性能与微观结构［J］．北京科技大学学报，2010(7)：838～842.

[41] Tank R C, Carino N J. Rate Constant Functions for Strength Development of Concrete［J］. ACI Material Journal, 1991, 88(1)：74～83.

[42] 许德胜．大体积混凝土水化反应温度场与应力场分析［D］．杭州：浙江大学，2005.

[43] Tomosawa F, Noguchi T, Hyeon C. Simulation model for temperature rise and evolution of thermal stress in concrete based on kinetic hydration model of cement, in：S. Chandra (Ed.), Proceedings of Tenth International Congress Chemistry of Cement. Gothenburg, Sweden：1997

(4)：72～75.

[44] Park Ki – Bong, Jee Nam – Yong, Yoon In – Seok, et al. Prediction of temperature distribution in high – strength concrete using hydration model [J]. ACI Materials Journal, 105 (2008)：180～186.

[45] Swaddiwudhipong S, Shen D, Zhang M H. Simulation of the exothermic hydration process of Portland cement [J]. Adv Cem Res, 14(2002)：61～69.

[46] Nasir O, Fall M. Modeling the heat development in hydrating CPB structures [J]. Computer and Geotechnics, 2009, 36(7)：1207～1218.

[47] Papadakis V G. Experimental investigation and theoretical modeling of silica fume activity in concrete [J]. Cem Concr Res, 29 (1999)：79～86.

[48] Papadakis V G, Tsimas S. Effect of supplementary cementing materials on concrete resistance against carbonation and chloride ingress [J]. Cem Concr Res, 30(2000)：291～299.

[49] Papadakis V G. Effect of fly ash on Portland cement systems, Part I： low – calcium fly ash [J]. Cem Concr Res, 29(1999)：1727～1736.

[50] Papadakis V G. Effect of fly ash on Portland cement systems, Part II： high – calcium fly ash [J]. Cem Concr Res, 30(2000)：1647～1654.

[51] Papadakis V G, Vayenas C G, Fardis M N. Physical and chemical characteristics affecting the durability of concrete [J]. ACI Mater J, 88(1991)：186～196.

[52] Wang X Y, Lee H S. Modeling the hydration of concrete incorporating FA or slag [R]. Cement and Concrete Research (2010), 40(7)：984～996.

[53] Tomosawa F, Noguchi T, Hyeon C. Simulation model for temperature rise and evolution of thermal stress in concrete based on kinetic hydration model of cement, in： S. Chand ra (Ed.) [R] Proceedings of Tenth International Congress Chemistry of Cement. Gothenburg, Sweden, 1997 (4)：72～75.

[54] Grice T. Recent mine developments in Australia [R]. Proceeding of the 7th international symposium on mining with backfill (MINEFILL) 2001：351～357.

[55] Zelic J, Rusic D, Krstulovic R. A mathematical model for prediction of compressive strength in cement – silica fume blends [J]. Cement and Concrete Research, 34(2004)：2319～2328.

[56] Chanvillard G, Aloia L D. Concrete strength estimation at early ages： modifi cation of the method of equivalent age [J]. ACI Materials Journal, 94(1997)：520～530.

[57] 刘波，韩彦辉. FLAC 原理、实例与应用指南 [M]. 北京：人民交通出版社，2005：525～538.

[58] 王炳文. 适宜高温盐卤环境水泥的开发研究 [D]. 北京：中国矿业大学（北京），2005.

[59] 彭勃. 尾砂固结排放理论及应用研究 [D]. 北京：中国矿业大学（北京），2013.

[60] 张磊. 尾砂浆脱水固结技术试验研究 [D]. 北京：中国矿业大学（北京），2010.

[61] 李福杰. 全尾砂固结技术试验研究 [D]. 北京：中国矿业大学（北京），2008.

冶金工业出版社部分图书推荐

书　名	作　者	定价(元)
现代金属矿床开采科学技术	古德生　等著	260.00
采矿工程师手册（上、下册）	于润沧　主编	395.00
现代采矿手册（上、中、下册）	王运敏　主编	1000.00
我国金属矿山安全与环境科技发展前瞻研究	古德生　等著	45.00
深井开采岩爆灾害微震监测预警及控制技术	王春来　等著	29.00
地下金属矿山灾害防治技术	宋卫东　等著	75.00
中厚矿体卸压开采理论与实践	王文杰　著	36.00
地下工程稳定性控制及工程实例	郭志飚　等编著	69.00
金属矿采空区灾害防治技术	宋卫东　等著	45.00
采矿学（第2版）（国规教材）	王　青　等编	58.00
地质学（第5版）（国规教材）	徐九华　等编	48.00
碎矿与磨矿（第3版）（国规教材）	段希祥　主编	35.00
工程爆破（第2版）（国规教材）	翁春林　等编	32.00
采矿工程概论（本科教材）	黄志安　等编	39.00
矿山充填理论与技术（本科教材）	黄玉诚　编著	30.00
高等硬岩采矿学（第2版）（本科教材）	杨　鹏　编著	32.00
矿山充填力学基础（第2版）（本科教材）	蔡嗣经　编著	30.00
采矿工程CAD绘图基础教程（本科教材）	徐　帅　等编	42.00
露天矿边坡稳定分析与控制（本科教材）	常来山　等编	30.00
地下矿围岩压力分析与控制（本科教材）	杨宇江　等编	39.00
矿产资源开发利用与规划（本科教材）	邢立亭　等编	40.00
金属矿床露天开采（本科教材）	陈晓青　主编	28.00
矿产资源综合利用（本科教材）	张　佶　主编	30.00
矿井通风与除尘（本科教材）	浑宝炬　等编	25.00
新编选矿概论（本科教材）	魏德洲　等编	26.00
矿山岩石力学（本科教材）	李俊平　主编	49.00
选矿数学模型（本科教材）	王泽红　等编著	49.00
井巷设计与施工（第2版）（高职国规教材）	李长权　等编	35.00
非煤矿山安全知识15讲（培训教材）	吴　超　等编	20.00
煤矿安全技术与风险预控管理	邱　阳　主编	45.00
重力选矿技术（本科教材）	李值民　等主编	28.00